ANSYS 有限元分析基础

主　编	李汉龙	隋　英	韩　婷	
副主编	王凤英	孙丽华	徐启程	缪淑贤
参　编	闫红梅	刘　丹	艾　瑛	郑　莉
	赵恩良	杜利明	路　辉	董连红

国防工业出版社

·北京·

内容简介

　　本书根据 ANSYS 18.0 编写,内容包括 ANSYS 软件介绍、ANSYS 实体建模、ANSYS 网格划分、施加载荷及求解、通用后处理、时间历程后处理、ANSYS 有限元分析的应用、ANSYS 常用命令流共八章。书中配备了较多的实例,这些实例是学习 ANSYS 必须掌握的基本技能。同时给出了部分练习及其参考答案。

　　本书由浅入深,由易到难,既可作为在职教师学习 ANSYS 的自学用书,也可作为有限元分析培训班学生的培训教材。

图书在版编目(CIP)数据

　　ANSYS 有限元分析基础/李汉龙,隋英,韩婷主编.—北京:国防工业出版社,2017.5
　　ISBN 978-7-118-11363-1

　　Ⅰ.①A… Ⅱ.①李… ②隋… ③韩… Ⅲ.①有限元分析 – 应用程序 Ⅳ.①O241.82

　　中国版本图书馆 CIP 数据核字(2017)第 111066 号

※

国防工业出版社 出版发行
(北京市海淀区紫竹院南路 23 号 邮政编码 100048)
天利华印刷装订有限公司印刷
新华书店经售
*
开本 787×1092 1/16 印张 24 字数 592 千字
2017 年 5 月第 1 版第 1 次印刷 印数 1—4000 册 定价 59.00 元

(本书如有印装错误,我社负责调换)

国防书店:(010)88540777　　　　发行邮购:(010)88540776
发行传真:(010)88540755　　　　发行业务:(010)88540717

前　言

ANSYS 是当前功能最强大的有限元分析型软件,在选择它作为有限元分析计算软件之前,首先应该了解它能做什么,接着才是利用它来怎样做。为了帮助初学者掌握好这个功能强大的有限元分析型软件,我们结合 ANSYS 公司推出的最新版 ANSYS 18.0,同时参考了有限元分析的相关资料,编写了本书。

本书从介绍 ANSYS 软件基本应用开始,重点介绍了 ANSYS 实体建模、ANSYS 网格划分、施加载荷及求解、通用后处理、时间历程后处理、ANSYS 有限元分析的应用、ANSYS 常用命令流,并通过具体的实例,使读者一步一步地随着编者的思路完成学习;同时,本书在许多章后面都作出了归纳总结,并给出了练习题。书中所给实例具有技巧性而又道理显然,可使读者思路畅达,将所学知识融会贯通、灵活运用,达到事半功倍之效。本书所使用的素材包含文字、图形、图像等,有的为编者自己制作,有的来自于互联网。使用这些素材的目的是希望给读者提供更为完善的学习资料。

本书第 1 章由王凤英、杜利明编写;第 2 章由李汉龙编写;第 3 章和第 4 章 4.1 ~ 4.3 节由隋英编写;第 4 章 4.4 节和 4.5 节由路辉编写;第 5 章由郑莉编写;第 6 章由刘丹编写;第 7 章由闫红梅编写;第 8 章由艾瑛编写;前言和参考文献由韩婷编写和整理。孙丽华、徐启程、缪淑贤、赵恩良对本书的编写提出了许多建议和意见。全书由李汉龙统稿,李汉龙、隋英、韩婷审稿。本书的编写和出版得到了国防工业出版社的大力支持,在此表示衷心的感谢!

本书参考了国内外出版的一些教材,见本书所附参考文献,在此表示谢意。由于水平所限,书中不足之处在所难免,恳请读者、同行和专家批评指正。

本书配有程序和数据资源包,可以到国防工业出版社"资源下载"栏目下载(www. ndip. cn),或发邮件至 896369667@ QQ. com 索取。

编　者

2017 年 4 月

目　　录

Ⅴ

第 1 章　ANSYS 软件介绍

本章概要

- 有限元分析概述
- ANSYS 18.0 软件安装
- ANSYS 18.0 工作界面
- ANSYS Workbench 18.0
- ANSYS 18.0 案例入门

1.1　有限元分析概述

1.1.1　有限元分析简介

有限元分析(Finite Element Analysis,FEA)是利用数学近似的方法对真实物理系统(几何和载荷工况)进行模拟,其基本思想是用较简单的问题代替复杂问题后再求解。它将求解域看成是由许多被称为有限元的小的互连子域组成,对每一单元假定一个合适的(较简单的)近似解,然后推导求解这个域总的满足条件(如结构的平衡条件),从而得到问题的解,因为实际问题在抽象过程中被简单化,所以这个解不是准确解,而是近似解。大多数实际问题难以得到准确解,而通过有限元法得到的解虽不是精确解,但其计算精度高,能适应各种复杂情况,满足工程的应用需求,因此,有限元法成为行之有效的工程分析手段。

由于有限元分析能够对整个连续体进行离散化,将复杂连续体分解成小的单元,因此适用于任意复杂的几何结构,也便于处理不同的边界条件。在满足条件下,单元越小、节点越多,有限元数值解的精度就越高。但随着单元的细分,需处理的数据量变得非常庞大,采用手工方式难以完成,因此必须借助计算机的大存储量和高计算速度等优势。另外,有限元分析的过程非常适合用计算机程序设计自动完成,因此,有限元分析随着计算机技术的发展而得到了迅速的发展。目前,在所有有限元分析软件中,最为有名、应用范围最广的为 ANSYS 公司推出的 AN-SYS 软件,该软件可广泛应用于航空航天、机械工程、土木工程、车辆工程、生物医学、核工业、电子、造船、能源、地矿、水利、轻工等一般工业及科学研究。随着分析技术的进步,许多新的设计分析概念不断充实到 ANSYS 软件,使得 ANSYS 软件功能不断丰富和完善,求解速度越来越快,求解规模越来越大,操作也越来越方便。

1.1.2　有限元分析步骤

采用有限元法分析问题可采用如下步骤:
(1)问题及求解域定义。即根据实际问题近似确定求解域的物理性质和几何区域。
(2)求解域离散化。将求解域近似为具有不同有限大小和形状且彼此相连的有限个单元组成的离散域,习惯上称为有限元网络划分。显然,单元越小(网格越细),离散域的近似程度越好,计算结果也越精确,但计算量也越增大,因此求解域的离散化是有限元法的核心技术之一。

(3) 确定状态变量及控制方法。一个具体的物理问题通常可以用一组包含问题状态变量边界条件的微分方程式表示,为适合有限元求解,通常将微分方程化为等价的泛函形式。

(4) 单元推导。对单元构造一个适合的近似解,即推导有限单元的列式,包括选择合理的单元坐标系、建立单元试函数、以某种方法给出单元各状态变量的离散关系,从而形成单元矩阵(结构力学中称刚度阵或柔度阵)。

(5) 总装求解。将单元总装形成离散域的总矩阵方程(联合方程组),反映对近似求解域的离散域的要求,即单元函数的连续性要满足一定的连续条件。总装是在相邻单元节点进行,状态变量及其导数连续性建立在节点处。

(6) 联立方程组求解和结果解释。有限元法最终导致联立方程组。联立方程组的求解可用直接法、迭代法和随机法。求解结果是单元节点处状态变量的近似值。对于计算结果的质量,可通过与设计准则提供的允许值比较来评价,从而确定是否需要重复计算。

综上可知,有限元分析可分成前置处理、计算求解和后置处理三个阶段。前置处理是建立有限元模型,完成单元网格划分;后置处理则是采集处理分析结果,使用户能简便提取信息,了解计算结果。

1.1.3 ANSYS 软件的发展历程

1963 年,ANSYS 的创办人 John Swanson 博士任职于美国宾州匹兹堡西屋公司的太空核子实验室。当时他的工作之一是为某个核子反应火箭作应力分析。为了工作上的需要,Swanson 博士写了一些程序来计算加载温度和压力的结构应力和变位。几年后,他在 Wilson 博士的有限元素法热传导程序的基础上,扩充了很多三维分析的程序,包括板壳、非线性、塑性、潜变、动态全程等。此程序当时命名为 STASYS (Structural Analysis SYStem)。1969 年,Swanson 博士离开西屋,在临近匹兹堡的自家车库中创立了自己的公司 Swanson Analysis Systems Inc (SA-SI)。1970 年,商用软件 ANSYS 宣告诞生。

1979 年,ANSYS 3.0 开始在 VAX 11 – 780 迷你计算机上执行。此时,ANSYS 已经由定格输入模式演化到指令模式,并可以在 Tektronix 4010 及 4014 单色向量绘图屏幕上显示图形。稍为像样一点的模型,通常需要 20 ~ 30min 来显示隐线图型。节点和元素都必须一笔一笔地建立,完全没有办法导入外部几何模型。用户大量使用 NGEN、EGEN、RPnnn 等指令来建构模型。当时已有简单的几何前处理器 PREP7。

1984 年,ANSYS 4.0 开使支持 PC。当时使用的芯片是 Intel 286,使用指令互动的模式,可以在屏幕上绘出简单的节点和元素。不过这时还没有 Motif 规格的图型界面,前置处理、后置处理及求解都在不同的程序上执行。

1994 年,Swanson Analysis Systems,Inc. 被 TA Associates 并购。同年,该公司在底特律的 AUTOFACT 94 展览会上宣布了新的公司名称 ANSYS。

1996 年,ANSYS 推出 5.3 版。此版是 ANSYS 第一次支持 LS – DYNA。1997—1998 年间,AN-SYS 开始向美国许多著名教授和大学实验室发送教育版,期望能从学生及学校扎根推广 ANSYS。

2001 年,ANSYS 首先和 International TechneGroup Incorporated 合作推出了 CADfix for AN-SYS 5.6.2/5.7,以解决由外部汇入不同几合模型图文件的问题,接着先后并购了 CADOE S. A 及 ICEM CFD Engineering。同年12月,6.0 版开始发售。此版的离散(Sparse)求解模块有显著

的改进,不但速度增快,而且内存空间需求大为减小。

2002 年 4 月,ANSYS 推出 6.1 版,Motif 格式图型界面被新的版面取代(用户仍可使用旧界面)。此新的界面是由 Tcl/tk 所发展出来的。此版亦支持 Intel Itanium 64 位芯片及 Windows XP 的组合。同年 10 月,ANSYS 推出 7.0 版,离散求解模块有更进一步的改进,在接触分析方面亦有一些重大的改进和加强。7.0 版亦加入了 AI Workbench Environment(AWE),这是 ANSYS 合并 ICEM CFD 后,采用其技术来改进 ANSYS 的一个重要里程。

2003 年,CFX 加入了 ANSYS 大家庭并正式更名为 ANSYS CFX。CFX 是全球第一个通过 ISO 9001 质量认证的大型商业 CFD 软件,是英国 AEA Technology 公司为解决其在科技咨询服务中遇到的工业实际问题而开发的,诞生在工业应用背景中的 CFX 一直将精确的计算结果、丰富的物理模型、强大的用户扩展性作为其发展的基本要求,并以其在这些方面的卓越成就引领着 CFD 技术的不断发展。目前,CFX 已经遍及航空航天、旋转机械、能源、石油化工、机械制造、汽车、生物技术、水处理、火灾安全、冶金、环保等领域,为其在全球 6000 多个用户解决了大量的实际问题。2003 年 12 月,ANSYS 公司推出 ANSYS 8.0,同时推出最新产品 CFX、CART3D、Workbench、Paramesh、FE Modeler 以及 Feko 等。

2006 年 2 月,ANSYS 公司收购 Fluent。Fluent 公司是全球著名的 CAE 仿真软件供应商和技术服务商。Fluent 软件应用先进的 CFD(计算流体动力学)技术帮助工程师和设计师仿真流体、热、传导、湍流、化学反应,以及多相流中的各种现象。

2008 年,ANSYS 完成了对 Ansoft 公司的一系列收购,Ansoft 和 ANSYS 的结合可用于所有涉及机电一体化产品的领域,使得工程师可以分别从器件级、电路级和系统级来综合考虑一个复杂的电子设计。在 ANSYS Workbench 环境中进行交互仿真可以让工程师进行紧密结合的多物理场仿真,这对整个机械电子设计领域起到重要的支撑作用。

2009 年 6 月,ANSYS 12.0 在中国正式推出,ANSYS 12.0 不仅在计算速度上进行了改进,而且增强了软件的几何处理、网格划分和后处理等能力。另外,它还将创新的、耳目一新的数值模拟技术引入各主要物理学科。这些改进代表了数值模拟驱动产品的发展道路又向前迈出了一步。

2011 年 7 月,ANSYS 公司收购了模拟软件提供商 Apache Design Solutions。Apache Design Solutions 公司设计的软件可以使得工程师设计和模拟高性能电子产品中的低能耗集成电路系统(多出现于平板电脑、智能手机、LCD 电视、笔记本电脑及服务器设备中),而且此次收购 Apache Design Solutions 有助于填补 ANSYS 在集成电路解决方案领域的空白。2011 年 12 月,ANSYS 14.0 正式发布,该版本在放大工程、复杂系统的模拟、高性能计算(HPC)等领域具有新的优势。

2012 年 5 月 29 日,ANSYS 收购 Esterel Technologies 公司。Esterel 的 SCADE 解决方案有助于软件和系统工程人员设计、仿真和生产嵌入式软件,即飞机、铁路运输、机动车、能源系统、医疗设备和其他使用中央处理单元的工业产品中的控制代码。现代产品的系统日趋复杂,通常由硬软件和电子线路组成。例如,当今复杂的飞机、铁路和机动车产品往往拥有数以千万行的嵌入式软件代码,这些代码可用于飞行控制、机舱显示、发动机控制和驾驶人员辅助系统等多种用途。对于安全与合规要求较高的嵌入式软件开发而言,Esterel 已成为用户的首选。

2013 年 4 月 3 日,ANSYS 收购 EVEN,后者成为 ANSYS 在瑞士的全资子公司。总部位于苏黎世的 EVEN 公司拥有 12 名雇员,是 ANSYS 的合作伙伴,该公司将复合材料结构分析技术应用于 ANSYS Composite PrepPost 产品中。该产品与 ANSYS Workbench 中的 ANSYS Mechanical 以及 ANSYS Mechanical APDL 紧密结合。复合材料包含两种或两种以上属性迥异的材料。

由于具备质量轻、强度高、弹性好等优点,复合材料已成为汽车、航空航天、能源、船舶、赛车和休闲用品等多种制造领域的标准材料。因此,在过去的10年中,复合材料的使用量快速增长。复合材料的大量应用也推动了对于新的设计、分析和优化技术的需求。EVEN是复合材料仿真领域的领先者,本次收购凸显了ANSYS对于这种新兴技术的高度重视。2013年12月,AN-SYS推出新的版本ANSYS 15.0,其独特的新功能为指导和优化产品设计带来了最优的方法。ANSYS 15.0在结构、流体和电磁仿真技术等方面都有重要的进展。此外,该版本可满足工程多物理场仿真的工作需求。其中在结构领域,ANSYS 15.0可帮助用户更深入地洞察复合材料仿真。新的流体动力学求解功能使旋转机械的仿真更加精确。在电磁领域,ANSYS 15.0提供了最全面的机设计过程。ANSYS 15.0继续加强了ANSYS前处理功能在业界的领先地位;无论是何种类型的物理场仿真,新版本都能帮助用户快速、准确地为各种尺度的模型和复杂结构生成网格。此外,ANSYS 15.0还进一步巩固了公司在高性能计算(HPC)领域的全球领先地位,将已经是同类最佳性能的求解速度提升了5倍。

2015年1月,ANSYS 16.0正式发布,该版本提供的高级功能可帮助工程师快速推动产品创新,大幅改进了包括结构、流体、电子、系统工程解决方案的整个产品组合,让工程师能够验证完整的虚拟原型。其主要优势体现在实现电子设备的互连、仿真各种类型的结构材料、简化复杂流体动力学工程问题、基于模型的系统和嵌入式软件开发、全新推出的统一多物理场环境等方面。

2016年1月,ANSYS 17.0正式发布,该版本使得结构、流体、电磁和系统等各学科领域的工程师,在其产品开发过程中实现了跨越式提升。新一代ANSYS(NASDAQ:ANSS)行业领先工程仿真解决方案为产品开发的未来巨大突破做好了充分准备,其生产力、深入洞察能力以及性能都得到了大幅提升,在智能设备、自动驾驶汽车乃至节能机械设备等一系列产业计划中实现了前所未有的发展。

2017年1月,ANSYS 18.0正式发布,该版本不仅采用全新的Modelica图形建模编辑器、最新降阶模型接口,还能与Modelon的模型库无缝兼容,可帮助用户设计完整的电气系统。此外,ANSYS 18.0还包含一些全新的特性功能,可帮助工程师以前所未有的精度来求解更多的CFD问题。突破性的谐波分析可实现速度提升100倍的精确涡轮机械仿真。此外,ANSYS 18.0还推出了CFD Enterprise,这是首款面向企业CFD专家的解决方案,能帮助他们从容应对最难解的问题。

1.1.4 ANSYS软件基本功能

ANSYS软件功能强大,主要包括以下几个方面:

1. 结构静力分析

结构静力分析是有限元分析方法中最常用的应用领域。"结构"这个术语是一个广义的概念,它包括:土木工程结构,如桥梁和建筑物;汽车结构,如车身骨架;海洋结构,如船舶结构;航空结构,如飞机机身等;机械零部件,如活塞、传动轴等。静力分析计算在固定不变的载荷作用下结构的效应,它不考虑惯性和阻尼的影响,静力分析可以计算那些固定不变的惯性载荷对结构的影响(如重力和离心力),以及那些可以近似为等价静力作用的随时间变化载荷(如通常在许多建筑规范中所定义的等价静力风载和地震载荷)。

2. 结构动力分析

动力学分析用来确定惯性(质量效应)和阻尼起重要作用时,结构或构件的动力学特性。

与静力分析不同,动力分析要考虑荷载随时间的变化,以及阻尼和惯性,这类荷载包括交变力、冲力、随机力等。ANSYS 可以求解的动力学问题包括瞬态动力,模态、谐波响应,以及随机振动响应分析。

3. 结构非线性分析

结构非线性导致结构或部件的响应随外荷载发生不成比例的变化,而 ANYSYS 程序可以求解静态和瞬态非线性问题,包括材料非线性、几何非线性和单元非线性。

4. 动力学分析

ANSYS 可分析大型三维柔体运动。当运动的积累影响起主要作用时,可使用动力学分析功能分析复杂结构在空间中的运动特性,并确定结构中由此产生的应力、应变和变形。

5. 热分析

热分析用于计算一个系统或部件的温度分布及其他热物理参数,如热量的获取或损失、热梯度、热流密度等。热分析在许多工程应用中扮演重要角色,如内燃机、涡轮机、换热器、管路系统、电子元件等。ANSYS 热分析基于能量守恒原理的热平衡方程,用有限元法计算各节点的温度,并导出其他热物理参数。ANSYS 热分析包括热传导、热对流及热辐射三种热传递方式。此外,还可以分析相变、有内热源、接触热阻等问题。

6. 电磁场分析

电磁场分析主要用于电磁场问题的分析,包括静磁场分析、瞬态磁场分析、交变磁场分析、电场分析、高频电磁场分析等,可用于螺纹管、调机器、发动机、变换器、磁体、加速器、电解槽及无损检测装置等的设计和分析领域。

7. 计算流体动力学信息

ANSYS 流体单元用于流体动力学分析,分析类型包括瞬态或稳态。分析结果可以是每个节点的压力和通过每个单元的流率,并可利用后处理功能产生压力、流率和温度分布的图形显示。另外,还可使用三维表面效应单元和热流管单元模拟结构的流体绕流,包括对流换热效应。

8. 声场分析

声场分析主要用来研究声波在含有流体(气体、液体等)的介质中的传播,或分析浸在流体中的固体结构的动态特性,包括声波在容器内流体介质中的传播、声波在固体介质中的传播、水下结构的动力分析、无限表面吸收单元等,这些功能可以用来确定音箱话筒的频率响应,研究音乐大厅的声场强度分布,或预测水对振动船体的阻尼效应。

9. 压电分析

压电分析主要用于分析二维或三维结构对交流(AC)、直流(DC)或任意随时间变化的电流和机械载荷的响应,这种分析类型可用于换热器、振荡器、谐振器、麦克风等部件及其他电子设备的结构动态性能分析,包括静态分析、模态分析、谐波响应分析、瞬态响应分析,以及交流、直流、时变电载荷或机械载荷分析。

10. 疲劳、断裂及复合材料分析

ANSYS 程序提供了专门的单元和命令来分析求解和疲劳、断裂及复合材料相关的工程问题。

11. 多耦合场分析

多耦合场分析就是考虑两个或多个物理场之间的相互作用。ANSYS 统一数据库及多物理场分析并存的特点保证了可方便地进行耦合场分析,允许的耦合类型有热－应力、磁－热、磁－结构、流体流动－热、流体－结构、热－电、电－磁－热－流体－应力。

12. 优化设计

ANSYS 程序提供多种优化方法,包括零阶方法和一阶方法等。对此,ANSYS 提供了一系列的"分析－评估－修正"的过程。此外,ANSYS 程序还提供了一系列的优化工具以提高优化过程的效率。

1.1.5 ANSYS 18.0 新功能

与以前版本相比,该版本的优势主要体现在以下方面。

1. 全新的图形建模环境有助于对完整的物理系统进行仿真

ANSYS 18.0 采用支持业界标准的 Modelica 语言,基于图标的全新图形建模环境,可轻松完成对完整物理系统的建模。Simplorer 涵盖了众多学科,如流体动力、液体冷却以及机械动力学等。此外,适用于耦合机械—热行为的新型降阶模型(ROM)生成器也能帮助用户对基于三维物理场的模型进行系统级别的分析和重复利用。

2. 增强的互操作性可显著提升复杂系统的集成度

Simplorer 可针对 FMI 协同仿真、系统模型识别、系统工程流程连接以及嵌入式软件闭环测试提供全新的支持,从而能在各种仿真技术的互用性方面大幅增强自身的竞争能力。新型 Systems Engineering Gateway 可将 Simplorer 中的物理系统仿真与 ANSYS SCADE Architect 中的系统架构设计相连接,而通过全新的闭环系统测试方法则能对采用 ANSYS SCADE Suite 创建的嵌入式软件模型进行验证。

3. 能为 ANSYS 物理与嵌入式求解器添加系统仿真

ANSYS 18.0 中的 ANSYS Simplorer Entry 能将多物理场分析与优化进一步扩展至系统级。现在,用户在任何涉及 ANSYS Mechanical、Fluids、Electromagnetics 和 Embedded Software 计算的设计中均包含系统分析。Simplorer Entry 提供了可用于全套 Simplorer 产品的所有语言、模型库、求解器和接口,唯一的限制就是仿真的模型大小。对于 ANSYS SCADE 用户而言,Simplorer Entry 是一款功能强大的平台,既适用于在系统中对物理的工厂行为进行建模,同时也能对嵌入式控件进行测试。

4. 采用谐波分析 CFD 可提升 100 倍的速度并获得准确、可靠的涡轮机械分析结果

以前,对每一行中每个叶片的流程都必须煞费苦心地进行计算,这使得这项工作的代价太过高昂。为了求解频域中的这些问题,ANSYS 18.0 谐波分析(HA)CFD 应运而生,不但将求解速度提升了 100 倍,而且显著降低了硬件要求,用户仅需计算每行中的一个叶片即可获得完整的叶轮解。

5. 前期仿真可优化磁性频率响应和热管理

利用 ANSYS 18.0 的 ANSYS AIM,可对变压器、转换器和汇流条等电磁设备进行磁频响应和热管理(包括感应涡电流/位移电流和感应加热等)的前期仿真。AIM 中统一的用户界面、优化的工作流程和自动自适应求解功能使用户能够轻松评估电磁设计中的磁性能和热性能。

6. 快速定义现实世界的边界条件

ANSYS AIM 18.0 中更强大的表达式功能,提供了针对流体边界条件、与解相关的表达式,以及针对结构边界条件、与位置相关的表达式。利用这些最新的表达式功能,可快速定义真实世界的各种边界条件,轻松启动产品设计。

1.2 ANSYS 18.0 软件安装

ANSYS 18.0 已经正式发布了,该版本支持 Windows 7 与 Windows 10 系统,大约需要30GB 的空间,下面给出具体安装步骤。

(1)安装软件准备。到 ANSYS 官网下载 ANSYS 18.0 安装包,并对安装包进行解压。如果在 Windows 7 系统中安装,需要安装虚拟光驱,推荐使用 Daemon Tools Lite;如果在 Windows 10 系统中安装,直接打开即可。本书在 Windows 7 系统下进行安装。

(2)制作虚拟光盘。

① 下载 Daemon Tools Lite10.0,单击"setup. exe",出现如图 1-1 所示的界面。

② 单击"下一步"按钮,出现如图 1-2 所示的对话框。

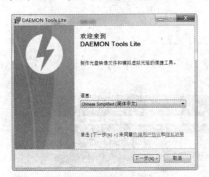　　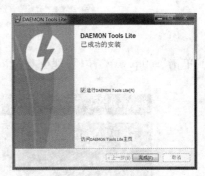

图 1-1　虚拟光驱软件安装　　　　　　　　图 1-2　虚拟光驱安装完成

③ 单击"完成"按钮,运行虚拟光驱软件,按照向导提示,将下载的 ANSYS 18.0 镜像文件制作成虚拟光盘,如图 1-3 所示。

图 1-3　制作虚拟光盘

④ 打开计算机,这时可以看到计算机系统中多了一个光驱磁盘 G 盘,单击该盘便可进行下面的安装。

(3)检查安装准备,运行 InstallPrereqs. exe,如图 1-4 所示。

图 1-4　虚拟光盘文件列表

（4）单击"setup. exe"，以管理员身份运行，出现如图 1-5 所示的安装界面。

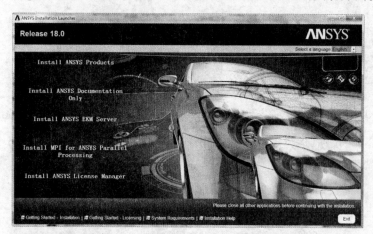

图 1-5　ANSYS 18. 0 安装界面

（5）单击"Install ANSYS Products"，出现产品安装协议页面，如图 1-6 所示，在该页面选择 I AGREE。

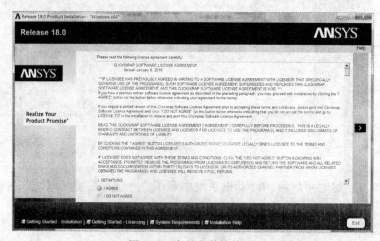

图 1-6　产品安装协议页

（6）单击"Exit"按钮，按照自己的意愿更改安装目录和安装选项，如图1-7所示。

图1-7　安装目录及安装选项

（7）单击"Exit"按钮，设置端口号与序列号服务器，可直接选择"Skip this step and configure later"，如图1-8所示。

图1-8　设置端口号与序列号服务器

（8）单击"Exit"按钮，根据自己的用途选择安装的模块，如图1-9所示。

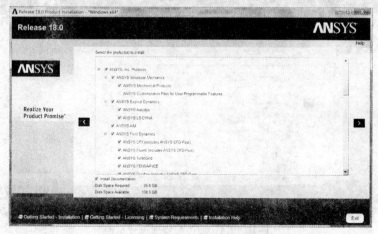

图1-9　选择需要安装的模块界面

具体各模块的用途解释如下。

ANSYS Mechanical：ANSYS Mechanical 是最顶级的通用结构力学仿真分析系统。以结构力学分析为主,涵盖线性、非线性、静力、动力、疲劳、断裂、复合材料、优化设计、概率设计、热及热结构耦合、压电等分析中几乎所有的功能。ANSYS Mechanical 在全球拥有超过 13000 家的用户群体,是世界范围应用最为广泛的结构 CAE 软件。该模块除了提供全面的结构、热、压电、声学、以及耦合场等分析功能外,还创造性地实现了与 ANSYS 新一代计算流体动力学分析程序 Fluent、CFX 的双向流固耦合计算。

ANSYS Autodyn：显式有限元分析程序,用来解决固体、流体、气体及其相互作用的高度非线性动力问题。

ANSYS LS – DYNA：显式通用非线性动力分析有限元程序,可以求解各种二维、三维非线性结构的高速碰撞、爆炸和金属成形等非线性问题。

ANSYS Icepak：包含先进的求解器,鲁棒性强、稳定性高,其自动化的网格技术使得工程师可以对所有电子产品进行快速的热设计模拟。

ANSYS Polyflow：专用于黏弹性材料的流动模拟,集成了当今最新、最完善的运算法则,适用于塑料、树脂等高分子材料的挤出成型、吹塑成型、热成型、纤维纺丝、层流混合、涂覆成型、模压成型等加工过程中的流动、传热和化学反应问题。

ANSYS Forte：FORTE CFD 包是唯一一款结合了 CHEMKIN – PRO 求解器技术的内燃机 CFD 仿真工具包。FORTE 几乎能对任意燃料的内燃机进行稳健、精确的计算,帮助工程师实现清洁燃烧、高效、任意燃料内燃机的快速设计。

ANSYS TurboGrid：旋转机械涡轮流道六面体网格创建工具。

ANSYS Composite PrepPost：(ACP)是集成于 ANSYS Workbench 环境的全新的复合材料前/后处理模块。

ANSYS AQWA：ANSYS 船舶与海洋工程行业专用仿真工具,用于计算船舶与海洋工程水动力学性能问题功能完备。

ANSYS AIM：从 ANSYS 18.0 开始的一款单一用户界面的多物理场分析工具。

(9) 单击图 1-9 中的"Exit"按钮,设置 CAD 相关配置项,如图 1-10 所示,选择默认选项即可。

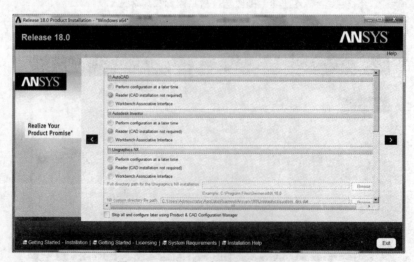

图 1-10　CAD 相关配置项设置页面

（10）单击"Exit"按钮，开始安装软件，如图 1-11 所示，直到安装结束。

图 1-11　ANSYS 18.0 安装进度显示

1.3　ANSYS 18.0 工作界面

ANSYS 18.0 包括经典界面和 Workbench 界面。经典界面适合初学者以及高级研究人员，而 Worbench 适合一般的工程师。由于经典界面非常适合理解有限元方法，也适合杆件的分析、平面问题的分析，所以在学完有限元方法学以后，进入该界面学习简单的杆件分析、平面分析，有利于理解有限元法。但是，在经典界面中学完杆件和平面问题分析以后，如果要进行三维实体模型的分析，则应立即转入 Workbench 界面。Workbench 界面为零件分析、装配体的分析提供了强大的支持，这种支持力度让经典界面望尘莫及。

1.3.1　启动 ANSYS 18.0

启动 ANSYS 18.0 有两种方法。

1. 利用向导方式启动

单击 Windows7 中的"开始"按钮，选择"所有程序"，在弹出的上拉菜单中单击"ANSYS 18.0"选项，选择其中的"Mechanical APDL Product Launcher"命令，启动 ANSYS。

启动 ANSYS 后，首先出现图 1-12 所示的页面。

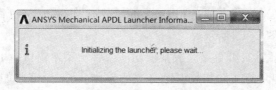

图 1-12　初始化提示页面

接着，出现如图 1-13 所示的启动窗口页面。

图 1-13 中间有三个标签，分别为"File Management""Customization/Preferenes""High Performance Computing Setup"。在"File Management"页面可完成文件管理相关设置，如设定工作

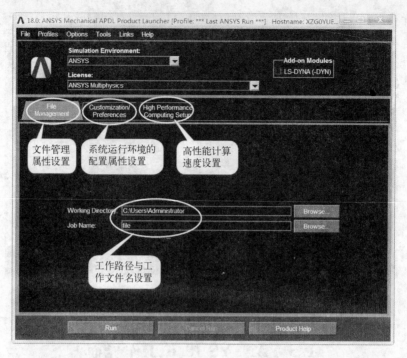

图 1-13　启动选项设置

目录和工作文件名的设置。在"Customization/Preferenes"页面可系统运行环境的配置属性设置,如工作空间和数据库所占的交换空间的大小,语言环境的设计,图形设备驱动的设置,如果不设置这些选项,则 ANSYS 会根据不同的计算机配置进行自动选择。在"High Performance Computing Setup"页面可设置高性能计算速度,如果不设置,可使用默认选项。设置完成后单击图 1-13 中的"Run"按钮,即可打开 ANSYS 18.0 经典主界面。

2. 直接启动

单击 Windows 7 中的"开始"→"所有程序"→"ANSYS 18.0"→"Mechanical APDL 18.0",即可快速启动 ANSYS 18.0,其用户环境默认为上一次运行的环境配置。

1.3.2　ANSYS 18.0 经典主界面

采用 1.3.1 节中的方法,可进入 ANSYS 18.0 经典主界面,如图 1-14 所示。

1. 应用菜单

应用菜单包括文件管理(File)、选择(Select)、列表(List)、绘图(Plot)、绘图控制(PlotCtrls)、工作平面(WorkPlane)、参数设置(Parameters)、宏(Macro)、菜单控制(MenuCtrls)以及帮助(Help)等菜单项,如图 1-15 所示。

应用菜单为下拉式结构,可直接完成某项功能或弹出菜单窗口。下面介绍常用的子菜单。

File(文件管理):包含与文件和数据库有关的操作,其下拉菜单如图 1-16 所示。某些选项只能在 ANSYS 开始时才能使用,如果在后面使用,会清除已经进行的操作,使用时要特别小心,如"Clear & Start New"选项。

Select(选取):包含选取数据子集和创建组件部件的命令,其下拉菜单如图 1-17 所示。

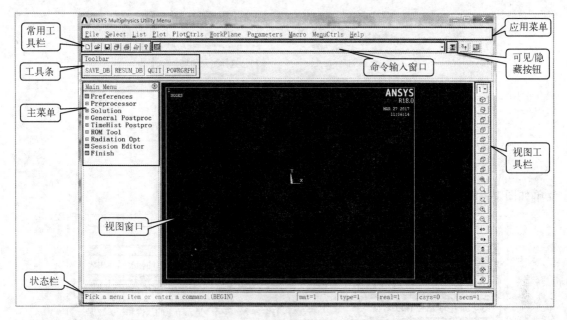

图 1-14   ANSYS 18.0 经典主界面

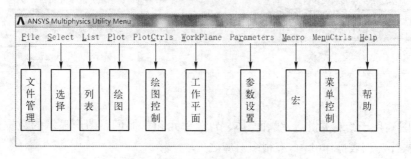

图 1-15   ANYSYS 18.0 应用菜单

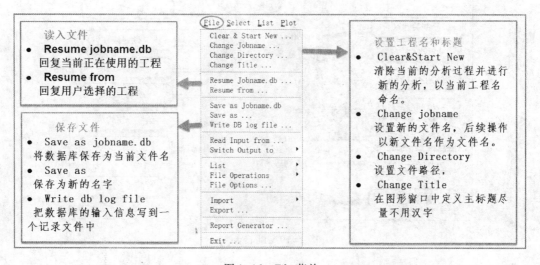

图 1-16   File 菜单

List(列表):用于列出存在于数据库的所有数据,还可以列出程序不同区域的状态信息和存在于系统中的文件内容。它将打开一个新的文本窗口,其中显示想要查看的内容,其下拉

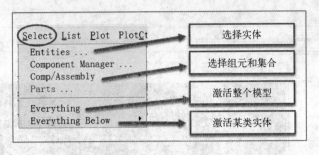

图 1-17　Select 菜单

菜单如图 1-18 所示。

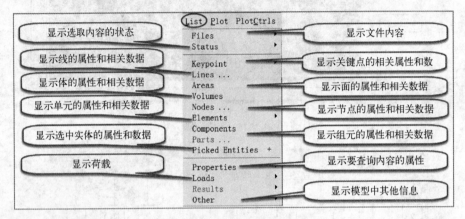

图 1-18　List 菜单

Plot(绘图):用于绘制关键点、线、面、体、节点、单元和其他可以图形显示的数据,如图 1-19 所示。绘图操作与列表操作(List)有很多对应之处。

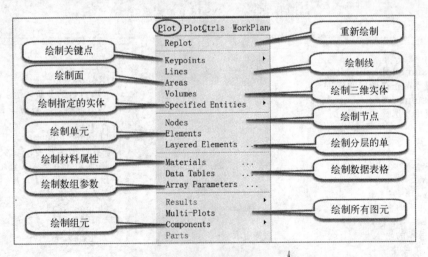

图 1-19　Plot 菜单

PlotCrls(绘图控制):包含对视图、格式和其他图形显示特征的控制,以输出正确、合理、美观的图形,如图 1-20 所示。

WorkPlane(工作平面):用于打开、关闭、移动、旋转工作平面或者对工作平面进行其他操

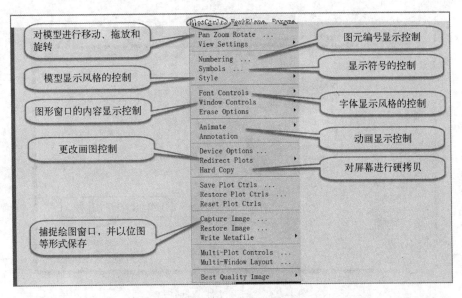

图 1-20　PlotCrls 菜单

作,还可以对坐标系进行操作,其下拉菜单如图 1-21 所示。

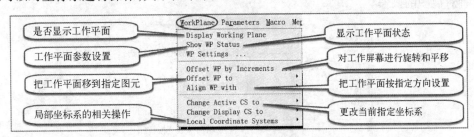

图 1-21　Work Plane 菜单

以上菜单项为常用菜单,除此之外,应用菜单还包括 Parameters(参量)菜单、Macro(宏)菜单、Menu Ctrls(菜单控制)菜单以及 Help(帮助)菜单项。其中 Parameters 菜单用于定义、编辑或者删除标量、矢量和数组参量。Macro 菜单用于创建、编辑、删除或者运行宏或数据块。MenuCtrls 菜单可以决定哪些菜单成为可见的、是否使用机械工具条(Mechanical Toolbar),也可以创建、编辑或者删除工具条上的快捷按钮,决定输出哪些信息。Help 菜单为用户提供了功能强大、内容完备的帮助,包括大量关于 GUI 命令、基本概念、单元等的帮助。这些帮助以 Web页方式存在,可以很容易地访问。

2. 常用工具栏

ANSYS 常用工具栏中集成了几个比较常用的按钮,单击这些按钮可以高效、快捷地完成新建、打开、保存、生成报告、帮助等命令,如图 1-22 所示。

单击任一工具栏按钮就会执行该命令,如单击"🖿",将会弹出"打开文件"对话框,如图 1-23 所示,可以打开的文件类型包括 ANSYS 数据库或 ANSYS 命令文件,在打开的同时,ANSYS 工作名会被重定义为恢复的数据文件的文件名。

图 1-22　ANSYS 工具栏

15

图 1-23 "打开文件"对话框

单击工具栏图标"⬜",将会弹出"视图变换"对话框,如图 1-24 所示,通过该对话框可以完成各种对视图的操作。

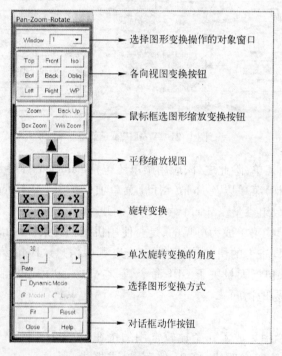

图 1-24 "视图变换"对话框

3. 工具条(ToorBar)

ANSYS 可以将常用的命令制成工具按钮形式,以方便调用。工具条中几个默认的按钮分别为 SAVE_DB(保存数据)、SAVE_DB(保存数据)、RESUME_DB(恢复数据)、QUIT(退出程序)、POEGRPH(增强图形),如图 1-25 所示。可以

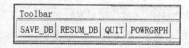

图 1-25 工具条

使用"MenuCtrl"→"Edit Toolbar"菜单命令创建工具按钮,单击此菜单后将出现如图1-26所示的对话框。工具按钮的命令格式为" * ABBR,SAVE_DB,SAVE",其中," * ABBR"是前缀,"SAVE_DB"是工具条中按钮的名称,"SAVE"为ANSYS的内部命令。

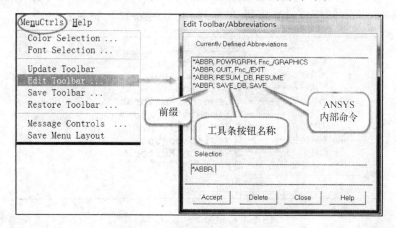

图1-26　ANSYS软件工具条编辑

4. 命令输入窗口

ANSYS允许用户输入命令,大多数GUI功能都能通过输入命令来实现。如果用户知道这些命令,则可以通过输入窗口输入这些命令。输入命令时,ANSYS会自动给出对应命令格式提示,如图1-27所示。

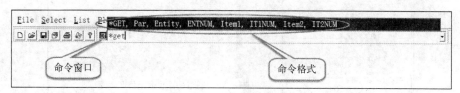

图1-27　命令输入窗口

单击"命令窗口"按钮,输入窗口将会被分离出来,可以在窗口中移动,如图1-28所示。

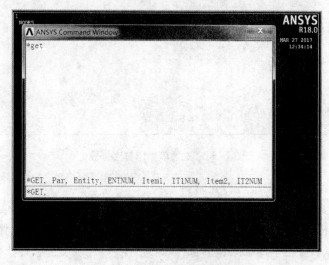

图1-28　弹出"命令输入窗口"

5. 主菜单(Main Menu)

主菜单是使用 GUI 模式进行有限元分析的主要操作窗口,主要包含参数选择(Preferences)、预处理器(Preprocessor)、求解计算器或求解计算模块(Solution)、通用后处理器(General Postprocessor)和时间历程后处理器(Time Postprocessor)等,如图 1-29 所示。

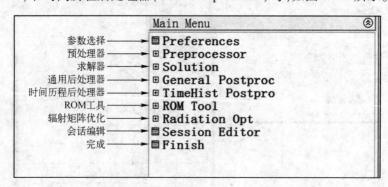

图 1-29　ANSYS 18.0 主菜单

要在主菜单中选择子菜单,将鼠标移到带有" ⊞ "符号的项目上,单击鼠标左键,即将其展开。子菜单中出现带"↗"符号的项目,表示单击后将弹出一个图形选取对话框;而出现带"⊞"符号的项目,表示单击后将弹出一个输入对话框,如图 1-30 所示。

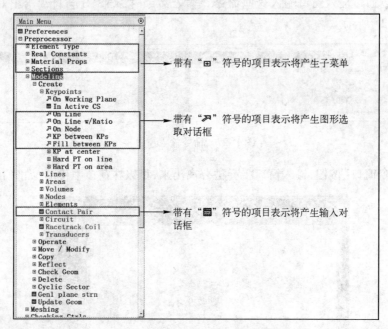

图 1-30　主菜单操作对应符号

下面分别对主菜单各菜单项进行介绍:

Preferences(参数选择):对话框如图 1-31 所示,用户可以选择学科及某个学科的有限元方法。参数选择分析任务涉及的学科,以及在该学科中所用的方法。该步骤不是必需的,可以不选,但会导致在以后分析中面临大量的选择项目。所以,让该优选项过滤掉所不需要的选项是明智的办法。尽管默认的是所有学科,但这些学科并不是都能同时使用。

18

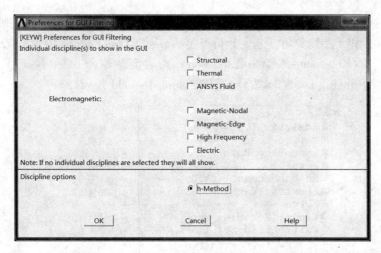

图 1-31 "Preferences(参数选择)"对话框

Preprocessor(预处理器):包含 PREP7 操作,如建模、分网和加载等。预处理器的主要功能包括单元类型、建模、分网、加载、路径操作、编号控制等,如图 1-32 所示。其中单元类型用于定义、编辑或删除单元。如果单元需要设置选项,用该方法比用命令方法更直观方便。实体建模用于创建模型(可以创建实体模型,也可直接创建有限元模型)。

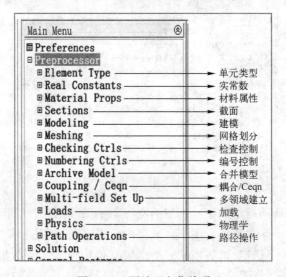

图 1-32 预处理主菜单项

ANSYS 中有两种基本的实体建模方法:

(1)自底向上建模:首先创建关键点,然后把关键点连接成线、面和体。但也可不依顺序创建。例如,可出直接连接关键点为面。

(2)自顶向下建摸:利用 ANSYS 提供的几何原型创建模型,这些原型是完全定义好了的面或体。创建原型时,程序自动创建较低级的实体。

使用自底向上还是自顶向下的建模方法取决于用户的习惯和问题的复杂程度,通常同时使用两种方式,才能高效建模。

Solution(求解器):包含 SOLUTION 操作,如分析类型选项、加载、载 荷步选项、求解控制和求解等。求解器包含了与求解相关的命令,包括分析选项、加载、载荷步设置、求解控制和求

19

解,如图 1-33 所示。ANSYS 提供的分析类型有静态分析、模态分析、谐分析、瞬态分析、功率谱分析、屈曲分析和子结构分析。选定分析类型后,应设置分析选项。在 ANSYS 中,提供了六种载荷:DOF 约束(Constraints)、集中载荷(Forces)、表面载荷(Surface Loads)、体载荷(Body Loads)、惯性载荷(Inertia Loads)、耦合场载荷(Coupled-field Loads)。

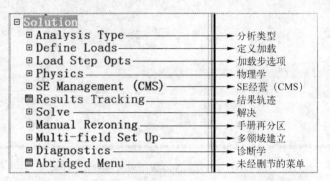

图 1-33　求解器主菜单

General Postproc(通用后处理器):包含 POST1 后处理操作,可进行结果的图形显示和列表、结果读取、结果显示及结果计算等,其对应各子菜单项如图 1-34 所示。

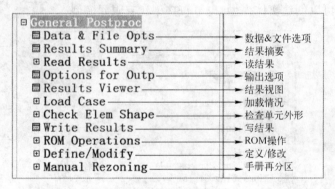

图 1-34　通用后处理各子菜单项

其中,数据与文件选项指定用于后处理的文件与结果数据,结果摘要查看结果文件包含的结果序列汇总信息,结果读取是读入用于后处理的结果序列,确定从哪个结果文件中读入数据和读入哪些数据。如果不指定,则从当前分析结果文件中读入所有数据。结果视图可显示三种结果,分别是图形显示、列表显示和查询显示。定义/修改用于节点结果、单元结果、单元数据的编辑。

TimeHist Postproc(时间历程后处理器):包含 POST26 的操作,如对结果变量的定义、列表或图形显示等,其对应的子菜单项如图 1-35 所示。

通过该菜单提供的功能,可用来观察某点结果随时间或频率的变化,包含图形显示、列表、微积分操作、响应频谱等功能。一个典型的应用是在瞬态分析中绘制结果项与时间的关系,或者在非线性结构分析中画出力与变形的关系。

ROM Tool(缩阶建模工具):基于模态分解法表达结构的响应,其对应子菜单项如图 1-36 所示。

Radiation Opt(辐射选项):如定义辐射率、完成热分析的其他设置、写辐射矩阵,计算视角

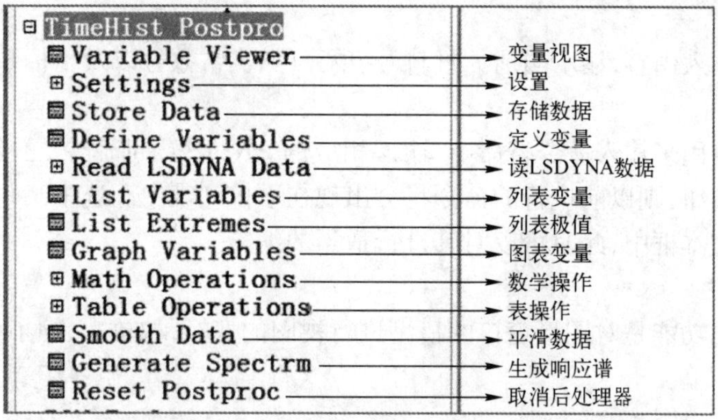

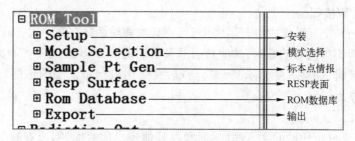

图 1-35　时间历程后处理子菜单项

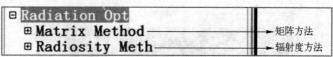

图 1-36　ROM Tool 菜单

因子等,其对应菜单如图 1-37 所示。

图 1-37　辐射选项菜单项

Session Editor(记录编辑器):用于查看在保存或者恢复之后的所有操作记录,单击该菜单会弹出如图 1-38 所示的窗口。

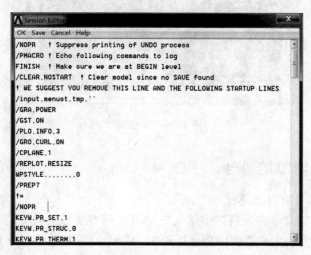

图 1-38　"Session Editor"窗口

6. 状态栏

提示当前的输入内容,显示当前的材料号、单元号、实常数号以及坐标系统号等状态。

7. 输入窗口

输入窗口主要用来输入命令行命令,输入相应的 ANSYS 内部命令,还会提示相关参数信息。单击右边的按钮,则以前执行的命令将会出现在下拉列表中。选中某一行命令并单击,则该命令即出现在文本框中,此时可以对其进行适当的编辑。

8. 视图工具栏

该工具栏主要功能是对图形窗口的模型进行视图的变换,如放大、缩小、平移、三维视角切换等。

9. 视图窗口

该窗口用来显示由 ANSYS 创建或传递到 ANSYS 的模型以及分析结果等图形信息。

10. 可见/隐藏按钮

如果在 ANSYS 交互操作中打开了多个对话框,这些对话框在第一次打开时总是处在最前台,但是操作其他菜单或对话框时,其他对话框会自动退到 ANSYS 交互界面的后面隐藏起来,但并没有关闭,此时,如果需要显示某个对话框,只需用鼠标单击▦图标即可,再次单击▦图标,则再次隐藏该对话框。

11. 输出窗口

输出窗口用来显示软件的文本输出,通常在其他窗口的后面,需要查看时提到前面即可,如图 1-39 所示。输出窗口独立于 ANSYS 菜单,关闭输出窗口会关闭整个 ANSYS,另外使用"OUTPUT"命令,能将输出窗口内容定向到一个文件中。

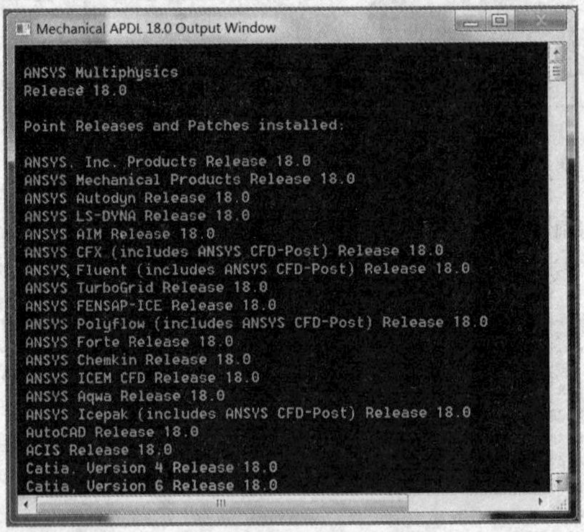

图 1-39　输出窗口

1.3.3　ANSYS 18.0 的退出

退出 ANSYS 18.0 有以下三种方法。

(1) 命令方式:在命令输入窗口中输入"/EXIT",可直接退出系统。

(2) GUI 路径方式:用户界面中用鼠标单击"ANSYS Toolbar(工具条)"中的"QUIT"按钮,或在应用菜单中单击"File"→"Exit",出现 ANSYS 18.0 程序"退出"对话框,如图 1-40 所示。

22

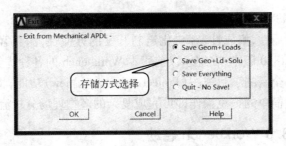

图 1-40 "退出"对话框

（3）在 ANSYS 18.0 输出窗口单击"⊠"按钮。

需要注意的是,采用第一种和第三种方式退出时,ANSYS 内容不保存直接退出,而采用第二种方式时,退出前都要求用户对当前的数据库(几何模型、荷载、求解结果及三者的组合,或什么都不保存)进行选择性操作,因此建议用户采用第二种方式退出。

1.3.4　ANSYS 18.0 的文件格式

ANSYS 在分析过程中需要对文件进行读/写操作,所有的文件都存放在用户选择的工作目录中,文件格式为 jobname.ext。其中,jobname 是用户在启动设置界面设定的工作文件名,由用户定义,用于标识不同个体的差异;ext 是由 ANSYS 定义的扩展名,用于区分文件的用途和类型。典型的 ANSYS 文件包括:

（1）日志文件(Jobnema.log)。当进入 ANSYS 时系统会打开日志文件,在 ANSYS 中键入的每个命令或在 GUI 方式下执行的每个操作都会被复制到日志文件中,当退出 ANSYS 时系统会关闭该文件。使用/INPUT 命令读取日志文件可以对崩溃的系统或严重的用户错误进行恢复。

（2）数据库文件(Jobname.db)。数据库文件是 ANSYS 程序中最重要的文件之一,它包含所有的输入数据(单元、节点信息、初始条件、边界条件、荷载信息)和部分结果数据(通过 POST1 后处理器中读取)。

（3）错误文件(Jobname.err)。错误文件用于记录 ANSYS 发出的每个错误或警告信息。如果 Jobname.err 文件在启动 ANSYS 之前已经存在,那么所有新的警告和错误信息都将追加到这个文件的后面。

（4）输出文件(Jobname.out)。输出文件会将 ANSYS 给出的响应捕获至用户执行的每个命令,而且还会记录警告、错误信息和一些结果。

（5）结果文件(Jobname.rst、Jobname.rth、Jobname.rmg)。存储 ANSYS 计算结果的文件。其中,Jobname.rst 为结构分析结果文件;Jobname.rth 为热分析结果文件;Jobname.rmg 为电磁分析结果文件。

其他的 ANSYS 文件还包括图形文件(Jobname.grph)和单元矩阵文件(Jobname.emat)等。

1.4　ANSYS Workbench 18.0

1.4.1　ANSYS Workbench 简介

经过多年的潜心开发,ANSYS 公司在 2002 年发布 ANSYS 7.0 的同时正式推出了前后处理和软件集成环境 ANSYS Workbench Environment(AWE)。到 ANSYS 11.0 版本发布时,已提升了 ANSYS 软件的易用性、集成性、客户化定制开发的方便性,深获客户喜爱。2017 年发布了 ANSYS Workbench 18.0 版本,在继承以前版本 Workbench 的各种优势特征的基础上发生了革命性的变化,提供了全新的项目视图(Project Schematic View)功能,将整个仿真流程更加紧密地组合在一起,通过简单的拖曳操作即可完成复杂的多物理场分析流程。

1.4.2　ANSYS 18.0 Workbench 启动

从 Windows 的"开始"菜单启动:执行 Windows 7 系统下的"开始"→"所有程序"→"AN-SYS 18.0"→"Workbench 18.0"命令,如图 1-41 所示,即可启动 ANSYS Workbench 18.0。

ANSYS Workbench 18.0 启动时会自动弹出如图 1-42 所示的欢迎界面。

图 1-41　启动 ANSYS 18.0 Workbench　　　　图 1-42　ANSYS Workbench 18.0 欢迎界面

首次启动 ANSYS Workbench 时会弹出如图 1-43 所示的 Getting Started 文本文件,将复选框内的☑勾掉,单击右上角的⊠(关闭)按钮即可关闭文本文件,并且在以后的启动过程将不再显示该文本文件。

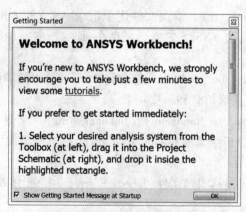

图 1-43　Getting Started 文本文件

1.4.3　ANSYS Workbench 18.0 的主界面

启动 ANSYS Workbench 18.0 分析项目,此时的主界面如图 1-44 所示,主要由菜单栏、工具栏、工具箱、状态栏、项目管理区组成。菜单栏、工具栏与 Windows 软件类似,下面着重介绍工具箱(Toolbox)及项目管理区(Project Schematic)两部分功能。

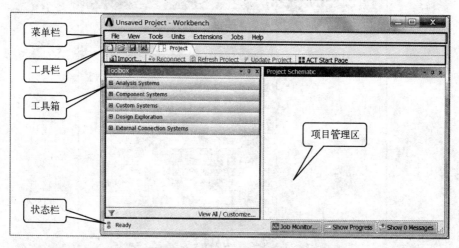

图 1-44　ANSYS Workbench 18.0 主界面

1. 菜单栏

ANSYS Workbench 18.0 菜单栏包括基本的菜单系统,如文件操作(File)、窗口显示(View)、提供工具(Tools)、单位制(Units)、作业管理(Jobs)、帮助信息(Help)。

2. 工具栏

基本工具条包括常用命令按钮,如"新建项目"按钮▣、"打开项目文件"按钮▣、"保存项目"按钮▣【Save】、"项目另存为按钮"▣等。

3. 工具箱(Toolbox)

工具箱主要由如图 1-44 所示的四部分组成,这四部分分别应用于不同的场合,具体介绍如下:

Analysis Systems:主要应用在示意图中预定义的模板内。

Component Systems:主要用于可存取多种不同应用程序的建立和不同分析系统的扩展。

Custom Systems:用于耦合分析系统(FSI、Thermal – Stress 等)的预定义。在使用过程中,可以根据需要建立自己的预定义系统。

Design Exploration:主要用于参数的管理和优化。

需要注意的是,工具箱中显示的分析系统和组成取决于所安装的 ANSYS 产品,根据工作需要调整工具箱下方的 View All→Customize 窗口即可调整工具箱显示的内容。通常情况下该窗口是关闭的。

单击 View All→Customize 时,会弹出如图 1-45 所示的 Toolbox Customization(用户定制)工具箱,通过选择不同的分析系统可以调整工具箱的显示内容。

4. 项目管理区(Project Schematic)

项目管理区是用来进行 Workbench 的分析项目管理的,它是通过图形来体现一个或多个系统所需要的工作流程。项目通常按照从左到右、从上到下的模式进行管理。

当需要进行某一项目的分析时,通过在 Toolbox(工具箱)的相关项目上双击或直接按住鼠标左键拖动到项目管理区即可生成一个项目,如图 1-46 所示,在"Toolbox"中选择"Static Structural"后,在项目管理区即可建立 Static Structural 分析项目。

图 1-45　定制工具箱

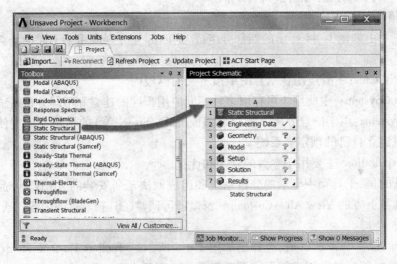

图 1-46　创建分析项目

　　项目管理区可以建立多个分析项目,每个项目均是以字母编排的(A、B、C 等),同时各项目之间也可建立相应的关联分析,例如对同一模型进行不同的分析项目,这样它们即可共用同一模型。另外在项目的设置项中单击鼠标右键,在弹出的快捷菜单中通过选择"Transfer Data To New"或"Transfer Data From New",亦可通过转换功能创建新的分析系统(如图 1-47、图 1-48)。

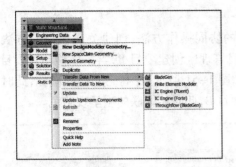

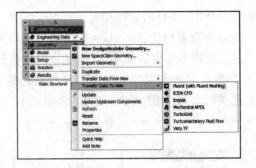

图 1-47　Transfer Data From New 菜单　　　　图 1-48　Transfer Data To New 菜单

在进行项目分析的过程中,项目分析流程会出现不同的图标来提示读者进行相应的操作,各图标的含义如下:

　:执行中断,上行数据丢失,分析无法进行。

　:需要注意,可能需要修改本单元或是上行单元。

　:需要刷新,上行数据发生改变,需要刷新单元。

　:需要更新,数据改变时单元的输出也要相应的更新。

✓:需要完成,数据已经更新,将进行下一单元的操作。

　:输入变动,单元是局部最新的,但上行数据发生变化时也可能导致其发生改变。

1.4.4　Workbench 项目管理

通过鼠标单击 WorkBench"File"→"New"菜单,或单击工具栏上的"快捷"按钮 ,结合工具箱中提供的各种分析工具可以很方便地创建各种类型的项目,下面介绍项目的删除、复制、关联等操作,以及项目管理操作案例。

1. 复制及删除项目

将鼠标移动到相关项目的第 1 栏(A1)单击鼠标右键,在弹出的快捷菜单中选择"Duplicate"命令,即可复制项目,如图 1-49 所示,例如 B 项目就是由 A 项目复制而来,如图 1-50 所示。

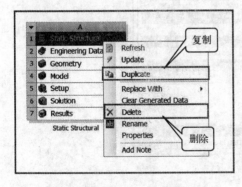

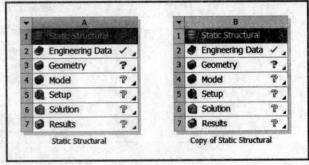

图 1-49　项目管理快捷菜单　　　　　　　图 1-50　项目复制后结果

将鼠标移动到项目的第 1 栏(A1)单击鼠标右键,在弹出的快捷菜单中选择"Delete"命令,即可将项目删除。

2. 关联项目

在 ANSYS Workbench 中进行项目分析时,需要对同一模型进行不同的分析,尤其是在进

27

行耦合分析时,项目的数据需要进行交叉操作。

为避免重复操作,Workbench 提供了关联项目的协同操作方法,创建关联项目的方法如下:在工具箱中按住鼠标左键,拖曳分析项目到项目管理区创建项目 B,当鼠标移动到项目 A 的相关项时,数据可共享的项将以红色高亮显示,如图 1-51 所示,在高亮处松开鼠标,此时即可创建关联项目,如图 1-52 所示为新创建的关联项目 B,此时相关联的项呈现暗色。

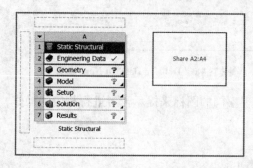

图 1-51 红色高亮显示

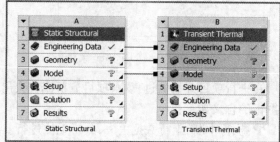

图 1-52 创建关联项目

需要说明的是,项目中显示暗色的项不能进行参数设置,为不可操作项,关联的项只能通过其上一级项目进行相关参数设置。项目之间的连线表示数据共享,例如图中 A2 ~ A4 表示项目 B 与项目 A 数据共享。

1.4.5 设置项属性

在 ANSYS Workbench 中,既可以了解设置项的特性,也可以对设置项的属性进行修改,具体方法如下:选择菜单栏中的"View"→"Properties"命令,此时在 Workbench 环境下可以查看设置项的附加信息。如图 1-53 所示,选择"Model"栏,其属性便可显示出来。

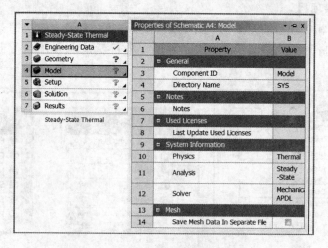

图 1-53 设置项属性

1.4.6 Workbench 文件管理

Workbench 是通过创建一个项目文件和一系列的子目录来管理所有的相关文件。这些文件目录的内容或结构不能进行人工修改,必须通过 Workbench 进行自动管理。

当创建并保存文件后,便会生成相应的项目文件(.wbpj)以及项目文件目录,项目文件目录中会生成众多子目录,例如保存文件名为 MyFile,生成的文件为 MyFile.wbpj,文件目录为 MyFile_files。ANSYS Workbench 18.0 的文件目录结构如图 1-54 所示。

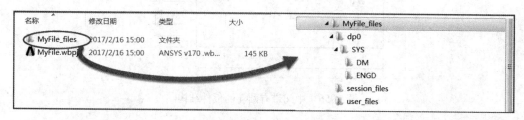

图 1-54 文件目录结构

dpn:该文件目录是设计点文件目录,实质上是特定分析的所有参数的状态文件,在单分析情况下只有一个 dp0 目录。

SYS:包括了项目中各种系统的子目录(如 Mechanical、FLUENT、CFX 等),每个系统的子目录都包含特定的求解文件。

user_files:包含输入文件、用户文件等,部分文件可能与项目分析有关。

在 Workbench 中选择"View"→"Files"命令,可以弹出并显示一个包含文件明细与路径的文件预览窗口,如图 1-55 所示。

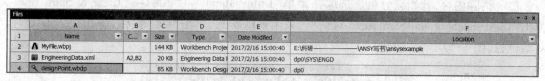

图 1-55 文件预览

1.5 ANSYS 18.0 案例入门

1.5.1 提出问题

ANSYS 软件有分析多种有限元问题的能力,包括从简单的线性静态分析到复杂的非线性动态分析。一个典型的 ANSYS 分析过程可以分为六个步骤:①参数定义;②创建几何模型;③划分网格;④加载数据;⑤求解;⑥结果分析。下面通过一个简单实例学习 ANSYS 有限元分析的标准求解过程,同时熟悉 ANSYS 界面系统环境及其菜单操作方法,从而建立 ANSYS 有限元分析过程的初步概念。

如图 1-56 所示,一个中间带有圆孔的板件结构,长度为 100mm,宽度为 50mm 以及厚度为 20mm,正中间有一个半径为 10mm 的孔,板的左端完全固定,板的右端承受面内向右的均部拉力,大小为 20N/mm。结构的材料特性模量为 200000,泊松比为 0.3,计算在拉力作用下结构的变形和等效应力分布图。

显然这是一个典型的平面应力问题,对于该问题,首先要制订分析方案,即确定其分析类型、模型类型、边界条件及荷载的施加,依据问题描述,本问题的具体方案如下:

(1)分析类型:材料是线性弹性,结构静力分析。

(2)模型类型:板壳模型,采用板壳大暖,选用"Structural Solid"中的"Quad 8 node 183"单

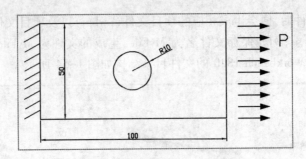

图 1-56 中间带有圆孔的板件结构

元类型,其厚度为单元实常数。

(3)边界条件:左侧线上施加固定支撑。

(4)载荷施加:右侧线上施加均布载荷。

1.5.2 定义参数

在建立模型和网格划分之前,需要做一些准备工作,包括指定工程名、更改工作目录、设定分析标题、定义单元类型、定义单元参数与材料参数等。

1. 开始新分析,分析准备工作

(1)清除内存,开始新分析。选取择菜单"Utility Menu"→"File"→"Clear & Start New",弹出"Clear database and Start New"对话框,采用默认状态,单击"OK"按钮,弹出"Verify"确认对话框,如图 1-57 所示,单击"Yes"按钮。

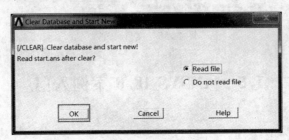

图 1-57 "Clear Database and Start New"对话框

(2)指定工作文件名。选取菜单"Utility Menu"→"File"→"Change Jobname",弹出"Change Jobname"对话框,如图 1-58 所示,在"Enter New Jobname"输入 examplel,然后单击"OK"按钮。

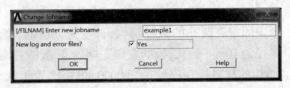

图 1-58 "Change Jobname"对话框

(3)指定分析标题。选取菜单"Utility Menu"→"File"→"Change Title",弹出"Change Title"对话框,如图 1-59 所示,在"Enter new title"项输入 This is my first ANSYS exercise,然后单击"OK"按钮。

30

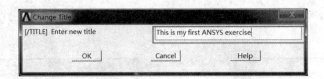

图 1-59　"Change Title"对话框

（4）重新刷新图形窗口：选择菜单"Utility Menu"→"Plot"→"Replot"，输入的标题显示在图形窗口的左下角位置。

2. 利用 ANSYS 前处理器定义参数

（1）进入前处理器并定义单元类型。选择菜单"MainMenu"→"Preprocessor"→"Element-Type"→"Add/Edit/Delete"，出现"Element Types"对话框，如图 1-60 所示，单击"Add"按钮，出现"Library of Element Types"对话框。在"Library of Element Types"左边列表框中选择"Structural Solid"，右边列表框中选择" 8 node 183"，在"Element type reference number"栏中输入"1"，如图 1-61 所示，单击"OK"按钮关闭该对话框并返回"Element Types"对话框，如图 1-62所示，单击"Options"按钮，弹出如图 1-63 所示的"PLANE183 element type options"对话框，如图 1-63 所示，在"Element behavior"下拉列表框中选择"Plane strs w/thk"选项，并单击"OK"按钮，再次回到"Element Type"对话框，单击"Close"按钮关闭该对话框。

图 1-60　"Element Types"对话框

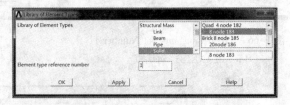

图 1-61　"Library of Element Types"对话框

图 1-62　Element Types 对话框

图 1-63　"PLANE183 element type options"对话框

（2）添加实常数。执行"Main Menu"→"Preprocessor"→"Real Constants"→"Add/Edit/Delete"命令，弹出"Real Constants"对话框，如图 1-64 所示，单击"Add"按钮，弹出如图 1-65所示的"Element Type of Real Constants"对话框，选择"Type 1 PLANE183"项，单击"OK"按钮，弹出如图 1-66 所示的"Real Constants Set Number 1,for PLANE183"对话框，在"THK"项中输入"20"，在"Real Constant Set No. "项输入"1"，即单元实常数编号为 1，单击"OK"按钮返回"Real Constants"对话框，单击"Close"退出实常数设置。

（3）定义材料参数。执行"Main Menu"→"Preprocessor"→"Material Props"→"Material Model"命令，弹出如图 1-67 所示的"Define Material Model Behavior"对话框，选择" Material Model Number1"和"Structural"→"Linear"→"Elastic"，双击"Isotropic"弹出如图 1-68 所示的"Linear Isotropic Properties for Material Number1"对话框，在"EX"栏输入"200000"，"PRXY"栏

输入"0.3",单击"OK"按钮,返回"Define Material Model Behavior"对话框,直接关闭对话框,材料参数设置完毕。

图 1-64　"Real Constants"对话框

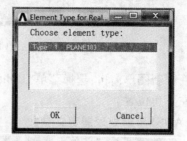

图 1-65　"Element Type of Real Constants"对话框

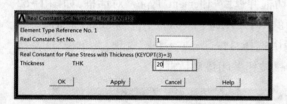

图 1-66　"Real Constants Set Number 1,
for PLANE183"对话框

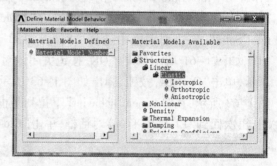

图 1-67　"Define Material Model
Behavior"对话框

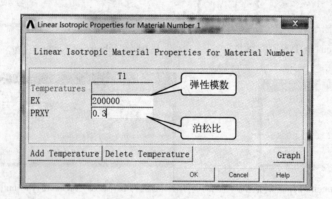

图 1-68　"Linear Isotropic Properties for Material Number1"对话框

1.5.3　创建几何模型

对于此例可以先绘制一个矩形与圆形,然后对其进行布尔操作,即可得到所需的几何模型。具体操作方法如下:

1. 绘制矩形

选择菜单"Main Menu"→"Preprocessor"→"Modeling"→"Create"→"Areas"→"Rectangle"→"By 2 Corners",弹出如图 1-69 所示的"Create Rectangle by 2 Corners"对话框,按照例题描述,在"Width"文本框中输入"100",在"Height"文本框中输入"50",单击"OK"按钮。这样将绘制一个左下角点位于坐标原点、右上角点位于(100,50,0)的矩形。

2. 绘制圆形

选择菜单"Main Menu"→"Preprocessor"→"Modeling"→"Create"→"Areas"→"Circle"→"Solid Corcle",弹出如图 1-70 所示的"Solid Circular Area"对话框,在"WP X"文本框中输入"50",在"WP Y"文本框中输入"25",在"Radius"文本框中输入"10",单击"OK"按钮,结果如图 1-71 所示。

图 1-69　绘制矩形

图 1-70　绘制圆形

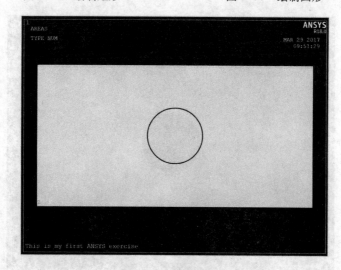

图 1-71　绘制结果图

3. 布尔运算

选择菜单"Main Menu"→"Preprocessor"→"Modeling"→"Operate"→"Booleans"→"Subtract"→"Areas",弹出如图 1-72 所示的"Subtract Areas"对话框,此时鼠标箭头变成向上箭头,拾取矩形面,弹出如图 1-73 所示的"Multiple_Entities"对话框,对话框中提示"Picked Areas is 1",表示当前选中的是面 1,即矩形面,单击"OK"按钮返回"Subtract Areas"对话框,单击"Apply"按钮(表示被减面已经选择完成)再次弹出"Subtract Areas"对话框,用鼠标拾取圆面的形心,再次弹出"Multiple_Entities"对话框,此时对话框提示选中面 1,即矩形面,单击"Next"按钮,则提示信息变成"Picked Areas is 2",表示当前选中圆面,单击"OK"按钮返回"Subtract Areas"对话框,单击"OK"按钮(表示减去面已经选择完成)执行矩形面减去圆面的操作,执行结果如图 1-74 所示。

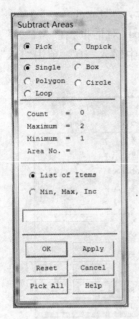

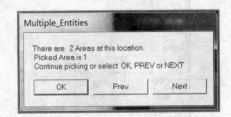

图 1-72　实体选取　　　　　　　　图 1-73　多实体选取

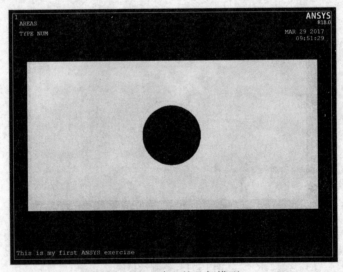

图 1-74　建立的几何模型

4. 保存

单击工具栏中的"SAVE DB"按钮存盘,也可以选择"File"→"Save as"命令进行备份。

1.5.4　划分网格

模型的几何实体建成之后,就可以对其进行网格划分了。网格划分可以手动或自动,也可以二者相结合。一般对于规则的形体,自动网格划分效率比较高。在网格划分中,可以控制程序生成单元的大小和形状。操作方法如下:

(1) 选择"Main Menu"→"Preprocessor"→"Meshing"→"Size Cntrls"→"ManualSize"→"Layers"→"Picked Lines"命令,弹出"实体选取"对话框,用鼠标选中矩形的 4 条边线,单击

34

"OK"按钮,弹出如图1-75所示的对话框,在"Element edge length"文本框中输入10,其他设置为"0",单击"OK"按钮。

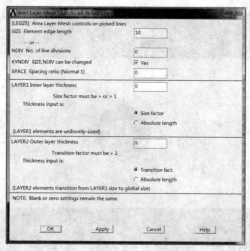

图1-75 "Area Layer – Mesh Controls on Picked Lines"对话框

(2)选择"Main Menu"→"Preprocessor"→"Meshing"→"Size Cntrls"→"ManualSize"→"Layers"→"Picked Lines"命令,弹出"实体选取"对话框,用鼠标选中圆形的4条边线,将"No. of line divisions"设置为2,单击"OK"按钮。

(3)选择单元形状和网格划分器。在图1-76所示"MeshTool"对话框中的"Mesh"下拉列表中选择"Areas","Shape"项选择"Quad(划分四边形单元)"和"Free(使用自由网格划分器)"。

图1-76 "MeshTool"对话框

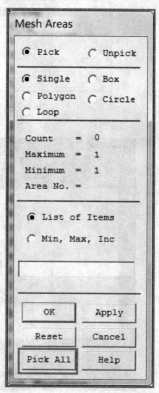

图1-77 "Mesh Areas"对话框

（4）执行网格划分。单击"Meshtool"对话框中的"Mesh"按钮,弹出"Mesh Areas"对话框,单击"Pick All"按钮执行网格划分操作,网格划分结果如图1-78所示。

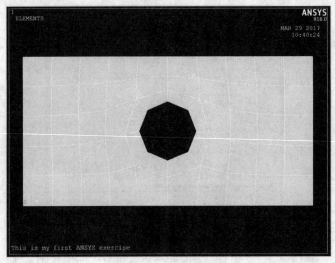

图1-78　网格划分结果

（5）孔附近单元网格加密处理。在"MeshTool"对话框中"Refine at"下拉列表中选择"Lines",单击"Refine"按钮,弹出图1-77所示拾取对话框,拾取孔周边四条弧线,单击"OK"按钮弹出如图1-79所示的"Refine Mesh at Line"设置对话框,在"LEVEL Level of refinement"下拉列表中选择"2",单击"OK"按钮执行网格加密处理,结果如图1-80所示。

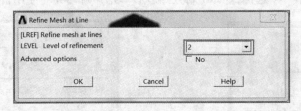

图1-79　加密设置

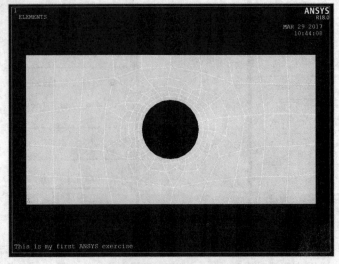

图1-80　网格加密后结果

（6）显示具有厚度壳体模型。选择菜单"Utility Menu"→"PlotCtrls"→"Style"→"Size and Shape"，在弹出的对话框中将"Display of element shapes based on real constant descriptions"项设置为"ON"，单击"OK"按钮，然后选择"UtilityMenu"→"Plot Ctrls"→"Pan，Zoom，Rotate"，弹出"Pan，Zoom，Rotate"对话框，按顺序单击"Iso"和"Fit"按钮，查看网络划分模型，如图1-81所示。

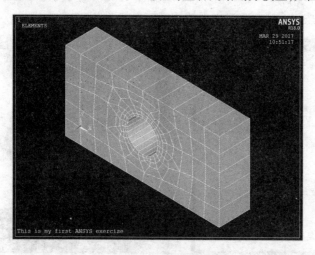

图1-81　具有厚度的模型

（7）退出前处理器。选择菜单"Main Menu"→"Finish"，并且存储模型。

1.5.5　施加荷载

划分网格之后要做的工作就是添加载荷。这里的载荷包括边界条件（约束、支撑或边界场的参数）和其他外部或内部载荷。这些载荷绝大多数可以施加到实体模型的关键点、线面或有限元模型节点和单元上。

1. 施加固定边界条件

选取菜单"Main Menu"→"Preprocessor"→"Loads"→"Define Loads"→"Apply"→"Structural"→"Displacement"→"On Lines"，弹出"实体选取"对话框，用鼠标拾取左边直线，单击"OK"按钮，出现如图1-82所示的"Apply U,ROT on Lines"对话框，在"DOFs to be constrained"列表框中选择All DOF，并设置"Displacement value"为"0"，单击"OK"按钮，约束全部位移自由度。

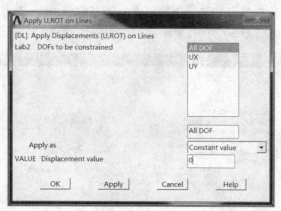

图1-82　施加边界条件

2. 施加端部均布拉力

选取菜单"Main Menu"→"Preprocessor"→"Loads"→"Define Loads"→"Apply"→"Structural"→"Pressure"→"On Lines",弹出"实体选取"对话框,用鼠标选取矩形右侧边界线,单击"OK"按钮,弹出"Apply PREs on Lines"对话框,如图 1-83 所示,设置"VALUE Load PRES value"为"-1",单击"OK"按钮。视图窗口出现的约束信息如图 1-84 所示。

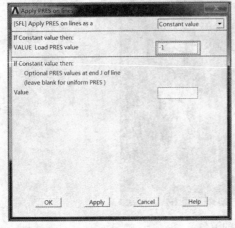

图 1-83　"Apply PREs on Lines"对话框　　　　图 1-84　模型约束信息

3. 保存

单击工具栏中的"SAVE DB"按钮存盘,也可以选择"File"→"Save as"命令进行备份。

1.5.6　求解

求解工作主要在求解模块(SOLUTION)中进行,其操作方法如下:

(1) 执行求解。选取菜单"Main Menu"→"Solution"→"Solve"→"Current LS",弹出"Solve Current Load Step"对话框,同时弹出"/STATUS Command"窗口,如图 1-85 所示。阅读"/STATUS Command"窗口中的载荷步提示信息,如果发现存在不正确的提示,则单击"/STAT Command"窗口菜单"/STATUS Command"→"File"→"Close",关闭"/STATUS Command"窗口,然后单击"Solve Current Load Step"对话框中的"Cancel"按钮退出,修改错误之处。当"/STATUS Command"窗口中提示无误时,同样关闭"/STATUS Command"窗口,然后在"Solve Current Load Step"对话框中单击"OK"按钮开始执行求解计算。当求解结束时,弹出"提示信息"对话框,显示"Solution is done!",如图 1-86 所示,表示求解成功完成。

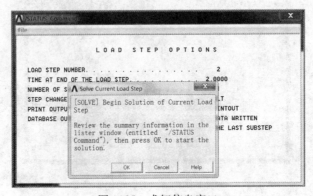

图 1-85　求解信息窗口

图 1-86　计算结束提示信息

（2）退出求解器。选择菜单"Main Menu"→"Finish"。

1.5.7　结果分析

完成计算后，可以通过 ANSYS 的后处理模块来查看计算得到的结果，具体操作如下：

（1）显示变形图。选择"Main Menu"→"General Postproc"→"Read Results"→"First Set"命令，读入最初结果文件。选择"Main Menu"→"General Postproc"→"Plot Results"→"Deformed Shape"命令，弹出"Plot Deformed Shape"对话框，如图 1-87 所示，选择"Def + undef edge"选项并单击"OK"按钮，就会出现如图 1-88 所示的变形图。

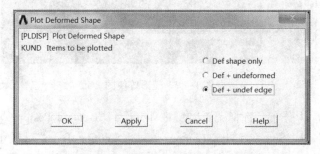

图 1-87　"Plot Deformed Shape"对话框

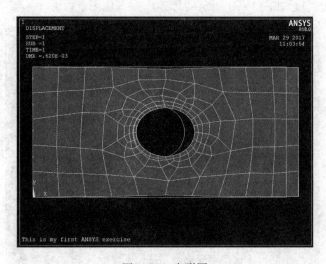

图 1-88　变形图

（2）观察总体变形。选择菜单"Main Menu"→"General Postproc"→"Plot Results"→"Contour plot"→"Nodal Solu"，弹出"Contour Nodal Solution Data"对话框，设置下列选项："Item to be contoured"项选择"Nodal Solution"→"DOF solution"→"displacement vector sum",即选择总位移;"Undisplaced shape key"项选择"Deformed shape only",即只绘制变形结果模型;"Scales Factor"项选择"Auto Calculated",即变形比例缩放尺寸控制,选择自动计算变形比例。单击"Additional Options"弹出附加选项:"Scales Factor contract items"项输入"1.0",即结果项数值的放大比例系数;"Number of facets per slsmemt edge"项选择"Corner only"。单击"Ok"按钮,显示如图1-89所示的变形等值图。

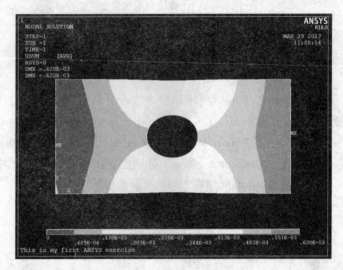

图1-89　变形等值图

（3）观察等效应力分布。选择菜单"Main Menu"→"General Postproc"→"Plot Results"→"Contour plot"→"Nodal Solu",弹出"Contour Nodal Solution Data"对话框,"Item to be contoured"项选择"Nodal Solution"→"Stress"→"von Mises stress",即选择等效应力,其他选项默认。单击"Ok"按钮,显示如图1-90所示的等效应力等值图。

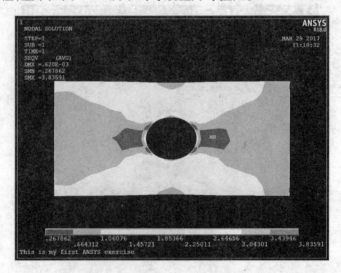

图1-90　等效应力等图

以上是通过一个简单实例学习ANSYS有限元分析的标准求解过程,在这里就当抛砖引玉,后面的章节会详细介绍 ANSYS 软件在多个领域的应用。

1.6　本章小结

　　本章对有限元分析进行了简单概述,介绍了有限元分析基本概念、ANSYS 软件发展历程及 ANSYS 18.0 的新功能;介绍了 ANSYS 18.0 软件安装方法,详细介绍了 ANSYS 18.0 软件操作界面及常用的操作方法;结合有限元分析的基础知识,详细介绍了一个带孔矩形板受拉的典型有限元静力分析的操作实例。

习　题　1

1. 简述有限元分析的基本步骤。
2. 简述 ANSYS 软件的基本功能。
3. 采用两种方式分别启动 ANSYS 18.0,体会两者的不同之处。
4. 简述 ANSYS 18.0 的退出方式,比较其不同点。
5. 简述 ANSYS 18.0 主菜单项及其功能。
6. 举例说明 ANSYS 18.0 创建几何模型的过程。

习题 1 答案

略。

第 2 章　ANSYS 实体建模

本章概要

- ANSYS 实体建模基本方法
- ANSYS 坐标系的操作
- ANSYS 工作平面的使用
- 自底向上建模的操作
- 自顶向下建模的操作
- 布尔运算
- 修改模型
- ANSYS 实体建模综合实例

2.1　ANSYS 实体建模基本方法

在 ANSYS 系统中,建模包括广义与狭义两层含义,广义模型包括实体模型和在载荷与边界条件下的有限元模型,狭义模型则仅仅指建立的实体模型与有限元模型。建模的最终目的是获得正确的有限元网格模型,保证网格具有合理的单元形状,单元大小密度分布合理,以便施加边界条件和载荷,保证变形后仍具有合理的单元形状、场量分布描述清晰等。实体模型是由点、线、面和体组合而成,这些基本的点、线、面和体在 ANSYS 中称为图元。直接生成实体模型的方法主要有自底向上和自顶向下两种方法。

2.1.1　自底向上建模

自底向上建模即由建立最低图元对象的点到最高图元对象的体进行建模,即先定义实体各顶点的关键点,再通过关键点连成线,然后由线组合成面,最后由面组合成体,如图 2-1 所示。

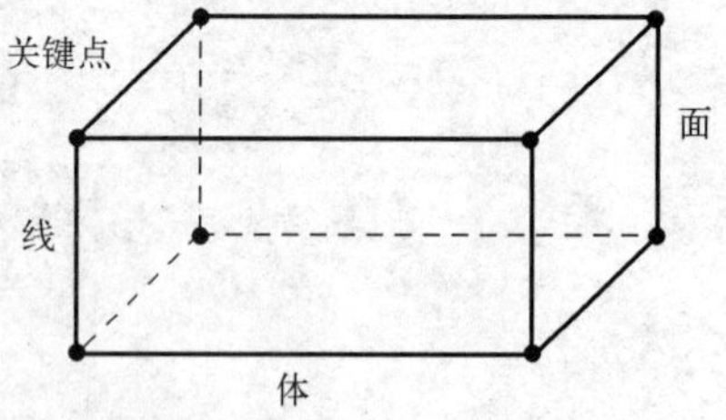

图 2-1　自底向上建模

2.1.2　自顶向下建模

直接建立最高图元对象,其对应的较低图元面、线和关键点同时被创建,这种从较高图元开始建模的方法称为自顶向下建模。例如要建立一个圆柱或圆锥,那就可以直接利用 ANSYS 提供的圆柱体或圆锥体创建功能,如图 2-2 所示。

图 2-2　自顶向下建模

2.1.3　布尔运算的使用

不是所有的实体都能通过 ANSYS 的实体工具直接生成。

对于有些几何特征比较复杂的实体,可以借助布尔运算的使用来完成。

用户可以通过求交、相减或其他布尔运算,直接用较高级的图元生成复杂的几何体。布尔运算对于自底向上或自顶向下方法生成的图元均有效。

2.1.4 拖拉或旋转实体模型

布尔运算虽然方便,但一般需要耗费较多的计算时间。因此在构造实体模型时,采用拖拉或旋转的方法建模,往往可以节省时间,提供工作效率。

2.1.5 移动和复制实体模型

一个复杂的面或体在模型中重复出现时,可以利用 ANSYS 提供的移动和复制功能快速实现,并且可以在方便的位置生成几何体,然后将其移动到所需之处,这样比直接改变工作平面生成所需要的几何体更为方便。

任何一种方法构造的实体模型,都是由关键点、线、面和体组成的。一般来说,模型的顶点为关键点,边为线,表面为面,整个实体内部为体。所有对象的级别关系:体以面为边界,面以线为边界,线以关键点为端点;体为最高级的对象,高级对象是建立在低级对象之上的,低级对象不能删除,否则高级对象就会垮塌。ANSYS 除了能够利用自带的功能进行模型建立外,还提供了强大的与其他 CAD 系统的输入/输出接口,这样用户可以用自己熟悉的 CAD 系统建立好模型,然后再导入 ANSYS 中进行分析。具体操作:选择"Utility Menu"→"File"→"Import"命令。但要注意,从 CAD 系统导入 ANSYS 中的模型往往不能直接进行网格划分,而是需要进行大量的修补完善工作。

2.2 ANSYS 坐标系的操作

创建有限元模型时,需要通过坐标系对所要生成的几何模型进行空间定位。ANSYS 为用户提供了以下几种坐标系,每种坐标系都有其特定的用途。

总体坐标系与局部坐标系(Global CS and Local CS):用于定位几何对象(如节点、关键点等)的空间位置。

显示坐标系(Display CS):用于几何形状参数的列表和显示。

节点坐标系(Nodal CS):定义每个节点的自由度方向和节点结果数据的方向。

单元坐标系(Element CS):确定材料特性主轴和单元结果数据的方向。

结果坐标系(Results CS):用于列表、显示或在通用后处理(POST1)操作中将节点或单元结果转换到一个特定的坐标系中。

2.2.1 总体坐标系

总体坐标系和局部坐标系用来定位几何体。在默认状态下,建模操作时使用的坐标系是总体坐标系,即笛卡儿坐标系。总体坐标系是一个绝对的参考系。ANSYS 提供了四种总体坐标系:笛卡儿坐标系、柱坐标系、球坐标系、Y 向柱坐标系。四种总体坐标系有相同的原点,且遵循右手定则,它们的坐标系识别号分别为 0、1、2、5,其中 0 是笛卡儿坐标系(cartesian),1 是柱坐标系(Cylindrical),2 是球坐标系(Spherical),5 是 Y 向柱坐标系(Y - Cylindrical),如图 2-3 所示。

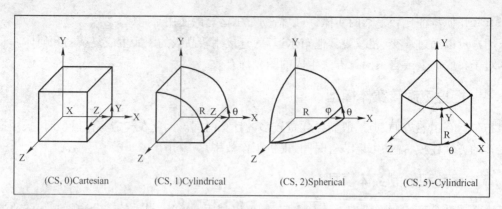

图2-3 总体坐标系示意图

ANSYS 引用坐标系 X 轴、Y 轴、Z 轴代表不同的意义，笛卡儿坐标系的 X 轴、Y 轴、Z 轴分别代表其原始意义；柱坐标系的 X 轴、Y 轴、Z 轴分别代表径向 R、轴向 O 和轴向 Z；球坐标系的 X 轴、Y 轴、Z 轴分别代表 R、O、P。在 ANSYS 中，用户可以定义多个坐标系，但在某一时刻只能有一个坐标系处于活动状态，这个坐标系称为活动坐标系。默认情况下，总体笛卡儿坐标系是处于活动状态的，如果要将活动坐标系改为其他全局坐标系，可选择"Utility Menu"→"WorkPlane"→"Change Active CS to"命令，如图2-4 所示。

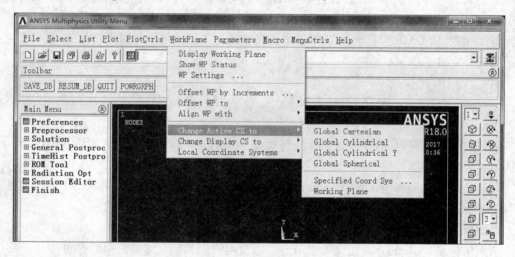

图2-4 全局坐标系菜单

在 ANSYS 中，选择"Utility Menu"→"WorkPlane"→"Change Active CS to"→"Global Carte-sian"命令，可以定义笛卡儿坐标系，命令为"CSYS,0"。选择其他命令还可以分别建立柱坐标系、球坐标系以及 Y 向柱坐标系，命令分别为"CSYS,1""CSYS,2""CSYS,5"。可以通过选择"Utility Menu"→"PlotCtrls"→"Style"→"Colors"→"Reverse Video"命令，修改黑色背景为白色背景。

【例2.1】 图2-5 是在 ANSYS 中建立的圆台实体，底面半径为100，顶面半径为50，高为300。圆台底面上显示的即为总体坐标系的坐标轴。圆台底面位于总体笛卡儿坐标系的 X - Y 平面上，Z 轴为其对称轴。现在要求在圆台的顶面边缘与 X 轴成60°的位置上建立一个关键点，如图2-5 中数字9 的位置。

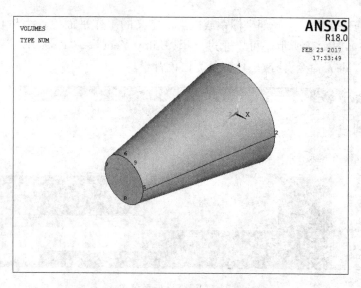

图 2-5　激活圆柱坐标系插入关键点

要在图中建立这样一个关键点,用笛卡儿坐标系不好表达,但用圆柱坐标系表示却非常简单,其圆柱坐标为(50,60,300)。具体操作步骤如下:

(1)复制课件目录\ch02\ex2-1\中的文件到工作目录,启动 ANSYS,单击工具栏上的 按钮打开数据库文件"ex2-1.db"。

(2)选择"Utility Menu"→"WorkPlane"→"Change Active CS to"→"Global Cylindrical"命令,设置当前活动坐标系为总体柱坐标系。

(3)选择"MainMenu"—"Preprocessor"→"Modeling"→"Create"→"Keypoints"→"In Active CS"命令,这时弹出"Create Keypoints in Active Coordinate System"对话框,如图 2-6 所示。

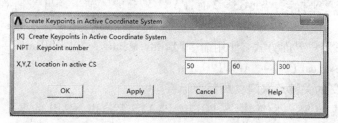

图 2-6　用柱坐标系创建关键点

(4)在"Location in active CS"中按圆柱坐标(R,θ,Z)的格式输入"50""60""300",单击"OK"按钮,关键点 9 即创建完成。

2.2.2　局部坐标系

局部坐标系是用户为了方便建模及分析的需要自定义的坐标系,可以和总体坐标系有不同的原点、角度和方向。局部坐标系和总体坐标系一样,可以是笛卡儿坐标系(C.S.0)、柱坐标系(C.S.1)、球坐标系(C.S.2)和环形坐标系(C.S.3)中的任何一个,但一般建议不要在环形坐标系下进行实体建模操作。

在 ANSYS 中,选择"Utility Menu"→"WorkPlane"→"Local Coordinate Systems"→"Create Local CS"命令,可以按照总体笛卡儿坐标系定义局部坐标系,还可以通过已有节点定义局部

坐标系、通过已有关键点定义局部坐标系或以当前定义的工作平面原点为中心定义局部坐标系。相关的操作如图2-7所示。可以通过选择"Utility Menu"→"PlotCtrls"→"Style"→"Colors"→"Reverse Video"命令,修改黑色背景为白色背景。

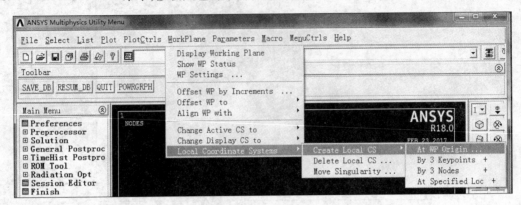

图2-7　局部坐标系菜单

1. 以当前激活的工作平面的原点为中心来建立局部坐标系

(1) Command 方式:CSWPLA,KCN,KCS,PAR1,PAR2。

KCN:坐标系编号,KCN 大于 10。

KCS:局部坐标系的属性。KCS = 0 时为笛卡儿坐标系;KCS = 1 时为柱坐标系;KCS = 2 时为球坐标系;KC = 3 时为环坐标系;KCS = 4 时为工作平面坐标系;KCS = 5 时为 Y 向柱坐标系;

PAR1:应用于椭圆、球或螺旋坐标系。当 KCS = 1 或 2 时,PAR1 是椭圆长短半径(Y/X)的比值,默认为 1(圆);当 KCS = 3 时,PAR1 是环形的主半径。

PAR2:应用于球坐标系,当 KCS = 2 时,PAR2 是椭球 Z 轴半径与 X 轴半径的比值,默认为 1(圆)。

(2) GUI 图形用户界面方式:使用命令"Utility Menu"→"WorkPlane"→"Local Coordinate Systems"→"Create Local CS"→"At WP Origin"。

2. 通过已定义的关键点来建立局部坐标系

Command 方式:CSKP,KCN,KCS,PORIG,PXAXS,PXYPL,PAR1,pAR2。

KCN:坐标系编号,KCN 大于 10。

KCS:局部坐标系的属性。KCS = 0 时为笛卡儿坐标系;KCS = 1 时为柱坐标系;KCS = 2 时为球坐标系;KCS = 3 时为环坐标系;KCS = 4 时为工作平面坐标系;KCS = 5 时为 Y 向柱坐标系。

PORIG:以该关键点为新建坐标系原点,若该值为 P,则可进行 GUI 选取关键点操作。

PXAXS,定义 X 轴的方向,原点指向该点方向为 X 轴正向。

PXYPL:定义 Y 轴的方向,若该点在 X 轴的右侧,则 Y 轴在 X 轴的右侧,反之在左侧。

【例2.2】　以图 2-5 所示的圆台为例,在圆台的顶面建立一个局部坐标系,原点位于 8 号点处,X 轴方向沿总体笛卡儿坐标系的 Y 轴正向。

如图 2-8 所示,具体操作步骤如下:

(1) 选择"Utility Menu"→"WorkPlane"→"Local Coordinate Systems"→"Create Local CS"→"By 3 Keypoints"命令。

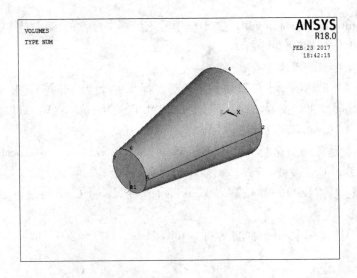

图 2-8 创建的局部坐标系

（2）弹出"对象选取"对话框，用鼠标在图 2-5 所示的圆台顶面依次选择 8、6 和 7 点，单击"OK"按钮，8 号点自动成为局部坐标系的原点。

（3）弹出如图 2-9 所示的"Create CS By 3 KPs"对话框，在"Ref number of new coord sys"文本框中输入局部坐标系的标识号，本例使用默认的"11"。在"Type of coordinate system"下拉列表框中选择所采用的局部坐标系，本例中选择"Cartesion 0"（直角坐标系），单击"OK"按钮。这样就在 8 号关键点处生成了一个识别号为 11 的局部直角坐标系。

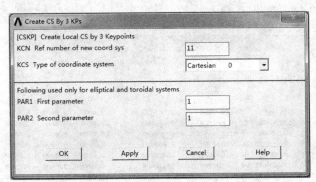

图 2-9 创建局部坐标系

【例 2.3】 激活例 2.2 中建立的识别号为 11 的局部直角坐标系。

具体操作步骤如下：

（1）选择"Utility Menu"→"WorkPlane"→"Change Active CS to"→"Specified Coord Sys"命令，弹出如图 2-10 所示的对话框。

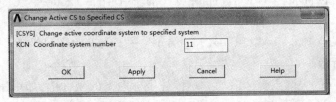

图 2-10 激活局部坐标系

(2) 在“Coordinate system number”文本框中输入局部坐标系的标识号“11”,单击“OK”按钮激活识别号为 11 的局部直角坐标系。

常见的局部坐标系的操作还有:

指定总体笛卡儿坐标的一个位置作为新局部坐标系的原点,同时指定相对总体笛卡儿坐标三个坐标轴的偏转角度定义局部坐标系的方向:“Utility Menu”→“WorkPlane”→“Local Coordinate Systems”→“Create Local CS”→“At Specified Loc”。

通过已有节点定义局部坐标系:“Utility Menu”→“WorkPlane”→“Local Coordinate Systems”→“Create Local CS”→“By 3 Nodes”。

删除局部坐标系:“Utility Menu”→“WorkPlane”→“Local Coordinate Systems”→“Delete Local CS”。

查看所有的总体坐标系和局部坐标系:“Utility Menu”→“List”→“Other”→“ Local Coordinate Systems”。

2.2.3 显示坐标系

显示坐标系是程序列表显示或者图形显示结果时所用的坐标系。在默认情况下,即使是在其他坐标系中定义的节点和关键点,其列表都显示它们的总体笛卡儿坐标。显示坐标系对列出圆柱和球节点坐标非常有用。例 2.1 中建立的圆台例子,当在柱坐标系下生成了关键点 9 之后,如果想查看关键点 9 的位置坐标,可选择“Utility Menu”→“List”→“Keypoints”→“Coordinate only”命令,弹出如图 2-11 所示的对话框。从图中可以看出,尽管用户是在总体柱坐标系下建立关键点 9,ANSYS 列表显示的关键点 9 的坐标仍是总体笛卡儿坐标值。

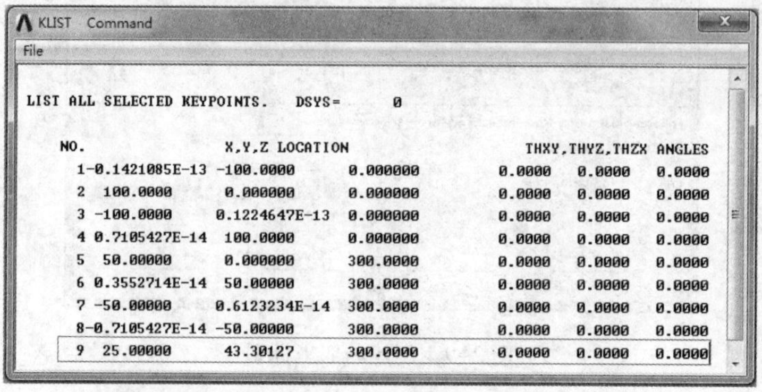


```
LIST ALL SELECTED KEYPOINTS.   DSYS=      0

    NO.            X,Y,Z LOCATION                    THXY,THYZ,THZX ANGLES
     1-0.1421085E-13 -100.0000     0.000000       0.0000   0.0000   0.0000
     2  100.0000      0.000000     0.000000       0.0000   0.0000   0.0000
     3 -100.0000     0.1224647E-13 0.000000       0.0000   0.0000   0.0000
     4 0.7105427E-14  100.0000     0.000000       0.0000   0.0000   0.0000
     5  50.00000      0.000000     300.0000       0.0000   0.0000   0.0000
     6 0.3552714E-14  50.00000     300.0000       0.0000   0.0000   0.0000
     7 -50.00000     0.6123234E-14 300.0000       0.0000   0.0000   0.0000
     8-0.7105427E-14 -50.00000     300.0000       0.0000   0.0000   0.0000
     9  25.00000      43.30127     300.0000       0.0000   0.0000   0.0000
```

图 2-11 列出关键点的总体直角坐标系

【例 2.4】 为了查看方便,用户可以改变当前的显示坐标系。同样以例 2.1 中建立的模型为例,操作如下:

(1) 选择“Utility Menu”→“WorkPlane”→“Change Display CS to”→“Global Cylindrical ”命令,如图 2-12 所示。

(2) 选择“Utility Menu”→“List”→“Keypoints”→“Coordinate only”命令,弹出关键点坐标列表,如图 2-13 所示。

图 2-13 中显示的关键点坐标值均为总体柱坐标系下的坐标值,如果用户想切换到总体笛卡儿坐标系下来显示,则选择“Utility Menu”→“ WorkPlane”→“Change Display CS to”→

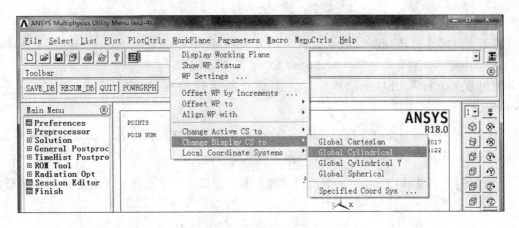

图 2-12　改变显示坐标系

KLIST Command

File

LIST ALL SELECTED KEYPOINTS.   DSYS=   1

NO.	X,Y,Z LOCATION			THXY,THYZ,THZX ANGLES		
1	100.0000	-90.00000	0.000000	0.0000	0.0000	0.0000
2	100.0000	0.000000	0.000000	0.0000	0.0000	0.0000
3	100.0000	180.0000	0.000000	0.0000	0.0000	0.0000
4	100.0000	90.00000	0.000000	0.0000	0.0000	0.0000
5	50.00000	0.000000	300.0000	0.0000	0.0000	0.0000
6	50.00000	90.00000	300.0000	0.0000	0.0000	0.0000
7	50.00000	180.0000	300.0000	0.0000	0.0000	0.0000
8	50.00000	-90.00000	300.0000	0.0000	0.0000	0.0000
9	50.00000	60.00000	300.0000	0.0000	0.0000	0.0000

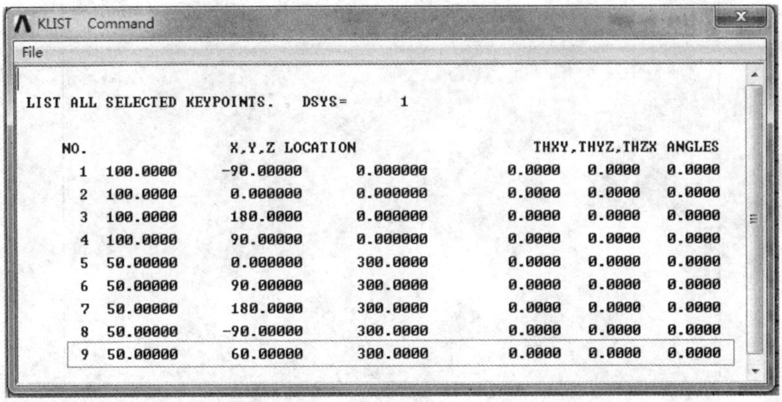

图 2-13　列出关键点的柱面坐标系

“Global Cartesian”命令即可。

注意：改变显示坐标系会影响图形显示。除非用户有特殊的需要，一般在以非笛卡儿坐标系列出节点坐标之后，必须将显示坐标系恢复到总体笛卡儿坐标系，以免出现混乱。

2.2.4　节点坐标系

总体和局部坐标系用于几何全局的定位，而节点坐标系则用于定义节点自由度的方向。每一个节点都有一个附着的坐标系，称为节点坐标系。在实际应用中，有时需要给节点施加不同于坐标系主方向上的载荷或约束，这就要将节点坐标系旋转到所需要的方向，然后在节点坐标系上施加载荷或约束。默认情况下，节点坐标系总是笛卡儿坐标系，并与总体笛卡儿坐标系平行，与定义节点的活动坐标系无关。

如果要按角度旋转一个节点的坐标系，首先通过选择“Utility Menu”→“PlotCtrls”→“Style”→“Colors”→“Reverse Video”命令，修改黑色背景为白色背景；然后选择“Main Menu”→“Preprocessor”→“Modeling”→“Create”→“Nodes”→“Rotate Node CS”→“By Angles”命令，弹出对象选取对话框，选择要旋转坐标系的节点后，单击“OK”按钮弹出相应的对话框，其中“THXY”“THYZ”“THZX”分别表示绕笛卡儿坐标的 Z 轴、X 轴 和 Y 轴旋转的角度。常用的节点坐标系操作还有：

将节点坐标系旋转到当前活动处标系的方向："Main Menu"→"Preprocessor"→"Modeling"→"Create"→"Nodes"→"Rotate Node CS"→"To Active CS"。

列出节点坐标系相对于总体笛卡儿坐标系的旋转角度："Utility Menu"→"List"→"Nodes"。

注意：时间历程后处理器（POST26）中的结果数据是在节点坐标系下表达的；而同样后处理器（POST1）中的结果是按结果坐标系进行表达的。

【**例 2.5**】 图 2-14 所示为 8 个均匀排列在 1/4 圆弧上的节点建立 X 轴指向圆心的节点坐标。

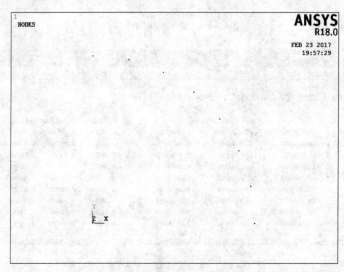

图 2-14 1/4 圆弧上的节点

其具体操作如下：

（1）复制课件目录\ch02\ex2 – 5\中的文件到工作目录，启动 ANSYS，单击工具栏上的按钮打开数据库文件"ex2 – 5. db"。

（2）选择"Utility Menu"→"PlotCtrls"→"Style"→"Colors"→"Reverse Video"命令，修改黑色背景为白色。

（3）选择"Utility Menu"→"WorkPlane"→"Change Display CS to"→"Global Cylindrical"命令，将当前总体坐标系转换成总体柱坐标系。

（4）选择"Main Menu"→"Preprocessor"→"Modeling"→"Create"→"Nodes"→"In Ative CS"，弹出提示对话框，在"Node number"文本框中输入"9"后，单击"OK"按钮，得到的带编号的节点如图 2-15 所示。

（5）选选择"Main Menu"→"Preprocessor"→"Modeling"→"Create"→"Nodes"→"Rotate Node CS"→"To Active CS"，弹出"节点拾取"对话框，选中所有节点，再单击"OK"按钮。此时，节点坐标经旋转完毕。

（6）单击"Utility Menu"→"PlotCtrls"→"Symbols"，弹出"Symbols"对话框，选中"Nodal coordinate system"单选按钮。

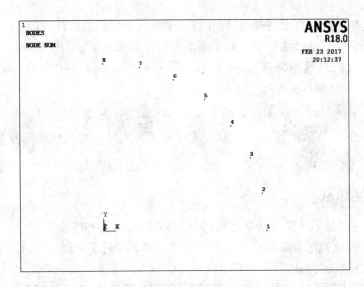

图 2-15　带有编号的圆弧上的节点

（7）单击"OK"按钮，则在节点上将显示节点坐标，如图 2-16 所示。这些节点坐标系的 X 轴方向现在沿径向，约束这些选择节点的 X 轴方向，就是施加的径向约束。

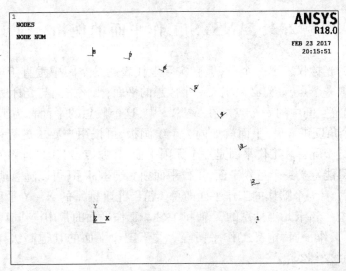

图 2-16　最终显示的节点坐标

2.2.5　单元坐标系

每个单元都有它自己的单元坐标系。单元坐标系主要用于规定正交材料特性的方向和面力结果（如应力和应变）的输出方向，它对后处理也是很有用的（如提取梁和壳单元的膜力）。所有的单元坐标系都是正交右手系。大多数单元坐标系的默认方向遵循以下规则：

（1）线单元的 X 轴通常是从该单元的 I 节点指向 J 节点。

（2）壳单元的 X 轴通常也是从该单元的 I 节点指向 J 节点方向。Z 轴过 I 点且与壳面垂直，其正方向由单元的 I、J 和 K 节点按右手定则确定，Y 轴垂直于 X 轴和 Z 轴。

（3）二维和三维实体单元的单元坐标系总是平行于总体笛卡儿坐标系。

并非所有的单元都符合上述规则,对作特定的单元坐标系的默认方向可参考 ANSYS 的帮助文档中有关单元类型的详细说明。对于面单元或体单元而言,可用下列命令将单元坐标系方向调整到已定义的局部坐标系:"Main Menu"→"Preprocessor"→"Modeling"→"Create"→"Elements"→"Elem Attributes"。

> **注意:**有些单元可以利用关键点(KEYOPT)选项来修改单元坐标系的方向,如果既用 KEYOPT 命令又用 ESYS 命令,则 KEYOPT 命令的定义有效。对某些单元而言,通过输入角度可相对先前的方向进一步旋转。

2.2.6　结果坐标系

结果坐标系用于显示计算的结果数据(如位移、梯度、应力和应变等)。结果坐标系默认平行于笛卡儿坐标系,这意味着默认情况下,无论节点和单元坐标系如何设定,位移、应力和支座反力均按照总体笛卡儿坐标系表达。用户可以将活动的结果旋转到另一个坐标系(如总体坐标系或某个定义的局部坐标系),当用户对这些结果数据进行列表显示时,这些数据将按结果坐标系显示。改变结果坐标系的操作方法:"Main Menu"→"General Postproc"→"Options for Output"。

> **注意:**时间历程后处理器(POST26)中的结果总是以节点坐标系表达。

2.3　ANSYS 工作平面的使用

尽管屏幕上的光标只表示一个点,但它实际上代表的是空间中垂直于屏幕的一条直线。为了能用光标选取一个点,首先必须定义一个假想的平面,当该平面与光标所代表的垂线相交时,就能唯一地确定空间中的一个点。在 ANSYS 中,这个假想的平面称为工作平面(Working Plane)。从另一个角度讲,工作平面就如同一个绘画板,可按用户要求进行移动和旋转,工作平面也可以不平行于屏幕。工作平面是一个无限平面,有原点、二维坐标系、捕捉增量和栅格显示。同一时刻只能定义一个工作平面,工作平面独立于坐标系,可以随意地移动和旋转。进入 ANSYS 程序后, 有一个默认的工作平面即总体笛卡儿坐标系的 X – Y 平面,工作平面的 X 轴和 Y 轴分别为总体笛卡儿坐标系的 X 轴和 Y 轴。工作平面的常用操作有显示工作平面、移动工作平面、旋转工作平面、定义工作平面等。关于工作平面的其他高级操作,请读者参考 ANSYS 自带的帮助文档。

2.3.1　显示和设置工作平面

默认情况下,ANSYS 主界面上只显示总体笛卡儿坐标系,选择"WorkPlane"→"Display Working Plane"命令,在界面上将显示工作平面坐标系,它和总体笛卡儿坐标系重合,三个坐标轴分别为 WX、WY 和 WZ,如图 2-17 所示。

如果需要隐藏工作平面,则执行"UtilityMenu"→"WorkPlane"→"Display Working Plane"命令,此时界面上显示的工作平面消失,即工作平面已经切换为隐藏状态。单击"Utility Menu"→"WorkPlane"→"Show WP Status"命令,弹出状态窗口,从中可以查看当前工作平面的详细信息,包括原点、网格间距、工作平面坐标系类型等, 如图 2-18 所示。

要设置工作平面,可单击"Utility Menu"→"WorkPlane"→"WP Setting"命令,弹出"Wp setting"对话框,从中可以修改当前工作平面的显示信息,如图 2-19 所示。

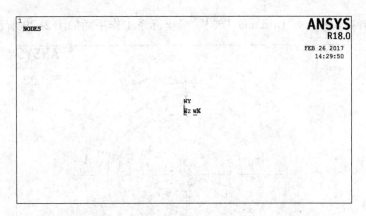

图 2-17　显示工作平面

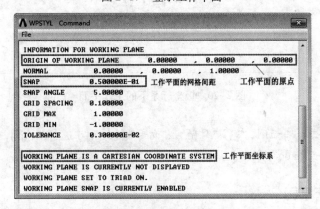

图 2-18　当前工作平面的详细信息

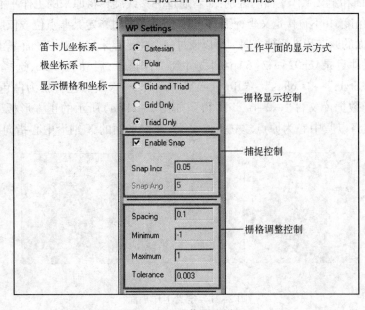

图 2-19　工作平面设置

从工作平面设置对话框可以看到,有两种工作平面可供选择:笛卡儿坐标系和极坐标系工作平面。一般情况用笛卡儿坐标系工作平面,但当模型以极坐标系(R,θ)表示时,可能会用到极坐标系工作平面。选择菜单"UtilityMenu"→"WorkPlane"→"WP Settings",弹出"WP Settings"界面,选择"Polar"及"Grid and Triad",极坐标系工作平面如图2-20所示。

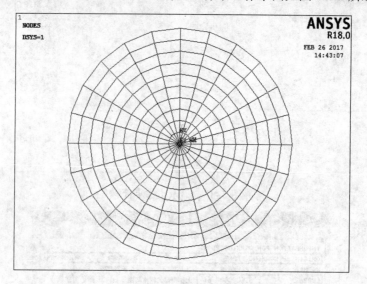

图2-20 极坐标系下的工作平面

说明:要获得工作平面状态(即位置、方向和增量),可选择"UtilityMenu"→"List"→"Status"→"Working Plane"命令。

2.3.2 定义工作平面

移动工作平面和定义工作平面的区别:如者通过平移或旋转将原来的工作平面变换到指定的位置或旋转某个角度,并不直接定义坐标轴的方向;而后者通过指定某些点位或依照已有的坐标系直接定义工作平面的原点和坐标轴方向。可以通过三个关键点来定义工作平面,操作步骤如下:

(1)复制课件目录\ch02\ex2-6\中的文件到工作目录,启动 ANSYS,选择"Utility Menu"→"PlotCtrls"→"Style"→"Colors"→"Reverse Video"命令,修改黑色背景为白色。单击工具栏上的 按钮打开数据库文件"ex2-6.db",得到如图2-21(a)所示的正方形板,其长和宽均为200,下面的操作将以其中心为原点建立工作平面,工作平面的 X 轴沿中心指向关键点2。

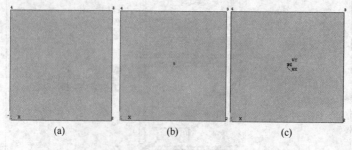

(a)   (b)   (c)

图2-21 定义工作平面

(2)选择"Main Menu"→"Preprocessor"→"Modeling"→"Create"→"Keypoints"→"In Active CS"命令,输入关键点中心点的坐标(100,100,0),单击"OK"按钮,创建一个编号为5的关键点,如图2-21(b)所示。

（3）选择"UtilityMenu"→"WorkPlane"→"Align WP with"→"Keypoints"命令,弹出"图形"对话框,依次用鼠标选择关键点 5、2 和 3,然后单击"OK"按钮。此时,可以看到工作平面已经移到了正方形中心点,如图 2-21(c)所示。

ANSYS 用户还可以使用下列方法定义一个新的工作平面：

（1）三点定义一个工作平面："Utility Menu"→"WorkPlane"→"Align WP with"→"XYZ Locations"。

（2）三节点定义一个工作平面："Utility Menu"→"WorkPlane"→"Align WP with"→"Nodes"。

（3）通过线上一点的垂直平面定义工作平面："Utility Menu"→"WorkPlane"→"Align WP with"→"Plane Normal to Line"。

（4）通过现有坐标系的 X - Y 平面定义工作平面：

①"Utility Menu"→"WorkPlane"→"Align WP with"→"Active Coord Sys"。

②"Utility Menu"→"WorkPlane"→"Align WP with"→"Global Cartesian"。

③"Utility Menu"→"WorkPlane"→"Align WP with"→"Specified Coord Sys"。

2.3.3　旋转和平移工作平面

ANSYS 中提供了一个专门的工作平面旋转和平移工具,选择"Utility Menu"→"WorkPlane"→"Offset WP by Increments"（通过增值抵消工作平面）命令可以调出它,如图 2-22 所示,在"X,Y,Z Offsets"文本框中按格式输入平移增量,在"XY,YZ,ZX Angles"文本框中按格式输入旋转增量,然后单击"OK"按钮,即可实现工作平面的平移和旋转。例如,在"XY,YZ, ZX Angles"文本框中输入"90,0,0",则工作平面将绕总体笛卡儿坐标系的 Z 轴旋转 90°。

用户还可以根据自己的需要把工作平面移动到想要的位置,如想把工作平面原点移动到总体笛卡儿坐标系的(10,0,0)点,可以执行如下操作：

（1）选择"Utility Menu"→"WorkPlane"→"Offset WP to"→"XYZ Locations"命令,弹出如图 2-23 所示的对话框。

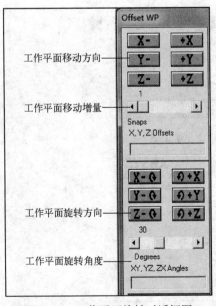

图 2-22　工作平面旋转对话框图

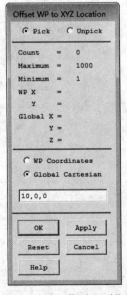

图 2-23　移动工作平面到指定点

55

（2）按图2-23在文本框中输入"10,0,0"，表示所要移动到的坐标点，单击"OK"按钮后可以看到，视图窗口中的总体坐标系和工作平面已经分离。

（3）选择"Utility Menu"→"WorkPlane"→"Offset WP to"→"Global Origin"命令，可把工作平面还原到笛卡儿坐标系的原点。

其他常用的移动工作平面的操作还有：

（1）将工作平面的原点移动到某关键点位置："Utility Menu"→"WorkPlane"→"Offset WP to"→"Keypoints"。

（2）将工作平面的原点移动到某节点位置："Utility Menu"→"WorkPlane"→"Offset WP to"→"Nodes"。

2.4　自底向上建模的操作

自底向上建模的思路：由建立最低图元的点到最高图元的体，即先建立点，再由点连成线，然后组合成面，最后由面组合建立体。

2.4.1　定义及操作关键点

关键点是指在绘图区中的一个几何点，它本身不具有物理属性。建立实体模型时，关键点是最小的图元对象，关键点即为结构中一个点的坐标，点与点连接成线，也可直接组合成面及体。关键点的建立按实体模型的需要而设定，但有时会建立一些辅助点以帮助执行其他命令，如建立圆弧。在 ANSYS 中定义关键点的方法很多，下面结合实例操作介绍一些常用方法。

【例2.6】　在活动坐标系中定义关键点。

选择"Main Menu"→"Preprocessor"→"Modeling"→"Create"→"Keypoints"→"In Active CS"命令，弹出如图2-24所示的"Create Keypoints in Active Coordinate System"对话框。以当前激活坐标系为参照系并输入关键点的坐标，如（2,0,0），单击"OK"按钮，则1号关键点被创建，如图2-25所示。

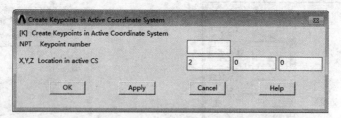

图2-24　在活动坐标系中定义关键点

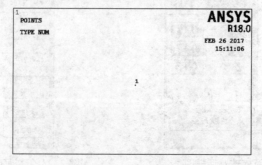

图2-25　在活动坐标系中定义的1号关键点

56

【例2.7】 在工作平面中定义关键点。

选择"MainMenu"→"Preprocessor"→"Modeling"→"Create"→"Keypoints"→"On Working Plane"命令,弹出如图2-26所示的"Create KPs on WP"对话框。此时直接在视图窗口中单击,即可定义关键点。如果想准确确定关键点的位置,也可以在图2-26所示的对话框中选择"WP Coordinates",然后在文本框中输入关键点在工作平面上的坐标,如(0,5),单击"OK"按钮,则2号关键点被创建,如图2-27所示。

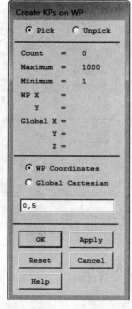

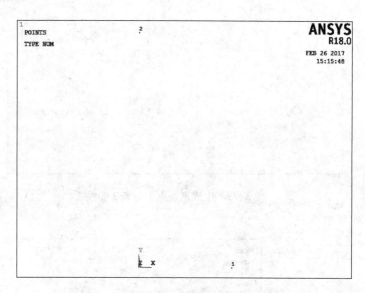

图2-26 在工作平面上 　　　　图2-27 在工作平面上定义的2号关键点
　　 定义的关键点

【例2.8】 在已知线上给定位置定义关键点。

例2.6和例2.7已经定义了两个关键点,把这两个关键点连起来就生成了线。用户可以直接在输入窗口中输入"L,1,2",如图2-28所示,然后按"ENTER"键生成一条连接点1与点2的线,如图2-29所示。关于线定义的GUI操作,详见2.4.3节。

图2-28 在输入窗口中输入"L,1,2"

选择"MainMenu"→"Preprocessor"→"Modeling"→"Create"→"Keypoints"→"On Line"命令,弹出"图形选取"对话框,用鼠标在视图窗口中单击选中刚才生成的线,单击"OK"按钮,弹出如图2-30所示的对话框,此时在线上任一点单击鼠标,即可在单击的位置生成一个关键点。这个关键点的编号为3,如图2-30所示。

【例2.9】 在两关键点间填充关键点。

接着上面的操作,选择"Main Menu"→"Preprocessor"→"Modeling"→"Create"→"Keypoints"→"FillbetweenKPs"命令,弹出"图形选取"对话框,用鼠在图形视窗中依次选择关键点1和3,单击"OK"按钮,弹出如图2-32所示的"Create KP by Filling between KPs"对话框。在该对话框中的"No of keypoints to fill"文本框中输入"2",表示要填充的关键点数量;在"Starting keypoint number"文本框中输入"100",表示要填充关键点的起始编号;在"Inc. between filled keyps"文本框中输入"10",表示要填充关键点编号的增量;在"Spacing ratio"文本框中输入"1",表示关键点间隔的比率,应为0~1。设置完成后单击"OK"按钮,即在关键点1和3之间填充了两个关键点100和110,如图2-33所示。

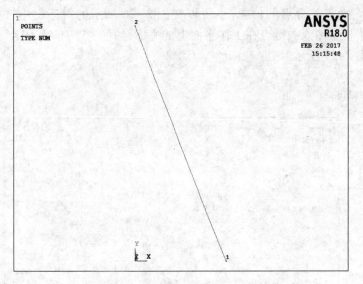

图2-29 生成连线点1与点2的线

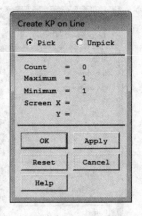

图2-30 在线上
定义的关键点

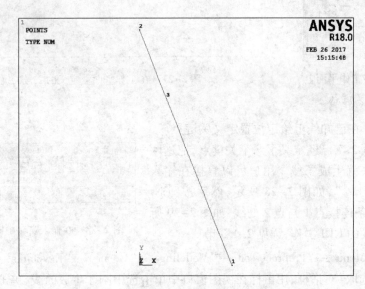

图2-31 在线上定义的3号关键点

【例2.10】 由三点定义的圆弧的中心生成一个关键点。

可以过三点定义的圆弧中心生成关键点,要求3个已知的关键点不在同一条线上,否则会弹出"Error"对话框。为此,可再按以上介绍的方法在笛卡儿坐标系的原点创建一个关键点4,或直接在输入窗口输入"K,4"。选择"Main Menu"→"Preprocessor"→"Modeling"→"Create"→"Keypoints"→"KP at Center"→"3 keypoints"命令,弹出"图形选取"对话框,用鼠标在图形视窗中依次选择关键点4、100和110,然后单击"OK"按钮确认。这时将在关键点4、100和110所在圆弧的中心生成新的关键点5。最后生成的关键点如图2-34所示。

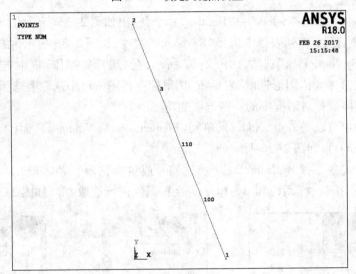

图 2-32　填充关键点设置

图 2-33　填充关键点 100 与 110

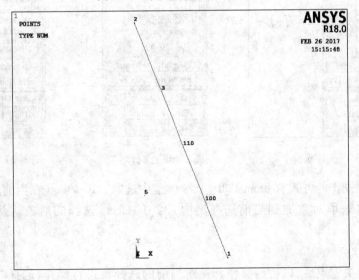

图 2-34　关键点 5 的定义

注意：此操作只能在笛卡儿坐标系下使用。

Ansys 还提供了一些其他关键点的操作方法：

（1）在已有两个关键点之间生成关键点："Main Menu"→"Preprocessor"→"Modeling"→"Create"→"Keypoints"→"KP between KPs"命令。

（2）在已有节点处定义关键点："Main Menu"→"Preprocessor"→"Modeling"→"Create"→"Keypoints"→"On Node"命令。

这些命令的使用，读者可以自己练习操作。

2.4.2 选择、查看和删除关键点

1. 选择关键点

选择"Utility Menu"→"Select"→"Entities"命令，弹出如图 2-35 所示的"Select Entities"对话框。在"选择对象"下拉列表框中选择"Keypoints"选项，如图 2-36 所示；在"选择方式"下拉列表框中选择"By Num/Pick"选项，如图 2-37 所示；在"选择集操作"框中选择"From full"选项，单击"OK"按钮，弹出"图形选取"对话框，用鼠标在视图窗口中选取要选择的关键点即可。

下面介绍实体选择对话框中的一些选项的功能：

（1）选择对象可以是节点（Nodes）、单元（Elements）、体（Volumes）、面（Areas）、线（Lines）和关键点（Keypoints），如图 2-36 所示。

（2）选择方式主要有 By Num/Pick（通过编号或鼠标选取）、Attached to（按关联方式选取）、By Location（按位置选取）和 By Attributes（按属性进行选取）等，如图 2-37 所示。

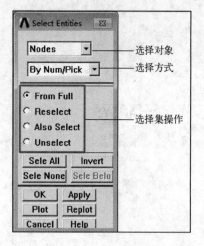
图 2-35 实体选择

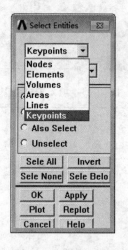
图 2-36 选择对象

图 2-37 选择方式

（3）选择集操作的方式有 From Full（从全体集中选取）、Reselect（在当前选择集中再次选取）、Also Select（选取对象加到当前选择集中）和 Unselect（选择的对象将从当前选择集中移除）。

2. 查看关键点

选择一部分关键点后，以后的操作都是对当前的选择集进行操作，选择"Utility Menu"→"List"→"Keypoints"→"Coordinates only"命令，将列表显示选择集中的关键点信息（只有坐标信息），如图 2-38 所示。

KLIST　Command

File

```
LIST ALL SELECTED KEYPOINTS.  DSYS=      0

  NO.                 X,Y,Z LOCATION                    THXY,THYZ,THZX ANGLES
    1  2.000000        0.000000      0.000000      0.0000   0.0000   0.0000
    2  0.000000        5.000000      0.000000      0.0000   0.0000   0.0000
    3  0.2732588       4.316853      0.000000      0.0000   0.0000   0.0000
    4  0.000000        0.000000      0.000000      0.0000   0.0000   0.0000
    5 -0.2009364       1.623400      0.000000      0.0000   0.0000   0.0000
  100  1.424420        1.438951      0.000000      0.0000   0.0000   0.0000
  110  0.8488392       2.877902      0.000000      0.0000   0.0000   0.0000
```

图 2-38　列表显示关键点信息

要图形显示关键点,选择"Utility Menu"→"Plot"→"Keypoints"→"Keypoints"命令即可。要显示关键点的编号,选择"Utility Menu"→"PlotCtrls"→"Numbering"命令,把关键点的编号打开即可,或直接输入"/PNUM,KP,1"。

3. 删除关键点

选择"MainMenu"→"Preprocessor"→"Modeling"→"Delete"→"Keypoints"命令,弹出如图 2-39 所示的对话框。选择适当的选取方式,用鼠标在图形视窗中选择待删除的关键点即可。

选取方式相关说明:"Single"表示逐个选择;"Box"表示矩形区域框选;"Polygon"表示多边形框选;"Circle"表示圆形框选。

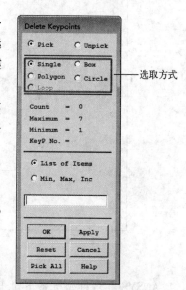

图 2-39　选取待删除的关键点

2.4.3　定义及操作线

连接两个或多个关键点即成一个线图元。在 ANSYS 中,线是一个矢量,不仅有长度,还有方向。线可以是直线,也可以是弧线。建立实体模型时,线为面或体的边界,由点与点连接而成,构成不同种类的线段,如直线、曲线、圆、圆弧等,也可直接通过建立面或体产生。线的建立与坐标系有关,直角坐标系为直线,圆柱坐标系下是曲线。在 ANSYS 中定义线的方法很多,下面结合实例操作介绍一些常用的方法。

【例 2.11】　在指定两个关键点之间生成直线或三次曲线。

按例 2.6 和例 2.7 介绍的关键点的定义方法,先在工作平面内定义任意两个关键点 1 和 2。

(1) 选择"Main Menu"→"Preprocessor"→"Modeling"→"Create"→"Keypoints"→"In Active CS"命令,弹出"Create Keypoints in Active Coordinate System"对话框。以当前激活坐标系为参照系并输入关键点的坐标,如(2, 0, 0),单击"OK"按钮,则 1 号关键点被创建。

(2) 选择"MainMenu"→"Preprocessor"→"Modeling"→"Create"→"Keypoints"→"On Working Plane"命令,弹出"Create KPs on WP"对话框。此时可直接在视图窗口中单击,即可定义关键点。如果想准确确定关键点的位置,也可以在对话框中选择"WP Coordinates",然后在文本框中输入关键点在工作平面上的坐标即可,如(0, 5),然后单击"OK"按钮,则 2 号关键点被创建。选择"Main Menu"→"Preprocessor"→"Modeling"→"Create"→"Lines"→"In Active

Coord"命令,弹出"图形选取"对话框,用鼠标依次在图形视窗中选择关键点1和2即生成一条线直线。

以上操作是在默认的总体笛卡儿坐标系下完成的。下面在柱坐标系下进行同样的操作:

(1)选择"Utility Menu"→"WorkPlane"→"Change Active CS to"→"Global Cylindrical"命令,改变当前活动坐标系为柱坐标系。

(2)选择"MainMenu"→"Preprocessor"→"Modeling"→"Create"→"Lines"→"In Accive Coord"命令,弹出"图形选取"对话框,用鼠标依次在图形视窗中选择关键点1和2,此时又生成了一条弧线,如图2-40所示。

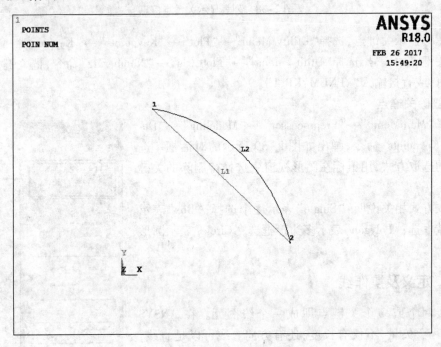

图 2-40　指定两个关键点定义线

ANSYS 在各种坐标系下对于"直线"的定义是不同的。在笛卡儿直角坐标系中,程序需要保证在线条方向上,dX/dL、dY/dL 和 dZ/dL 三个量保持不变;在柱坐标系中,同样要保持 dR/dL、$d\theta/dL$ 和 dZ/dL 不变,这时 ANSYS 将生成一条螺旋线或弧线,如图2-40所示,这被认为是柱坐标系下的"直线"。

ANSYS 还提供了一个创建真正直线的方法,命令为"Main Menu"→"Preprocessor"→"Modeling"→"Create"→"Lines"→"Lines"→"Straight Line"。不管当前的活动坐标系是何种坐标系,此操作都能保证生成的线为直线。

【例2.12】　生成圆弧线。

(1)选择"Main Menu"→"Preprocessor'→"Modeling"→"Create"→"Lines"→"Arcs"→"By Cent & Radius"命令,弹出"图形选取"对话框,用鼠标在图形视窗中选择一关键点作为圆弧的圆心,再在图形视窗中选择一点定出圆弧的半径和起点,单击"OK"按钮,弹出如图2-41所示的对话框。

(2)按图2-41所示,在"Arc length in degrees"文本框中输入圆弧的角度"180",表示半圆;在"Number of lines in arc"文本框中输入"2",表示将圆弧分成两段弧线。单击"OK"按钮

62

确认,得到如图 2-42 所示的弧线。

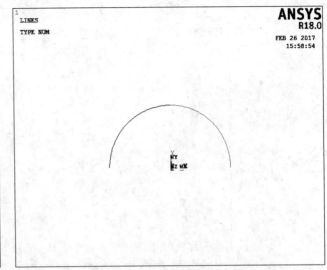

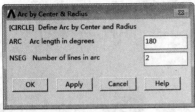

图 2-41　生成圆弧线设置　　　　　　图 2-42　通过圆心和半径生成圆弧线

说明:此操作产生的圆弧线为圆的一部分,依参数状况而定,与目前所在的坐标系统无关。

【**例 2.13**】　在两条线之间生成倒角线。

(1) 建立两条相交直线。

① 选择"Utility Menu"→"PlotCtrls"→"Style"→"Colors"→"Reverse Video"命令,修改黑色背景为白色。

② 选择"Utility Menu"→"WorkPlane"→"Change Active CS to"→"Global Cartesian"命令,改变当前活动坐标系为笛卡儿坐标系。

③ 选择"Main Menu"→"Preprocessor"→"Modeling"→"Create"→"Keypoints"→"On Working Plane"命令,弹出对话框,在视图窗口中单击三下创建 3 个关键点,如图 2-43 所示。

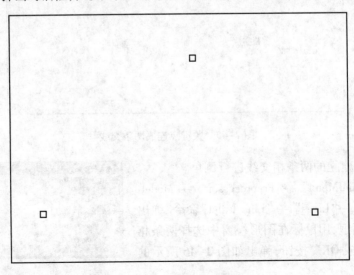

图 2-43　关键点的操作

④ 单击"OK"按钮确认,即得到 3 个关键点,如图 2-44 所示。

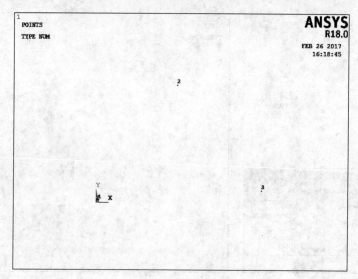

图 2-44　关键点的形成

⑤ 选择"Main Menu"→"Preprocessor"→"Modeling"→"Create"→"Lines"→"Lines"→"Straight Lines"命令,将鼠标在视图窗口中选择关键点 1 到 2 以及 2 到 3,创建两条相交于点 2 的直线,如图 2-45 所示。最后,单击"OK"按钮确认。

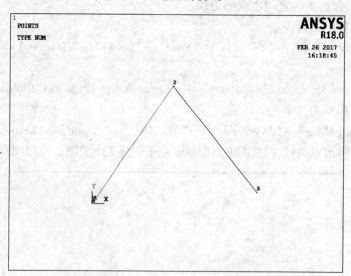

图 2-45　关键点连成两条交线

(2) 对上面建立的两条相交线进行倒角。

① 选择"Main Menu"→"Preprocessor"→"Modeling"→"Create"→"Lines"→"Line Fillet"命令,弹出"图形选取"对话框,用鼠标在图形视窗中选择两条相交的线,然后单击"OK"按钮,弹出如图 2-46 所示的对话框。

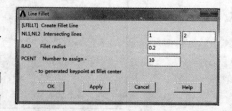

图 2-46　指定全角弧段的半径

② 如图 2-46 所示,在"Fillet radius"文本框中输入"0. 2",表示弧段半径;在"Number to assign -"文本框中输入"10",表示在弧段中心处生成关键点的编号。单击"OK"按钮,即得到弧线,如图 2-47 所示。

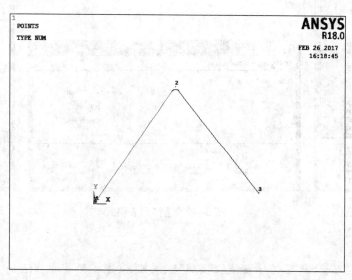

图 2-47   两线之间产生倒角

说明:执行此操作的两条线必须有一个共同的交点,才能产生倒角线。

ANSYS 还提供了如下一些生成线的方法,读者可自己练习操作。

(1)通过一系列关键点生成多义线:"Main Menu"→"Preprocessor"→"Modeling"→"Create"→"Lines"→"Splines"→"Segmented Spline"。

(2)生成与一条线成一定角度的线:"Main Menu"→"Preprocessor"→"Modeling"→"Create"→"Lines"→"Lines"→"At angle to line"。

2.4.4   选择、查看和删除线

1. 选择线

和关键点类似,选择"Utility Menu"→"Select"→"Entities"命令,弹出"实体选择"对话框,如图 2-48 所示,在"选择对象"下拉列表中选择"Lines"选项即可。

2. 查看线

列表查看线,选择"Utility Menu"→"List"→"Lines"命令,弹出如图 2-49 所示的对话框,选择"Attribute format"(属性格式),然后单击"OK"按钮即可。

图形显示线,选择"Utility Menu"→"Plot"→"Lines"命令,即可将选择集中的线在图形视窗中绘出。要显示线的编号,选择"Utility Menu"→"PlotCtrls"→"Numbering"命令,把线的编号打开即可,或直接输入"/PNUM,LINE,1"。

3. 删除线

选择"Main Menu"→"Preprocessor"→"Modeling"→"Delete"→"Lines Only"命令,弹出如图 2-50 所示的对话框,选择合适的选取方式,然后在图形视窗中选择要删除的线单击"OK"按钮即可。其中选取方式"Loop"表示以封闭路径的方式选择线。

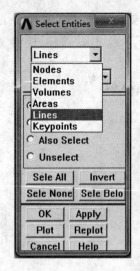

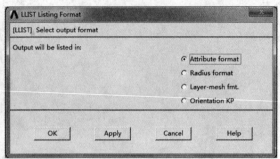

图 2-48 "实体
选择"对话框　　　　　　　图 2-49　选择列表格式　　　　　　　图 2-50　选择
　　　　　　　　　　　　　　　　　　　　　　　　　　　　　　　删除线的设置

注意:此菜单删除线后仍保留线上关键点,要删除线及附着在线上的关键点,可选择
"Main Menu"→"Preprocessor"→"Modeling"→"Delete"→"LineandBelow"命令。

2.4.5　定义及操作面

　　建立实体模型时,面为体的边界。面的建立可由关键点直接相接或由线围接而成,并构成
不同数目边的面;也可直接构建体而产生面。如要进行对应网格化,则必须将实体模型建构为
四边形面的组合,最简单的面为三点连接而成的面。在 ANSYS 中定义面的方法很多,下面结
合实例操作介绍。

　　【例 2.14】　通过关键点生成面。

　　(1) 建立 5 个关键点。

　　① 选择"Utility Menu"→"PlotCtrls"→"Style"→"Colors"→"Reverse Video"命令,修改黑
色背景为白色。

　　② 选择"Utility Menu"→"WorkPlane"→"Change Active CS to"→"Global Cartesian"命令,
改变当前活动坐标系为笛卡儿坐标系。

　　③ 选择"Main Menu"→"Preprocessor"→"Modeling"→"Create"→"Keypoints"→"On
Working Plane"命令,弹出对话框,在视图窗口中单击 5 下创建 5 个关键点,如图 2-51 所示。

　　④ 单击"OK"按钮确认,得到 5 个关键点,如图 2-52 所示。

　　(2) 通过关键点生成面。选择"Main Menu"→"Preprocessor"→"Modeling"→"Create"→
"Areas"→"Arbitrary"→"Through KPs"命令,弹出"图形选取"对话框,用鼠标在图形视窗中选
择建立好的关键点,单击"OK"按钮,如图 2-53 所示。

　　注意:以关键点围成面时,关键点必须以顺时针或者逆时针输入,面的法向按点的顺序
依右手定则决定。

　　【例 2.15】　通过边界线定义一个面。

　　(1) 建立两条相交直线。

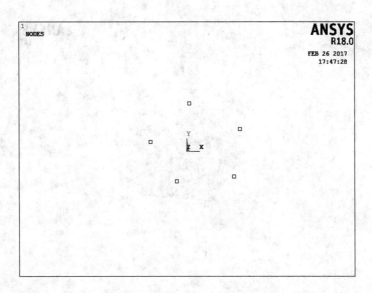

图 2-51　关键点的操作

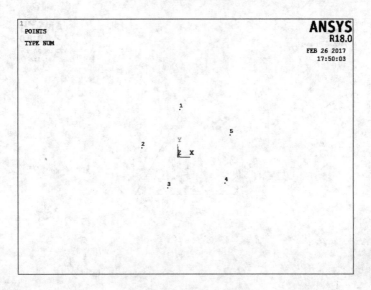

图 2-52　关键点的形成

① 选择"Utility Menu"→"PlotCtrls"→"Style"→"Colors"→"Reverse Video"命令,修改黑色背景为白色。

② 选择"Utility Menu"→"WorkPlane"→"Change Active CS to"→"Global Cartesian"命令,改变当前活动坐标系为笛卡儿坐标系。

③ 选择"Main Menu"→"Preprocessor"→"Modeling"→"Create"→"Keypoints"→"On Working Plane"命令,弹出对话框,在视图窗口中单击 3 下创建 3 个关键点。单击"OK"按钮,即得到 3 个关键点。

④ 选择"Main Menu"→"Preprocessor"→"Modeling"→"Create"→"Lines"→"Lines"→"Straight Lines"命令,用鼠标在视图窗口中选择关键点 1 到 2、2 到 3 以及 3 到 1,创建 3 条交于 3 点的直线,如图 2-54 所示。最后,单击"OK"按钮确认。

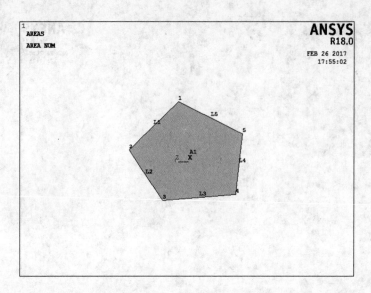

图 2-53　由关键点生成面

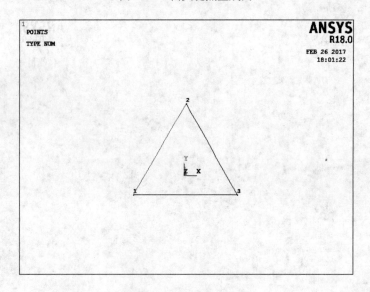

图 2-54　由关键点生成线

（2）通过上面建立的 3 条线作为边界线定义一个面。选择"Main Menu"→"Preprocessor"→"Modeling"→"Create"→"Areas"→"Arbitrary"→"By Line"命令，弹出"图形选取"对话框，在图形视窗中选择已经定义好的边界线，单击"OK"按钮即可，如图 2-55 所示。

【例 2.16】　沿一定路径拉伸一条或几条线生成面。

如图 2-56 所示，L1～L5 位于默认的工作作平面内，L6 是拉伸路径，其操作如下：

（1）复制课件目录\ch02\ex2-9\中的文件到工作目录，启动 ANSYS，单击工具栏上的 按钮，打开数据库文件"ex2-9. db"。

（2）选择"Main Menu"→"Preprocessor"→"Modeling"→"Operate"→"Extrude"→"Lines"→"Along Lines"命令，弹出"图形选取"对话框，先依次选择 L1～L3 作为被拉伸的对象，单击"OK"按钮后再次弹出"图形选取"对话框，然后再选择 L6 作为拉伸路径，单击"OK"按钮。

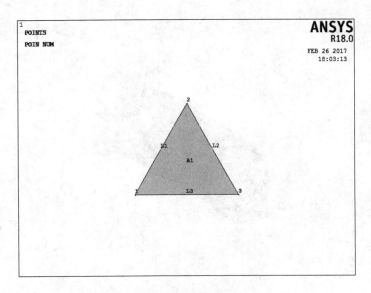

图 2-55　通过边界线定义面

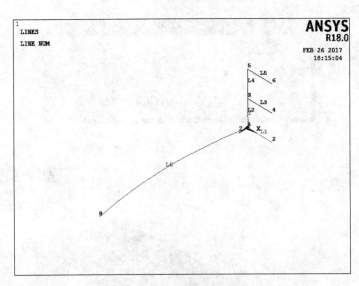

图 2-56　建立被拉伸的线及路径

（3）选择"Main Menu"→"Preprocessor"→"Modeling"→"Operate"→"Extrude"→"Lines"→"Along Lines"命令，弹出"图形选取"对话框，依次选择 L4～L5 作为被拉伸对象，单击"OK"按钮后再次弹出图形选取对话框，然后再选择 L6 作为拉伸路径，单击"OK"按钮。拉伸后生成的面如图 2-57 所示。

注意：有时拉伸操作可能会不成功，这时用户可以选择少一些拉伸对象再次拉伸。

【例 2.17】　对面进行倒角。

以图 2-57 生成的面为例，选择"Main Menu"→"Preprocessor"→"Modeling"→"Create"→"Areas"→"AreaFillet"命令，弹出"图形选取"对话框，选择想要倒角的两个面，单击"OK"按钮，弹出如图 2-58 所示的对话框。在"Fillet radius"文本框中输入弧面半径"1"，单击"OK"按钮确认。生成的面如图 2-59 所示。

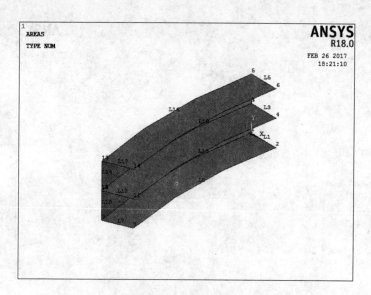

图 2-57　经拉伸生成的面

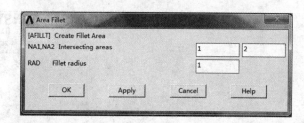

图 2-58　对面进行倒角设计

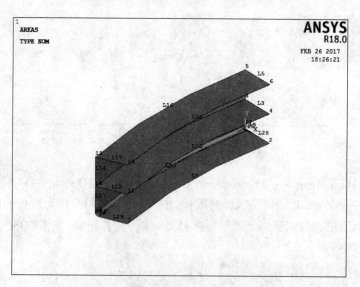

图 2-59　对相交的两个面进行倒角

ANSYS 还提供了如下一些其他生成面的方法,读者可自己练习操作。

（1）绕轴旋转一条线生成面:"Main Menu"→"Preprocessor"→"Modeling"→"Operate"→"Extrude"→"Lines"→"About Axis"。

（2）通过引导线生成蒙皮似的光滑曲面:"Main Menu"→"Preprocessor"→"Modeling"→

"Create"→"Areas"→"Arbitrary"→"By Skinning"。

2.4.6 选择、查看和删除面

1. 选择面

和选择关键点类似,选择"UtilityMenu"→"Select"→"Entities"命令,弹出如图 2-60 所示的"实体选择"对话框,在"选择对象"下拉列表框中选择"Areas"选项即可。

2. 查看面

列表查看面,选择"Utility Menu"→"List"→"Areas"命令即可。

图形显示面,选择"Utility Menu"→"Plot"→"Areas"命令,即可将选择集中的面在图形视窗中绘出。要显示面的编号,选择"Utility Menu"→"PlotCtrls"→"Numbering"命令,把面的编号打开即可,也可以直接输入"PNUM,AREA,1"。

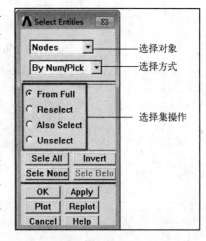

图 2-60 "实体选择"对话框

3. 删除面

选择"Main Menu"→"Preprocessor"→"Modeling"→"Delete"→"Areas Only,命令,弹出图形选取对话框。选择合适的选取方式,用鼠标在视图窗口中选择要删除的面, 单击"OK"按钮即可。

> **注意**:此菜单删除面后仍保留面上的线及关键点,要删除面及附着在面上的低级图元,可选择"Main Menu"→"Preprocessor"→"Modeling"→"Delete"→"Area and Below"命令。

2.4.7 定义及操作体

体为最高图元,最简单体定义由关键点或面组合而成。由关键点组合时最多由 8 点形成六面体,8 个点顺序为相应面顺时针或逆时针皆可,其所属的面、线自动产生;以面组合时,最多为 10 个面围成封闭体;也可由原始对象建立,如圆柱、长方体、球体等可直接建立。在 AN-SYS 中定义体的方法很多,下面结合实例介绍常用方法。

【例 2.18】 通过关键点定义体。

(1)建立 8 个依连续顺序的关键点。

① 选择"Utility Menu"→"PlotCtrls"→"Style"→"Colors"→"Reverse Video"命令,修改黑色背景为白色。

② 选择"Utility Menu"→"WorkPlane"→"Change Active CS to"→"Global Cartesian"命令,改变当前活动坐标系为笛卡儿坐标系。

③ 选择"Main Menu"→"Preprocessor"→"Modeling"→"Create"→"Keypoints"→"In Active CS"命令,弹出如图 2-61 所示的对话框。在"Keypoint number"中输入"1",在"X,Y,Z Location in actine CS"中输入"0,0,0",单击"OK"按钮即可得到编号为 1 的第一个关键点。重复操作,依次建立编号为 2 的关键点(2,0,0),编号为 3 的关键点(2,1,0),编号为 4 的关键点(0,1,0),编号为 5 的关键点(0,0,1),编号为 6 的关键点(2,0,1),编号为 7 的关键点(2,1,1),编号为 8 的关键点(0,1,1),如图 2-62 所示。

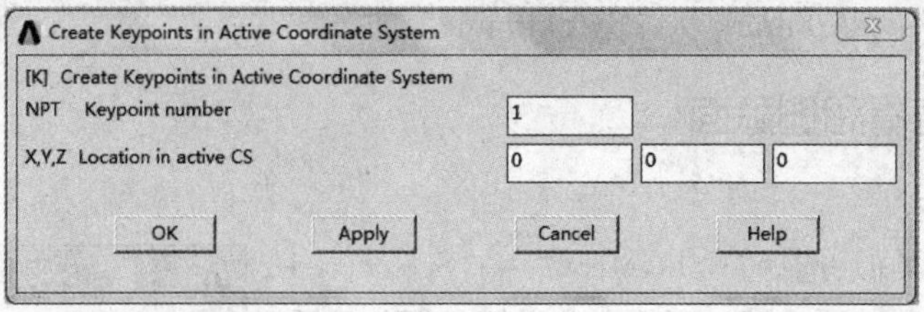

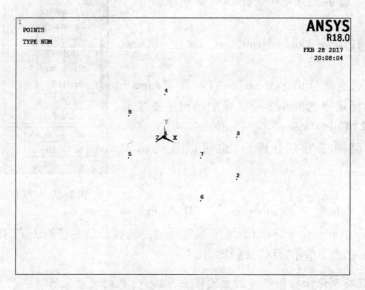

图 2-61　在活动坐标系中设置关键点

图 2-62　依次在活动坐标系中建立 8 个关键点

（2）选择"Main Menu"→"Preprocessor"→"Modeling"→"Create"→"Volumes"→"Arbitrary"→"Through KPs"命令，弹出"图形选取"对话框，依次选择关键点，则原有的关键点即成为体的角点，如图 2-63 所示。

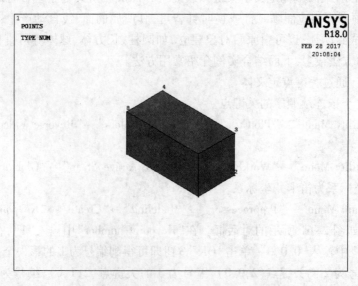

图 2-63　由 8 个关键点生成的立体

【例2.19】 异形柱体的建模。

柱体模型如图2-64所示，柱体高100，底面上共有8个角点，坐标依次为点1(0,0)，点2(50,30)，点3(100,0)，点4(70,50)，点5(100,100)，6(50,70)，点7(0,100)，点8(30,50)。

(1) 建立8个依连续顺序的关键点。

① 选择"Utility Menu"→"PlotCtrls"→"Style"→"Colors"→"Reverse Video"命令，修改黑色背景为白色。

② 选择"Utility Menu"→"WorkPlane"→"Change Active CS to"→"Global Cartesian"命令，改变当前活动坐标系为笛卡儿坐标系。

③ 选择"Main Menu"→"Preprocessor"→"Modeling"→"Create"→"Keypoints"→"In Active CS"命令，弹出如图2-65所示的对话框。在"keypoint number"中输

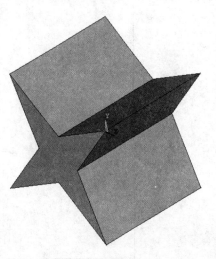

图2-64　异形柱体

入1，在"X,Y,Z Location in active CS"中输入(0,0)，Z坐标不用输入。然后单击Apply按钮，得到编号为1的第一个关键点。重复操作，依次建立编号为2的关键点(50,30)，编号为3的关键点(100,0)，编号4的关键点(70,50)，编号为5的关键点(100,100)，编号为6的关键点(50,70)，编号为7的关键点(0,100)，编号为8的关键点(30,50)，全部生成后单击"OK"按钮，如图2-65所示。此时可以通过"Utility Menu"→"List"→"Keypoints"→"Coordinate only"命令列出各点坐标值。

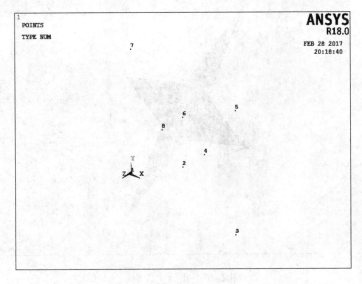

图2-65　在活动坐标系中建立8个关键点

(2) 由关键点生成线。选择"Main Menu"→"Preprocessor"→"Modeling"→"Create"→"Lines"→"Lines"→"In Active Coord"命令，用鼠标在视图窗口中依次选择关键点1到8，连接

73

各点组成边线,单击"OK",则生成如图 2-66 所示的模型直线。

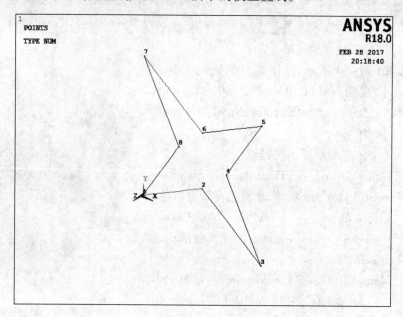

图 2-66　由 8 个关键点连成边线图

（3）由线生成面。选择"Main Menu"→"Preprocessor"→"Modeling"→"Create"→"Areas"→"Arbitrary"→"By Lines"命令,逆时针依次拾取所有直线,单击"OK"按钮生成面,结果如图 2-67 所示。

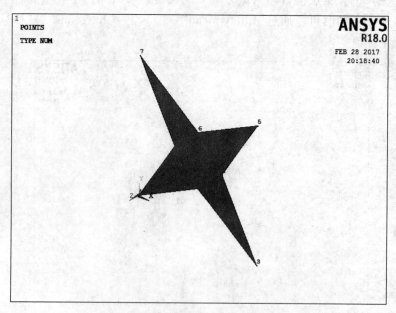

图 2-67　由线生成面

（4）通过拉伸操作由面生成体。选择"Main Menu"→"Preprocessor"→"Modeling"→"Operate"→"Extrude"→"Areas"→"By XYZ Offset"命令,拾取面单元,单击"OK"按钮,DX,DY,DZ 分别设为 0,0,100,如图 2-68 所示。单击"OK"按钮形成体,结果如图 2-69 所示。

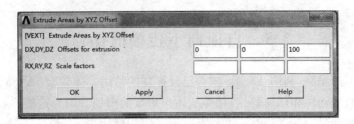

图 2-68　拉伸设置

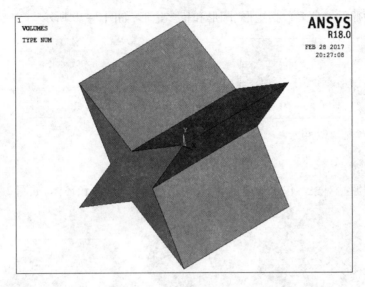

图 2-69　生成体

保存结果为 ex2-11. db。

2.4.8　选择、查看和删除体

1. 选择体

与选择关键点类似,选择"Utility Menu"→"Select"→"Entities"命令,弹出"实体选择"对话框。在"选择对象"下列表框中选择"Volumes"选项即可。

2. 查看体

列表查看体,选择"Utility Menu"→"List"→"Volumes"即可。

图形显示体,选择"Utility Menu"→"Plot"→"Volumes"命令,即可将选择集中的面在图形视窗中绘出。要显示体的编号,选择"Utility Menu"→"Plotctrls"→"Numbering"命令,把体的编号打开即可,或直接输入"/PNUM,VOLU,1"。

3. 删除体

选择"Main Menu"→"Preprocessor"→"Modeling"→"Delete"→"Volumes Only"命令,弹出"图形选取"对话框,选择合适的选取方式,用鼠标在图形视窗中选择要删除的体,单击"OK"按钮即可。

> **注意:**此菜单删除体后仍保留体上的面、线和关键点,要删除体及附着在面上的低级图元,可选择"Main Menu"→"Preprocessor"→"Modeling"→"Delete"→"Volumes and Below"命令。

2.5   自顶向下建模的操作

自顶向下建模的思路:利用 ANSYS 内部已经存在的常用实体轮廓(ANSYS 中称为体素),如矩形面、圆形面、六面体和球体等,直接生成用户想要的模型。因为这些体素都是高级图元,当生成这些高级图元时,ANSYS 会自动生成所有必要的低级图元,包括关键点。自顶向下建模的操作主要包括:

(1)建立面原始对象。包括矩形、圆形和正多边形,如图 2-70 所示。

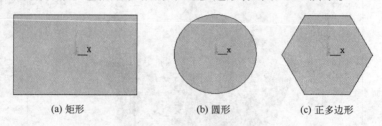

(a) 矩形　　　　　　　　　(b) 圆形　　　　　　　　　(c) 正多边形

图 2-70　常用面原始对象

(2)建立体原始对象。包括长方体、圆柱、棱柱、球体、锥体和环体,如图 2-71 所示。

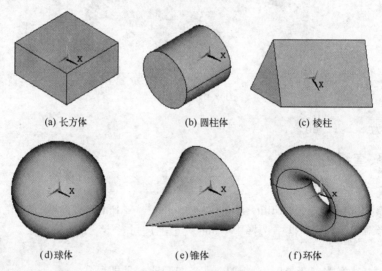

(a) 长方体　　　　　　　　(b) 圆柱体　　　　　　　　(c) 棱柱

(d)球体　　　　　　　　　(e)锥体　　　　　　　　　(f)环体

图 2-71　常用体原始对象

2.5.1   矩形面原始对象的建立

1. 在工作平面上任意位置生成一个长方体面

选择"Main Menu"→"Preprocessor"→"Modeling"→"Create"→"Areas"→"Rectangle"→"By Dimensions"命令,弹出如图 2-72 所示的对话框。在"X - coordinates"文本框中分别输入左下角点和右上角点的 X 坐标;在"Y - coordinates"文本框中分别输入左下角点和右上角点的 Y 坐标,单击"OK"按钮确认即可。

2. 通过定义矩形的角点与边长生成矩形面

选择"Main Menu"→"Preprocessor"→"Modeling"→"Create"→"Areas"→"Rectangle"→

"By 2 Corners"命令,弹出如图2-73所示的对话框。在"WP X"和"WP Y"文本框中分别输入矩形某角点的X坐标和Y坐标(工作平面下);在"Width"文本框中输入矩形的宽,在"Height"文本框中输入矩形的高,然后单击"OK"按钮即可。用户也可以在图形视窗用鼠标直接绘出矩形面。

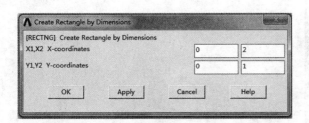

图2-72 通过定义角点坐标创建矩形

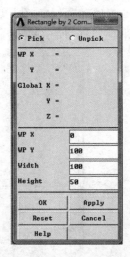

图2-73 选择角点和边长定义矩形

3. 通过中心和角点生成矩形面

选择"Main Menu"→"Preprocessor"→"Modeling"→"Create"→"Areas"→"Rectangle"→"By Centr & Cornr"命令,具体操作步骤与通过角点和边长生成矩形面类似。

2.5.2 圆或环形面原始对象的建立

1. 生成以工作平面原点为圆心的圆(环)形面

选择"Main Menu"→"Preprocessor"→"Modeling"→"Create"→"Areas"→"Circle"→By Dimensions"命令,弹出如图2-74(a)所示的"Circular Area by Dimensions"对话框。在"Outer radius"文本框中输入圆的外径值"50";在"Optional inner radius"文本框中输入圆的内径值"25";在"Starting angle"文本框中输入起始角度"0";在"Ending angle"文本框中输入终止角度"340"。单击"OK"按钮,即可得到如图2-74(b)所示的圆环。

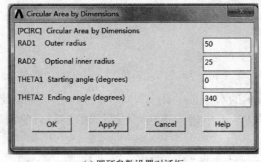

(a) 圆环参数设置对话框

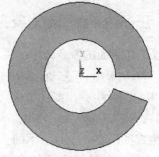

(b) 所生成的圆环

图2-74 以工作平面原点为圆心定义圆环

2. 在工作平面任意任意位置生成圆(环)形面

选择"Main Menu"→"Preprocessor"→"Modeling"→"Create"→"Areas"→"Circle"→"Partial Annulus"(部分环状)命令,弹出如图2-75(a)所示的对话框。在"WP X"和"WP Y"文本框中分别输入圆心的 X 和 Y 坐标;在"Rad-1"和"Rad-2"文本框中分别输入圆的内径和外径;在"Theta-1"和"Theta-2"文本框中分别输入圆的起始和终止角度。单击"OK"按钮,即可生成如图2-75(b)所示的部分圆环。

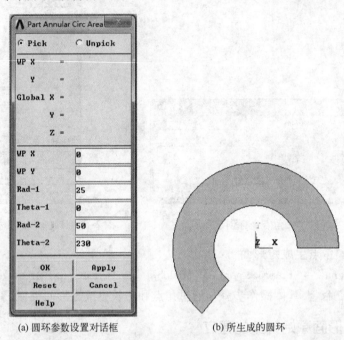

(a) 圆环参数设置对话框　　　　　　　(b) 所生成的圆环

图 2-75　在工作平面创建部分圆环

如果要创建整个圆,则选择"Main Menu"→"Preprocessor"→"Modeling"→"Create"→"Areas"→"Circle"→"By End Points"命令,弹出如图2-76(a)所示的对话框。在"WP XE1"和"WP YE1"文本框中分别输入一个端点的 X 和 Y 坐标;在"WP XE2"和"WP YE2"文本框中分别输入另一个端点的 X 和 Y 坐标,则以这两点连线为直径的圆就唯一确定了,单击"OK"按钮即可生成圆,如图2-76(b)所示。

2.5.3　正多边形面原始对象的建立

1. 以工作平面的原点为中心生成一个正多边形面

选择"Main Menu"→"Preprocessor"→"Modeling"→"Create"→"Areas"→"Polygon"→"By Inscribed Rad"命令,弹出如图2-77(a)所示的对话框。在"Number of sides"文本框中输入多边形的边数;在"Minor(inscribed) radius"文本框中输入多边形内切圆的半径。单击"OK"按钮,即可生成如图2-77(b)所示的多边形。

按多边形的外接圆半径创建多边形面,可选择"Main Menu"→"Preprocessor"→"Modeling"→"Create"→"Areas"→"Polygon"→"By Circumscr Rad"命令;按多边形的边长创建多边形面,可选择"Main Menu"→"Preprocessor"→"Modeling"→"Create"→"Polygon"→"By Side Length"命令,其操作和以上类似。

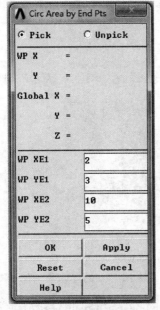

(a) 圆参数设置对话框

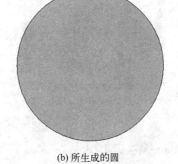

(b) 所生成的圆

图 2-76　通过端点生成圆

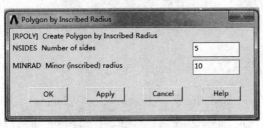

(a) 多边形参数设置对话框

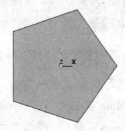

(b) 所生成的多边形

图 2-77　以工作平面的原点为中心生成正多边形面

2. 在工作平面的任意位置处生成一个正多边形面

选择"MainMenu"→"Preprocessor"→"Modeling"→"Create"→"Areas"→"Polygon"→"Hexagon"命令,弹出如图 2-78(a)所示的对话框。在"WP X"和"WP Y"文本框中分别输入六边形中心的 X 和 Y 坐标;在"Radius"文本框中输入外接圆的半径;在"Theta"文本框中输入方向角。单击"OK"按钮即可生成一个中心位于(50,0)的正六边形,如图 2-78(b)所示。

生成其他正多边形的方法如下:

(1)选择"Main Menu"→"Preprocessor"→"Modeling"→"Create"→"Areas"→"Polygon"→"Octagon"命令,生成正八边形。

(2)选择"Main Menu"→"Preprocessor"→"Modeling"→"Create"→"Areas"→"Polygon"→"Pentagon"命令,生成正五边形。

(3)选择"Main Menu"→"Preprocessor"→"Modeling"→"Create"→"Areas"→"Polygon"→"Septagon"命令,生成正七边形。

(4)选择"Main Menu"→"Preprocessor"→"Modeling"→"Create"→"Areas"→"Polygon"→"Square"命令,生成正方形。

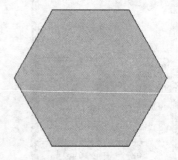

(a) 正六边形参数设置对话框   (b) 所生成的正六边形

图 2-78   在工作平面的任意位置创建正六边形面

（5）选择"Main Menu"→"Preprocessor"→"Modeling"→"Create"→"Areas"→"Polygon"→"Triangle"命令,生成正三角形。

> **注意**:由命令或 GUI 途径生成的面位于工作平面上,方向由工作平面的坐标系而定,所定义的面积必须大于0,不能用退化的面来定义线。

2.5.4 长方体原始对象的建立

1. 通过对角点生成长方体

选择"Main Menu"→"Preprocessor"→"Modeling"→"Create"→"Volumes"→"Block"→"By Dimensions"命令,弹出如图 2-79(a)所示的对话框。在"X - coordinates""Y - coordinates"和"Z - coordinates"文本框中分别输入两个对角点的 X、Y 和 Z 坐标;单击"OK"按钮,即可生成如图 2-79(b)所示的长方体。

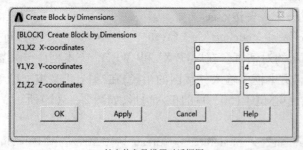
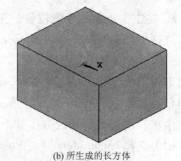

(a) 长方体参数设置对话框图   (b) 所生成的长方体

图 2-79   通过对角点生成长方体

2. 通过底面的两个角点和高生成长方体

选择"Main Menu"→"Preprocessor"→"Modeling"→"Create"→"Volumes"→"Block"→"By 2 Comers &Z"命令,在弹出的对话框中输入一个角点的坐标和长宽高,单击"OK"按钮即可。

3. 通过中心及角点生成长方体

选择"Main Menu"→"Preprocessor"→"Modeling"→"Create"→"Volumes"→"Block"→

"By Centr,Comer,Z"命令,在弹出的对话框中输入底面中心点坐标和长、宽、高,单击"OK"按钮即可。

2.5.5 柱体原始对象的建立

1. 以工作平面原点为圆心生成圆柱体

选择"Main Menu"→"Preprocessor"→"Modeling"→"Create" →"Volumes" →"Cylinder"→"By Dimensions"命令,弹出如图 2-80(a)所示的对话框。在"Outer radius"文本框中输入圆柱体的外径;在"Optional inner radius"文本框中输入圆柱体的内径(可选,默认为 0);在"Z-coordinates"文本框中输入圆柱顶面与底面的 Z 也标;在"Starting angle"和"Ending angle"文本框中分别输入圆柱截面的起止角度。单击"OK"按钮,即可生成如图 2-80(b)所示的圆柱体。

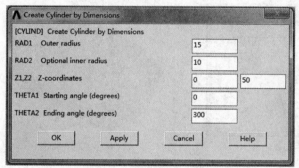

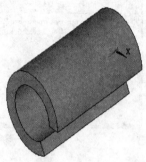

(a) 圆柱体参数设置对话框图

(b) 所生成的圆柱体

图 2-80　以工作平面原点为圆心生成圆柱体

2. 在工作平面任意处生成圆柱体

选择"Main Menu"→"Preprocessor"→"Modeling"→"Create" →"Volumes" →"Cylinder"→"Hollow Cylinder"命令,弹出如图 2-81 所示的对话框。在"WP X"和"WP Y"文本框中分别输入圆柱底面中心的 X 坐标和 Y 坐标(工作平面下);在"Rad-1"和"Rad-2"文本框中分别输入圆柱的内外径;在"Depth"文本框中输入圆柱的高,然后单击"OK"按钮即可。

图 2-81　圆柱体参数设置对话框

还可以选择"Main Menu"→"Preprocessor"→"Modeling"→"Create"→"Volumes"→"Cylinder"→"By End Pts & Z"命令,弹出"图形选取"对话框,选择两个端点以定义圆柱截面直径,再选择高来定义圆柱。

2.5.6　多棱柱原始对象的建立

1. 以工作平面的原点为圆心生成正棱柱

选择"Main Menu"→"Preprocessor"→"Modeling"→"Create"→"Volumes"→"Prism"→"By Circumscr Rad"命令,弹出如图2-82(a)所示的对话框。在"Z - coordinates"文本框中输入棱柱顶面和底面的Z坐标;在"Number of sides"文本框中输入截面边数;在"Major(circumecr) radius"文本框中输入截面外接圆的半径。单击"OK"按钮,即可生成如图2-82(b)所示的正棱柱。

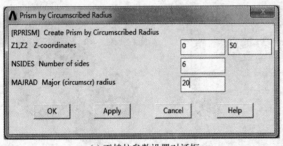

(a) 正棱柱参数设置对话框　　　　　　　(b) 生成的正棱柱

图2-82　在工作平面的原点为圆心生成正棱柱

2. 在工作平面任意处生成正棱柱

(1)选择"Main Menu"→"Preprocessor"→"Modeling"→"Create"→"Volumes"→"Prism"→"Hexagonal"命令,生成正六棱柱。

(2)选择"Main Menu"→"Preprocessor"→"Modeling"→"Create"→"Volumes"→"Prism"→"Octagonal"命令,生成正八棱柱。

(3)选择"Main Menu"→"Preprocessor"→"Modeling"→"Create"→"Volumes"→"Prism"→"Pentagonal"命令,生成正五棱柱。

(4)选择"Main Menu"→"Preprocessor"→"Modeling"→"Create"→"Volumes"→"Prism"→"Septagonal"命令,生成正七棱柱。

(5)选择"Main Menu"→"Preprocessor"→"Modeling"→"Create"→"Volumes"→"Prism"→"Square"命令,生成正立方体。

(6)选择"Main Menu"→"Preprocessor"→"Modeling"→"Create"→"Volumes"→"Prism"→"Triangular"命令,生成正三棱柱。

2.5.7　球体或部分球体原始对象的建立

1. 以工作平面原点为中心生成球体

选择"Main Menu"→"Preprocessor"→"Modeling"→"Create"→"Volumes"→"Sphere"→"By Dimensions"命令,弹出如图2-83(a)所示的对话框。在"Outer radius"文本框中输入球的外径值"20";在"Optional inner radius"文本框中输入球的内径值"10";在"Starting angle"文本框中输入起始角度"45";在"Ending angle"文本框中输入终止角度"275"。单击"OK"按钮,即可生成如图2-83(b)所示的球体。

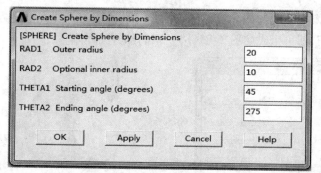

(a) 98球体参数设置对话框

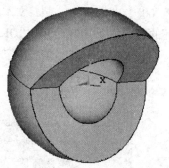

(b) 生成的球体

图 2-83 以工作平面原点为中心生成球体

2. 在工作平面任意位置生成球体

选择"Main Menu"→"Preprocessor"→"Modeling"→"Create"→"Volumes"→"Sphere"→"Hollow Sphere"命令,生成空心球体;选择"Main Menu"→"Preprocessor"→"Modeling"→"Create"→"Volumes"→"Sphere"→"Solid Sphere"命令,生成实心球体。

3. 以直径的端点生成球体

选择"Main Menu"→"Preprocessor"→"Modeling"→"Sphere"→"By End Points"命令,弹出"图形选取"对话框,选择两个端点,通过定义球截面直径即可生成球体。

2.5.8 锥体或圆台原始对象的建立

选择"Main Menu"→"Preprocessor"→"Modeling"→"Create"→"Volumes"→"Cone"→"By Dimensions"命令,弹出如图 2-84(a)所示的对话框。在"Bottom radius"文本框中输入底面半径"20";在"Optional top radius"文本框中输入顶面半径"10"(默认为 0);在"Z-coordinates"文本框中分别输入底面和顶面的 Z 坐标"0"和"60";在"Starting angle"输入圆环的起始角度"0",在"Ending angle"文本框中输入圆环的终止角度"360"。单击"OK"按钮,即可生成如图 2-84(b)所示的圆台。

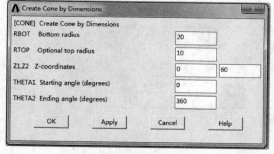

(a) 圆台参数设置对话框图

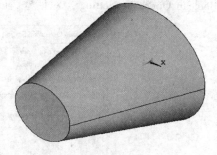

(b) 生成的圆台

图 2-84 以工作平面原点为中心生成圆台

2.5.9 环体或部分环体原始对象的建立

选择"Main Menu"→"Preprocessor"→"Modeling"→"Create"→"Volumes"→"Torus"命令,弹出如图 2-85(a)所示的对话框。在"Outer radius"文本框中输入圆环的外径"20";在"Optional inner radius"文本框中输入圆环的内径"10";在"Major radius of torus"文本框中输入圆环的主半

径"60";在"Starting angle"文本框输入圆环的起始角度"-90",在"Ending angle"文本框输入圆环的终止角度"100";单击"OK"按钮,即可生成如图2-85(b)所示的部分圆环体。

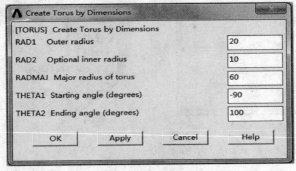

(a) 圆环体参数设置对话框

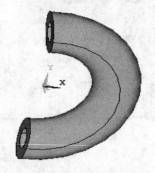

(b) 生成的圆环体

图 2-85　部分环体原始对象的建立

注意:上述操作定义的体都是相对于工作平面的。

2.6　布尔运算

布尔运算就是对生成的实体模型进行交、并、减等逻辑运算处理。自底向上和自顶向下建立的实体模型,均可在 ANSYS 中进行布尔运算。应当注意的是,通过连接生成的图元对布尔运算无效。完成布尔运算后,紧接着就是实体模型的加载和单元属性的定义。如果用布尔运算修改了已有的模型,则应重新进行模型单元属性和载荷的定义。

2.6.1　布尔运算的基础设置

在介绍布尔运算的操作之前,首先介绍布尔运算的相关设置。选择"Main Menu"→"Preprocessor"→"Modeling"→"Operate"→"Booleans"→"Settings"命令,弹出如图 2-86 所示的"Boolean Operation Settings"对话框,在此即可对布尔运算进行设置。

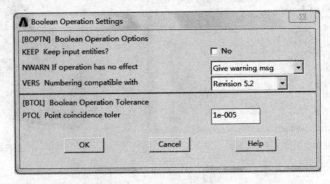

图 2-86　布尔运算设置

KEEP:是否保留原始图元。

NWARN:是否弹出警告信息。

VERS:选择对布尔操作的图元进行编号时的程序版本。

BTOL:布尔操作时容许误差值。

对两个或者多个图元进行布尔运算时,需要用户确定是否保留原始图元。在如图2-86所示的"Boolean Operation Options"对话框中,勾选"Keep input entities?"右边的方框,则显示为"Yes",即设置为保留原始图元,取消勾选则显示为"No",即设置为不保留。

> **注意**:一般来说,可对依附于高级图元的低级图元进行布尔运算;不能对已划分网格的图元进行布尔运算,如必须进行布尔运算,则先将网格从实体中清除。

ANSYS中常用布尔运算有交运算、加运算、减运算、工作平面减运算、搭接、分割和黏结(或合并)。

2.6.2 交运算

交运算就是由每个初始图元的共同部分形成一个新的图元。这个新的图元可能与原始的图元有相同的维数,也可能低于原始的维数。例如,两条线的交运算可能得到的只是一个(或几个)关键点,也可能是一条(或几条)线。ANSYS中提供的交运算主要有普通相交和两两相交。下面结合实例介绍普通相交的常用操作方法。

【**例2.20**】 线与线相交。

选择"Main Menu"→"Preprocessor"→"Modeling"→"Operate"→"Booleans"→"Intersect"→"Common"→"Lines"命令。

(1) 线与线相交的操作方法。

① 复制课件目录\ch02\ex2-12中的文件到工作目录,启动ANSYS,单击工具栏上的 按钮,打开数据库文件"ex2-12. db",如图2-87(a)所示。

② 选择"Main Menu"→"Preprocessor"→"Modeling"→"Operate"→"Booleans"→"Intersect"→"Common"→"Lines"命令,弹出如图2-87(b)所示的"图形"对话框,选择适当的图形选取方式,然后在图形视窗中选择要进行交运算的线,单击"OK"按钮,则交运算的结果如图2-87(c)所示。

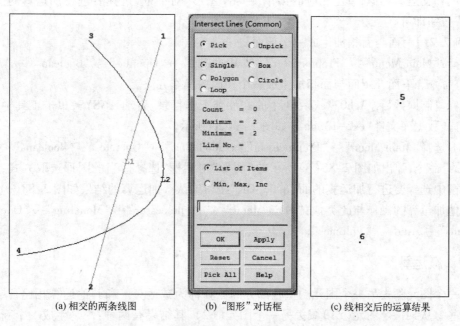

(a) 相交的两条线图　　(b) "图形"对话框　　(c) 线相交后的运算结果

图2-87　线与线相交

（2）其他交运算的操作。

面与面相交："Main Menu"→"Preprocessor"→"Modeling"→"Operate"→"Booleans"→"Intersect"→"Common"→"Areas"。

体与体相交："Main Menu"→"Preprocessor"→"Modeling"→"Operate"→"Booleans"→"Intersect"→"Common"→"Volumes"。

线与面相交："Main Menu"→"Preprocessor"→"Modeling"→"Operate"→"Booleans"→"Intersect"→"Line with Area"。

面与体相交："Main Menu"→"Preprocessor"→"Modeling"→"Operate"→"Booleans"→"Intersect"→"Area with Volumes"。

线与体相交："Main Menu"→"Preprocessor"→"Modeling"→"Operate"→"Booleans"→"Intersect"→"Line with Volume"。

两两相交运算只能在同一级别图元中进行，即只能进行线与线之间、面与面之间以及体与体之间的两两相交运算。

线两两相交："Main Menu"→"Preprocessor"→"Modeling"→"Operate"→"Booleans"→"Intersect"→"Pairwise"→"Lines"。

面两两相交："Main Menu"→"Preprocessor"→"Modeling"→"Operate"→"Booleans"→"Intersect"→"Pairwise"→"Areas"。

体两两相交："Main Menu"→"Preprocessor"→"Modeling"→"Operate"→"Booleans"→"Intersect"→"Pairwise"→"Volumes"。

2.6.3　加运算

加运算是将所有参加运算的实体都包含在内，这种运算也称为并或和。在 ANSYS 程序中，只能对三维实体或二维共面的面进行加运算，运算得到的实体是一个单一实体。加运算的操作方法和交运算类似，单击相应的菜单，弹出"图形"对话框，选择要进行加运算的图元，单击"OK"按钮即可。

【例 2.21】　面与面相加生成一个新面。

选择："Main Menu"→"Preprocessor"→"Modeling"→"Operate"→"Booleans"→"Add"→"Areas"命令。下面介绍面与面相加生成一个新面的操作方法。

（1）复制课件目录\ch02\ex2-13 中的文件到工作目录，启动 ANSYS，单击工具栏上的 📓 按钮，打开数据库文件"ex2-13. db"，如图 2-88（a）所示。

（2）选择"Main Menu"→"Preprocessor"→"Modeling"→"Operate"→"Booleans"→"Add"→"Areas"命令，弹出如图 2-88（b）所示的"图形"对话框，选择适当的图形选取方式，然后在图形视窗中选择要进行加运算的面，单击"OK"按钮确认。加运算的结果如图 2-88（c）所示。

其他加运算的操作与此类似："Main Menu"→"Preprocessor"→"Modeling"→"Operate"→"Booleans"→"Add"→"Volumes"。

2.6.4　减运算

从一个图元除去另一个图元的重叠部分的运算称为减运算。和其他运算相比，减运算要复杂一些。从某一个图元（E1）减去另一个图元（E2），其结果有两种：一是生成一个新的图元 E3，E3 与 E1 同一级别，且与 E2 无搭接部分；二是 E1 和 E2 的搭接部分是个低级图元，这时

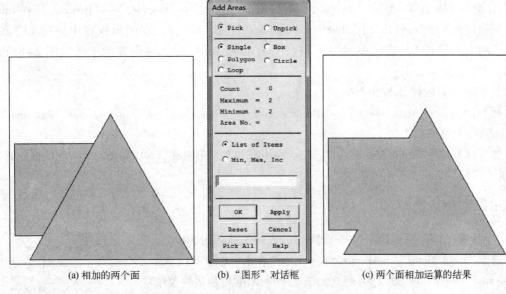

(a) 相加的两个面　　　　(b) "图形"对话框　　　　(c) 两个面相加运算的结果

图 2-88　面与面相加生成一个新面

结果是将 E1 分成两个或多个新的图元。

【例 2.22】　线与线相减。

选择:"Main Menu"→"Preprocessor"→"Modeling"→"Operate"→"Booleans"→"Subtract"→"Lines"命令。

面线与线相减的操作方法。

① 复制课件目录\ch02\ex2-14 中的文件到工作目录,启动 ANSYS,单击工具栏上的 按钮,打开数据库文件"ex2-14. db",如图 2-89(a)所示。

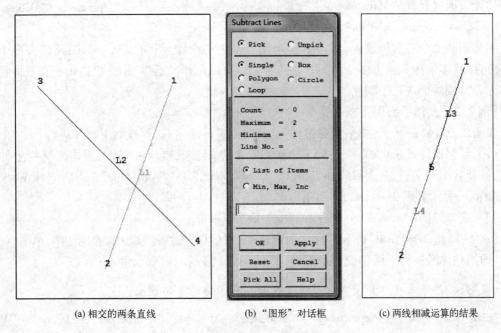

(a) 相交的两条直线　　　　(b) "图形"对话框　　　　(c) 两线相减运算的结果

图 2-89　线与线相减

② 选择"Main Menu"→"Preprocessor"→"Modeling"→"Operate"→"Booleans"→"Sub-tract"→"Lines"命令,弹出如图 2-89(b)所示的"图形"对话框,在图形视窗中选择 L1,单击"OK"按钮,再选择 L2,再次单击"OK"按钮,表示 L1 减去 L2。减运算的结果如图 2-88(c)所示。

其他减运算的操作与此类似。

面与面相减:"Main Menu"→"Preprocessor"→"Modeling"→"Operate"→"Booleans"→"Subtract"→"Areas"

体与体相减:"Main Menu"→"Preprocessor"→"Modeling"→"Operate"→"Booleans"→"Subtract"→"Volumes"

2.6.5 切割运算

切割运算是用一个图形把另一个图形分成两份或多份,和减运算类似。选择"Main Menu"→"Preprocessor"→"Modeling"→"Operate"→"Booleans"→"Divide"命令,可展开如图 2-90 所示的切割运算菜单项。

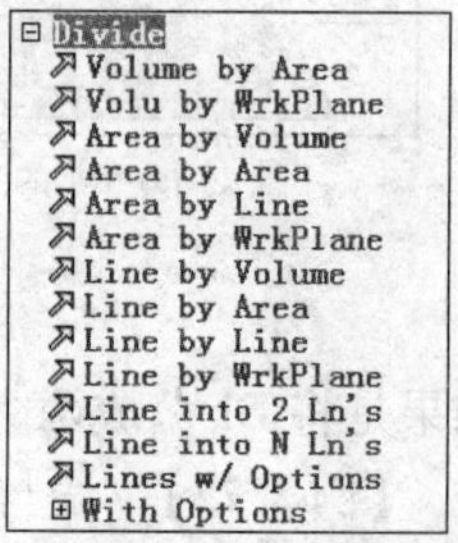

线减去面的运算:"Main Menu"→"Preprocessor"→"Modeling"→"Operate"→"Booleans"→"Divide"→"Line by Area"。

线减去体的运算:"Main Menu"→"Preprocessor"→"Modeling"→"Operate"→"Booleans"→"Divide"→"Line by Volume"。

面减去体的运算:"Main Menu"→"Preprocessor"→"Modeling"→"Operate"→"Booleans"→"Divide"→"Area by Volume"。

图 2-90 切割
运算子菜单

面减去线的运算:"Main Menu"→"Preprocessor"→"Modeling"→"Operate"→"Booleans"→"Divide"→"Area by Line"。

体减去面的运算:"Main Menu"→"Preprocessor"→"Modeling"→"Operate"→"Booleans"→"Divide"→"Volume by Area"。

图元相减命令有多种输入,可以从多个图元减去一个图元,可以从一个图元减去多个图元,还可以从多个图元减去多个图元。工作平面也可以用作减运算,用户可以用工作平面将一个图元分割成两个或几个图元。

【例 2.23】工作平面用作减运算。

如图 2-91(a)所示,工作平面穿过图元中部,要进行减运算,可按如下操作进行:

(1)复制课件目录\ch02\ex-15\中的文件到工作目录,启动 ANSYS,单击工具栏上的 按钮,打开数据库文件"ex2-15.db",选择"Utility Menu"→"WorkPlane"→"Display Working Plane"命令,显示如图 2-91(a)所示的图形。

(2)选择"Main Menu"→"Preprocessor"→"Modeling"→"Operate"→"Booleans"→"Divide"→"Volu by WrkPlane"命令,弹出"图形选取"对话框,在图形视窗中选择柱体,单击"OK"按钮,即把柱体沿工作平面切成两个部分,如图 2-91(b)所示。

说明:工作平面减运算通常针对还没有被划分网格的实体模型。

选择"Main Menu"→"Preprocessor"→"Modeling"→"Operate"→"Booleans"→"Divide"→"Volu by WrkPlane"命令,可用工作平面切割立体得线。选择"Main Menu"→"Preprocessor"→"Modeling"→"Operate"→"Booleans"→"Divide"→"Area by WrkPlane"命令,可用工作平面切割面。

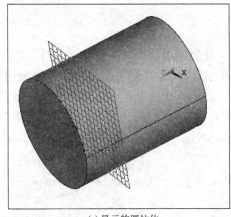
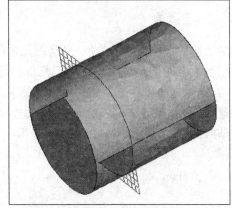

(a) 显示的圆柱体　　　　　　　　　　　　(b) 被分成两部分的圆柱体

图 2-91　工作平面对立体的减运算

2.6.6　搭接运算

搭接运算的功能是将两个或多个图元连接,以生成三个或者更多的新图元。搭接运算在搭接域周围与加运算非常类似,搭接运算生成的是多个相对简单的区域,而加运算生成的是一个相对复杂的区域。因此,搭接生成的图元比加运算生成的图元更容易进行网格划分。搭接运算的操作方法和其他运算类似,单击相应的菜单,弹出"图形选取"对话框,选择要进行搭接运算的图元,单击"OK"按钮即可。

> 注意:搭接部分与原图元的级数必须相同,搭接运算才能生效。

线与线搭接:"Main Menu"→"Preprocessor"→"Modeling"→"Operate"→"Booleans"→"Overlap"→"Lines"。

面与面搭接:"Main Menu"→"Preprocessor"→"Modeling"→"Operate"→"Booleans"→"Overlap"→"Areas"。

体与体搭接:"Main Menu"→"Preprocessor"→"Modeling"→"Operate"→"Booleans"→"Overlap"→"Volumes"。

2.6.7　分割运算

分割运算的功能是将两个或多个图元连接,以生成三个或更多新图元。如果分割区域与原始图元有相同的等级,那么分割结果与搭接结果相同;但分割运算不会删除与其他图元没有重叠部分的图元。分割运算的操作方法和其他运算类似,单击相应的菜单,弹出"图形选取"对话框,依次选择要进行运算的图元,单击"OK"按钮即可。

线与线分割:"Main Menu"→"Preprocessor"→"Modeling"→"Operate"→"Booleans"→"Partition"→"Lines"。

面与面分割:"Main Menu"→"Preprocessor"→"Modeling"→"Operate"→"Booleans"→"Partition"→"Areas"。

体与体分割:"Main Menu"→"Preprocessor"→"Modeling"→"Operate"→"Booleans"→"Partition"→"Volumes"。

2.6.8 黏结运算

黏结运算的功能与搭接类似,只是图元之间仅在公共边界处相关,且工作边界的图元等级低于原始图元。黏结运算后的图元仍然保持相互独立,只是它们在交界处共用低级图元。如线线黏结,结果是曲线在交界处共用一个关键点。黏结运算的操作方法和其他运算类似,单击相应的菜单,弹出"图形选取"对话框,依次选择要进行运算的图元,单击"OK"按钮即可。

黏结线:"Main Menu"→"Preprocessor"→"Modeling"→"Operate"→"Booleans"→"Glue"→"Lines"。

黏结面:"Main Menu"→"Preprocessor"→"Modeling"→"Operate"→"Booleans"→"Glue"→"Areas"。

黏结体:"Main Menu"→"Preprocessor"→"Modeling"→"Operate"→"Booleans"→"Glue"→"Volumes"。

2.7 修 改 模 型

图元生成后,常常需要对其进行编辑和修改。ANSYS 提供了对图元进行移动、复制、镜像和缩放等编辑功能。这样就不需要每次都从头开始生成图元,而可以在已经创建的复杂图元(如通过布尔运算得到的图元)的基础上进一步编辑。

2.7.1 移动图元

在 ANSYS 自顶向下的建模过程中,有些命令只能直接在工作平面的原点处生成相应的图元。如果用户已经对图元的形体构造满意,但想把图元放到其他位置上,则可以使用移动图元的操作。可以先生成模型,再将其移动到合适的位置。下面举例说明。

【例 2.24】 移动一个圆面。

(1)选择"Main Menu"→"Preprocessor"→"Modeling"→"Cteate"→"Areas"→"Circle"→"Solid Circle"命令,在弹出的对话框中进行相应设置,在工作平面原点处生成一个半径为 8 的圆面。

(2)选择"Main Menu"→"Preprocessor"→"Modeling"→"Move/Modify"→"Areas"→"Areas"命令,弹出"图形拾取"对话框,在视图窗口中选择上一步中生成的圆面,单击"OK"按钮,弹出如图 2-92 所示的对话框。

(3)在"X - offset in active CS"和"Y - offset in active CS"文本框中均输入"12",设置面在当前活动坐标系中的移动增量。单击"OK"按钮,移动后的圆面如图 2-93 所示。

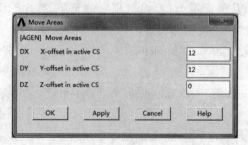

图 2-92 面移动增量设置

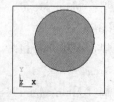

图 2-93 面的移动

选择"Main Menu"→"Preprocessor"→"Modeling"→"Move/Modify"→"Keypoints"→"Set of KPs"命令,可移动关键点;选择"Main Menu"→"Preprocessor"→"Modeling"→"Move/Modify"→"Lines"命令,可移动线;选择"Main Menu"→"Preprocessor"→"Modeling"→"Move/Modify"→"Volumes"命令,可移动体。

2.7.2 复制图元

如果用户在建模过程中遇到某一图元重复出现多次,则可考虑使用复制图元的功能。这时只需要对重复的图元生成一次,然后在需要的位置或方向上复制即可。

> 说明:复制高级图元时,附属于其上的低级图元将一起被复制。

【例 2.25】 以例 2.24 生成的圆面为例,介绍复制图元的操作步骤。

(1) 选择"Main Menu"→"Preprocessor"→"Modeling"→"Copy"→"Areas"命令,弹出"图形拾取"对话框。接着在图形视窗中选择生成的圆面,单击"OK"按钮,弹出如图 2-94 所示的对话框。

(2) 在"Number of copies"文本框中输入复制的数量"4"(包括现有的图元),在"X-offset in active CS"文本框中输入当前活动坐标系中的 X 增量"16",然后单击"OK"按钮确认。此时新生成三个圆面,位置如图 2-95 所示。

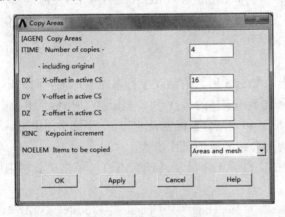

图 2-94　复制面的设置　　　　　　图 2-95　复制生成的面

选择"Main Menu"→"Preprocessor"→"Modeling"→"Copy"→"Keypoints"命令,可复制关键点;选择"Main Menu"→"Preprocessor"→"Modeling"→"Copy"→"Lines"命令,可复制线;选择"Main Menu"→"Preprocessor"→"Modeling"→"Copy"→"Volumes"命令,可复制体。

2.7.3 镜像图元

对于一些本身对称的模型,可以先生成一部分模型,再通过镜像功能生成模型的另一部分,这对于复杂的模型非常有用。下面举例说明。

【例 2.26】 以例 2.25 生成的四个圆面为例介绍镜像图元操作步骤。

(1) 选择"Main Menu"→"Preprocessor"→"Modeling"→"Reflect"→"Areas"命令,弹出"图形拾取"对话框,在图形视窗中选择所有的面,单击"OK"按钮,弹出如图 2-96 所示的对话框。

(2) 选择"Plane of symmetry"(对称平面)为"X-Z plane",设置 X-Z 平面为对称平面;在"Existing areas will be"下拉列表框中选择"Copied",然后单击"OK"按钮。此时新生成了四个圆面,如图 2-97 所示。

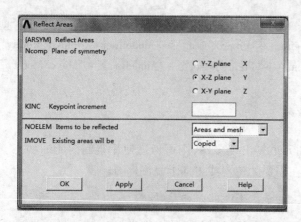

图 2-96　面镜像的设置

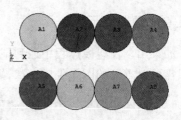

图 2-97　镜像生成的面

> **说明：** 在图 2-96 中，如果选择"Existing areas will be"为"Moved"，则原始的面将被删除，相当于移动镜像。

选择"Main Menu"→"Preprocessor"→"Modeling"→"Reflect"→"Keypoints"命令，可镜像关键点；选择"Main Menu"→"Preprocessor"→"Modeling"→"Reflect"→"Lines"命令，可镜像线；选择"Main Menu"→"Preprocessor"→"Modeling"→"Reflect"→"Volumes"命令，可镜像体。

2.7.4　缩放图元

已生成的图元还可以进行放大和缩小。ANSYS 用当前活动坐标系的坐标轴方向来定义图元缩放的方向。如在全局笛卡儿坐标系下，则运用实体的 X、Y 和 Z 坐标；在柱坐标系下，X、Y 和 Z 坐标分别代表 R、θ 和 Z；在球坐标系下，X、Y 和 Z 则分别代表 R、θ 和 φ。下面举例说明。

【例 2.27】　以例 2.26 生成的圆面为例介绍缩放的操作步骤。

（1）复制课件目录\ch02\ex2-16\中的文件到工作目录，启动 ANSYS，单击工具栏上的 📂 按钮，打开数据库文件"ex2-16. db"。

（2）选择"Main Menu"→"Preprocessor"→"Modeling"→"Operate"→"Scale"→"Areas"命令，弹出"图形拾取"对话框，在图形视窗中选择 A1～A4 四个圆面，单击"OK"按钮，弹出如图 2-98 所示的对话框。

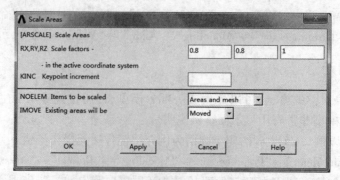

图 2-98　缩放面的设置

（3）在"Scale factors"三个文本框中分别输入当前坐标系所代表的 X、Y 和 Z 方向的缩放因子（取值为 0～1），如"0.8""0.8"和"1"；在"Existing areas will be"下拉列表框中选择

"Moved",删除原来的面,然后单击"OK"按钮确认即可。若原来的面未删除,可选择"Utility Menu"→"Plot"→"Areas"命令得到缩放后的结果,如图2-99所示。

选择"Main Menu"→"Preprocessor"→"Modeling"→"Operate"→"Scale"→"Keypoints"命令,可缩放关键点;选择"Main Menu"→"Preprocessor"→"Modeling"→"Operate"→"Scale"→"Lines"命令,可缩放线;选择"Main Menu"→"Preprocessor"→"Modeling"→"Operate"→"Scale"→"Volumes"命令,可缩放体。

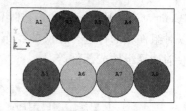

图2-99　面的缩放

2.7.5　转换图元坐标系

下面以面为例,介绍转换图元坐标系的操作步骤。

(1)选择"Main Menu"→"Preprocessor"→"Modeling"→"Move/Modify"→"Transfer Coord"→"Areas"命令,弹出"图形拾取"对话框,选择要转换坐标系的面,单击"OK"按钮,弹出如图2-100所示的对话框。

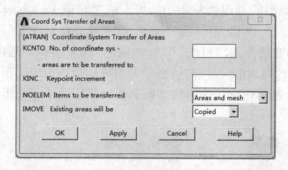

图2-100　转换坐标系设置

(2)在"No. of coordinate sys"文本框中输入转换的坐标系号,如定义了编号为11的局部坐标系,可输入"11"。单击"OK"按钮确认。

选择"Main Menu"→"Preprocessor"→"Modeling"→"Move/Modify"→"Transfer Coord"→"Keypoints"命令,可对关键点进行坐标转换;选择"Main Menu"→"Preprocessor"→"Modeling"→"Move/Modify"→"Transfer Coord"→"Lines"命令,可对线进行坐标转换;选择"Main Menu"→"Preprocessor"→"Modeling"→"Move/Modify"→"Transfer Coord"→"Volumes"命令,可对体进行坐标转换。

2.7.6　组件和部件的操作

组件(Components)是用于方便选择或者取消选择的一些几何实体的集合。一个实体可以是节点、单元、关键点、线、面和体等几种实体类型,而一个组件只能是一种实体类型。一个实体可以同时属于不同的组件。用户使用组件可以方便地在ANSYS的各个模块进行选择和取消选择。组件可以进一步组合成为部件(Assemblies),也就是说部件是组件的集合。部件可方便用户选择。无论是组件还是部件,当删除组件或部件中的实体后,组件或部件都会自动更新。

假定已经建立了一个体,要进行组件和部件的操作,可选择"Utility Menu"→"Select"→

"Components Manager"命令,弹出如图2-101所示的"组件管理"对话框。在这个对话框中,可以对组件和部件进行相应的操作,如定义组件、定义部件、删除组件或部件、选择组件或部件和取消选择组件或部件等。

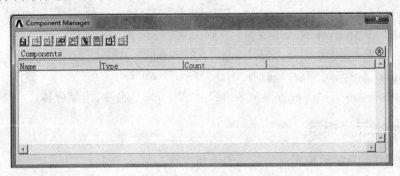

图2-101 "组件管理"对话框

1. 定义组件

单击图2-101中 按钮,弹出如图2-102所示的"Create Component"对话框。在"Create from"中选择定义组件的类型(体、面、线、关键点、单元或节点);在下部的文本框中输入要定义组件的名称(可以随意选择,如"VOLU_1");中间的"Pick entites"选项为选择方式,如果选中,则会弹出"图形拾取"对话框,在该对话框中可用鼠标选择相应类型的实体,如果未选中,则默认把当前选择集中的实体定义为组件。按上述操作定义了三个组件后的组件管理器如图2-103所示。

图2-102 定义组件

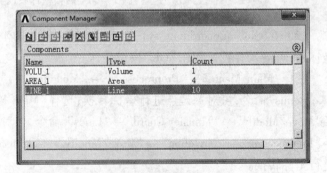

图2-103 组件定义结果

2. 定义部件

按住 Shift 键选中要生成部件的组件(如选择"VOLU_1"),单击 按钮,弹出如图2-104所示的"Create Assembly"对话框,在"Assembly name"文本框中输入部件名称,单击"OK"按钮即可得到如图2-105所示的部件定义结果。

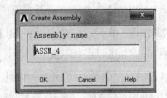

3. 修改组件或部件名称

选中要修改的组件或部件,单击 按钮,弹出如图2-106所

图2-104 定义部件

示的对话框,在文本框中输入新的组件或部件名,单击"OK"按钮即可。

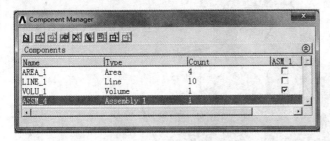

图 2-105　部件定义结果

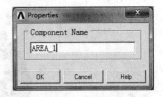

图 2-106　修改名称

4. 删除、显示组件或部件

删除组件或部件时,选中要删除的组件或部件,单击⬚按钮即可。显示组件或部件时,选中要显示的组件或部件,单击⬚按钮,显示组件或部件;单击⬚按钮,列表显示组件或部件。

2.7.7　通过组件和部件选择实体

定义组件或部件的目的就是为了选择方便,选择的方法如下:

(1) 选择"Utility Menu"→"Select"→"Components Manager"命令,打开组件管理器。

(2) 在列表框中选中要选择的组件或部件,单击"OK"按钮即可;如要从当前选择集中取消选择某个组件或部件,则选中组件后单击"OK"按钮即可。此外,ANSYS还提供了另外一种选择组件和部件的方式,命令为"Utility Menu"→"Select"→"Comp/Assembly",如图2-107所示。

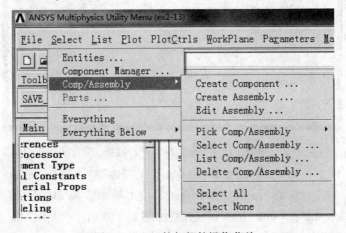

图 2-107　组件与部件操作菜单

2.8　ANSYS 实体建模综合实例

本节通过进行实体建模,具体练习实体的创建、工作平面的平移及旋转、布尔运算及模型体素的合并等。通过实例,可进一步掌握2.1节~2.7节的主要内容,为熟练建模打下良好基础。

2.8.1　轴承座实体

对如图2-108所示的轴承座三维模型进行实体建模,可根据对称性,只需要建立模型的一半,然后利用镜像操作完成另一半对称的模型。

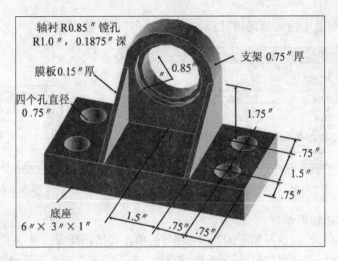

图 2-108　轴承座三维模型

1. 定义工作文件名及工作标题

（1）启动 ANSYS，选择"Utility Menu"→"File"→"Clear & Start New"命令，弹出一个对话框，用于清除当前数据库并开始新的分析，如图 2-109 所示。单击"OK"按钮，则当前数据库被清除，同时新一轮分析开始。

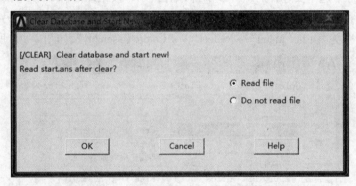

图 2-109　清除当前数据库并开始新一轮分析

（2）创建工作文件名。选择"Utility Menu"→"File"→"Change Jobname"命令，弹出"Change Jobname"对话框。在"Enter new jobname"文本框中输入"Bearing"（轴承）作为工作文件名，同时勾选"New log and error files"单选框，如图 2-110 所示，单击"OK"按钮，则工作文件名创建完毕，并显示于 ANSYS 主界面的标题栏上。

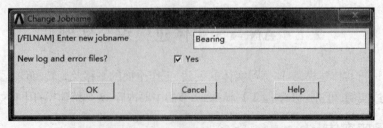

图 2-110　创建工作文件名

（3）创建工作标题。选择"Utility Menu"→"File"→"Change Title"命令，弹出"Change Title"对话框,在"Enter new title"文本框中输入"The support model of axle",单击"OK"按钮,则标题出现在 ANSYS 图形显示窗口的左下角,如图 2-111 所示。

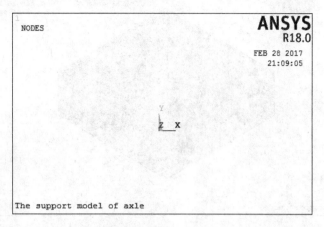

图 2-111　标题的显示

2. 创建基座模型

（1）进入前处理模块,选择"Main Menu"→"Preprocessor"命令,进入前处理器并展开其子菜单项,如图 2-112 所示。

（2）生成基座部分的长方体。选择"Main Menu"→"Preprocessor"→"Modeling"→"Create"→"Volumes"→"Block"→"By Dimensions"命令,弹出定义长方体的对话框,输入 X1 = 0, X2 = 3, Y1 = 0, Y2 = 1, Z1 = 0, Z2 = 3,然后单击"OK"按钮,得到如图 2-113 所示的长方体。

（3）平移并旋转工作平面。选择"Utility Menu"→"WorkPlane"→"OffsetWP byIncrements"命令,弹出"工作平面平移旋转"对话框,在"X,Y,ZOffsets"中输入"2.25, 1.25, 0.75",单击"Apply"按钮;在"XY,YZ,ZXAngles"中输入"0, -90, 0",单击"OK"按钮,得到如图 2-114 所示的旋转后的工作平面。

图 2-112　展开前处理器

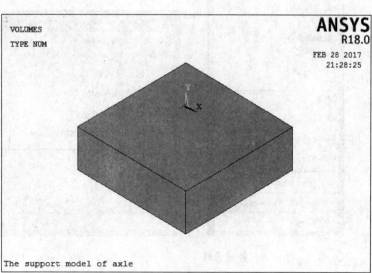

图 2-113　生成的长方体

97

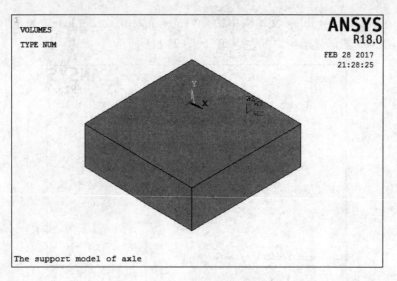

图2-114　平移旋转后的工作平面

（4）创建圆柱体。选择"Main Menu"→"Preprocessor"→"Modeling"→"Create"→"Volumes"→"Cylinder"→"Solid Cylinder"命令，弹出如图2-115所示的对话框，在"Radius"框输入"0.375"，在"Depth"框输入"-1.5"，单击"OK"按钮。

（5）复制生成另一个圆柱体。选择"Main Menu"→"Preprocessor"→"Modeling"→"Copy"→"Volumes"命令，弹出对话框，在图形上拾取圆柱体，单击"Apply"按钮，弹出如图2-116所示的对话框，在"DZ"后面的输入栏中输入"1.5"，单击"OK"按钮。生成的结果如图2-117所示。

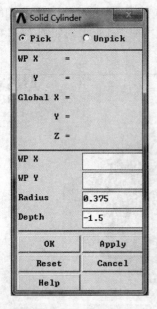

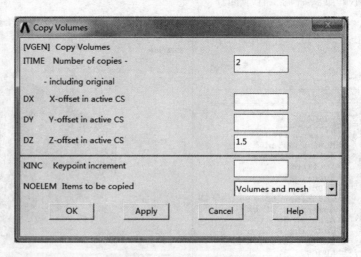

图2-115　生成圆柱体对话框　　　　　　图2-116　复制圆柱体对话框

（6）从长方体中减去两个圆柱体。选择"Main Menu"→"Preprocessor"→"Modeling"→"Operate"→"Booleans"→"Subtract"→"Volumes"命令，在图形上拾取被减的长方体，单击"Apply"按钮，再拾取要减去的两个圆柱体，单击"OK"按钮。生成的结果如图2-118所示。

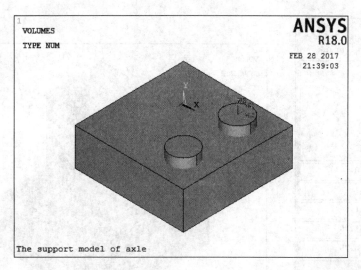

图 2-117　生成圆柱体

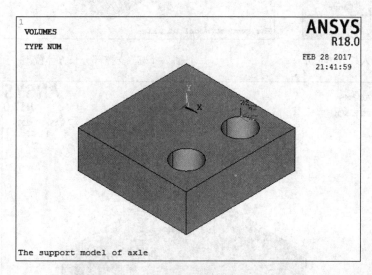

图 2-118　体相减后的结果显示

（7）使工作平面与总体笛卡儿坐标系一致。选择"Utility Menu"→"WorkPlane"→"Align WP with"→"Global Cartesian"命令即可。

3. 生成支撑部分

（1）显示工作平面。选择"Utility Menu"→"WorkPlane"→"Display Working Plane（toggle on）"命令即可。

（2）生成块。选择"Main Menu"→"Preprocessor"→"Modeling"→"Create"→"Volumes"→"Block"→"By 2 Corners & Z"命令，弹出对话框，输入相应的数据，如图 2-119 所示，单击"OK"按钮。生成的结果如图 2-120 所示。

（3）保存数据。单击工具栏上的"SAVE_DB"按钮即可。

（4）偏移工作平面到轴瓦支架的前表面。选择"Utility Menu"→"WorkPlane"→"Offset WP to"→"Keypoints"命令，在刚刚创建的实体块的左上角拾取关键点，然后单击"OK"按钮，如图 2-121 所示。

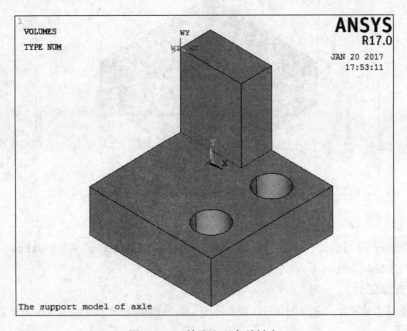

图 2-119　输入长方体尺寸	图 2-120　支撑部分长方体模型

图 2-121　拾取左上角关键点

（5）创建轴瓦支架的上部。选择"Main Menu"→"Preprocessor"→"Modeling"→"Create"→"Volumes"→"Cylinder"→"Partial Cylinder"命令,弹出如图 2-122 所示的对话框,按图示输入相应数值,单击"OK"按钮。

（6）在轴承孔的位置创建圆柱体,为布尔操作生成轴孔做准备。选择"Main Menu"→"Preprocessor"→"Modeling"→"Create"→"Volumes"→"Cylinder"→"Solid Cylinder"命令,弹出如图 2-123 所示的对话框,在其输入栏中输入相应的数值,单击"Apply"按钮,弹出如图 2-124所示的对话框,同样输入相应的数值,单击"OK"按钮。生成的结果如图 2-125 所示。

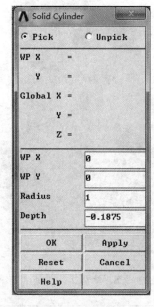
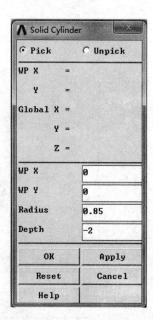

图 2-122 生成圆柱体对话框   图 2-123 生成大圆柱体对话框   图 2-124 生成小圆柱体对话框

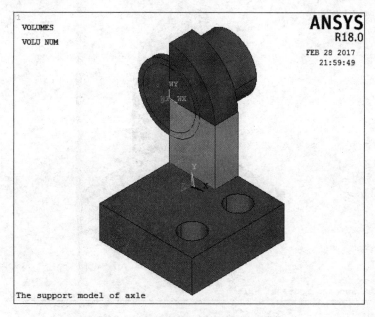

图 2-125 在轴孔位置生成的两个圆柱体模型

（7）从轴瓦支架"减"去圆柱体形成轴孔。选择"Main Menu"→"Preprocessor"→"Model-ing"→"Operate"→"Subtract"→"Volumes"命令，如图 2-126 所示，拾取构成轴瓦支架的两个体，作为布尔"减"操作的母体。单击"Apply"按钮，拾取大圆柱作为"减"去的对象；单击"Ap-ply"按钮，拾取支架中的两个体；单击"Apply"按钮，拾取小圆柱体，单击"OK"按钮。生成的结果如图 2-127 所示。

101

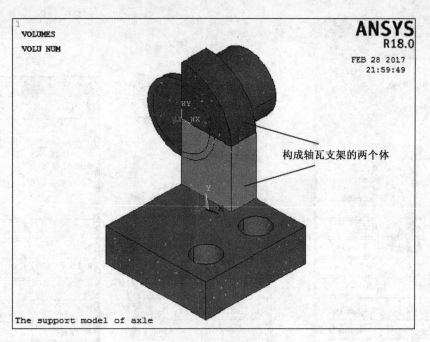

图 2-126　构成轴瓦支架的两个体

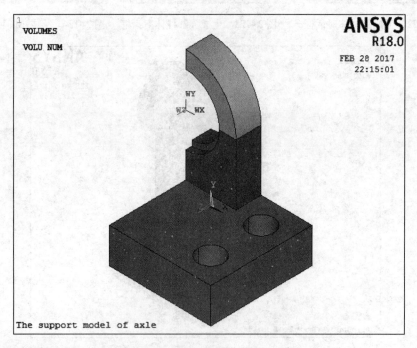

图 2-127　体相减操作后生成的轴孔

此时,图上没有显示相应的关键点,因此需要进行相应的设置。

（8）选择"Utility Menu"→"Plot Ctrls"→"Numbering"命令,弹出"Plot Numbering Controls"对话框,如图 2-128 所示。选中"Keypoint numbers"和"Volume numbers"使其呈现"On"的状态,"Numbering shown with"选项选择"Colors & numbers",单击"OK"按钮。模型显示如图 2-129所示。

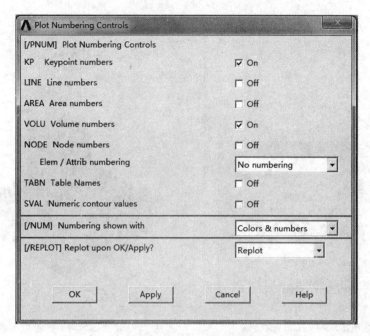

图 2-128　显示关键点和体颜色设置对话框

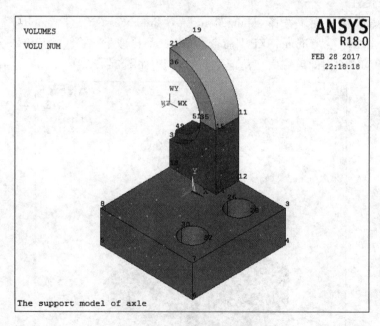

图 2-129　显示关键点和体颜色的模型

（9）合并重合的关键点。选择"Main Menu"→"Preprocessor"→"Numbering Ctrls"→"Merge Items"命令，将 Label 设置为"Keypoints"，单击"OK"按钮。

（10）在底座的上部前面边缘线的中点创建一个关键点。选择"Main Menu"→"Preprocessor"→"Modeling"→"Create"→"Keypoints"→"KP between KPs"命令，拾取底座上编号为 7、8 的两个关键点，单击"Apply"按钮，弹出如图 2-130 所示的对话框，输入相应的数值，单击"Apply"按钮，创建关键点 7 与 8 的中点 9，也有可能为其他编号。单击"OK"按钮，模型显示如图 2-131 所示。

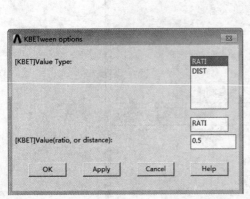

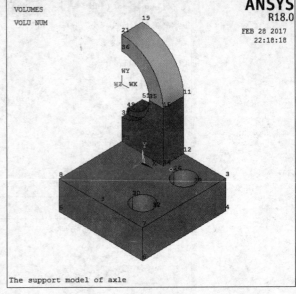

图 2-130　"KBETween options"对话框　　　　图 2-131　显示两个关键点中点的模型

4. 生成三棱柱

（1）由关键点生成面。选择"Main Menu"→"Preprocessor"→"Modeling"→"Create"→"Areas"→"Arbitrary"→"Through KPs"命令,弹出一个拾取框,在图形上拾取关键点 14、12、11、15、9,单击"OK"按钮即可完成三角形侧面的建模,如图 2-132 所示。

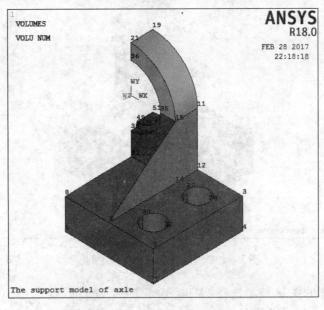

图 2-132　由关键点生成面

（2）拉伸三角面形成一个三棱柱。选择"Main Menu"→"Preprocessor"→"Modeling"→"Operate"→"Extrude"→"Areas"→"Along Normal"命令,拾取三角面,单击"OK"按钮,弹出如图 2-133 所示的对话框,在"DIST"后输入"-0.15",单击"OK"按钮。生成的结果如图 2-134所示。

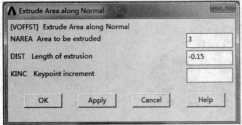

图 2-133　面拉伸对话框

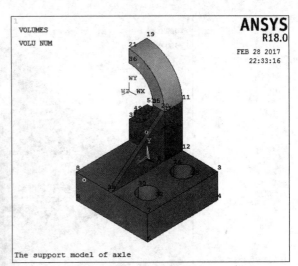

图 2-134　生成的图形显示

（3）保存数据。单击工具栏上的"SAVE_DB"按钮即可。

（4）映射生成体。选择"Main Menu"→"Preprocessor"→"Modeling"→"Reflect"→"Volumes"命令，弹出一个拾取框，单击"Pick all"按钮，弹出如图 2-135 所示的对话框，选中"Y－Z plane X"前的单选按钮，单击"OK"按钮。生成的结果如图 2-136 所示。

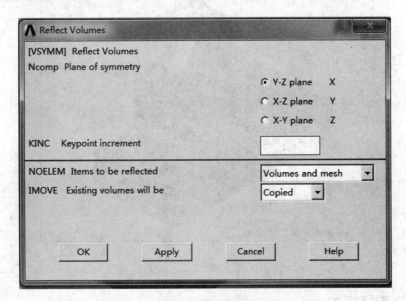

图 2-135　对称面选择对话框

（5）关闭工作平面显示。选择"Utility Menu"→"WorkPlane"→"Display WorkingPlane（toggle off）"命令即可。同时，关闭关键点的显示。

（6）黏结体生成最终模型。选择"Main Menu"→"Preprocessor"→"Modeling"→"Operate"→"Booleans"→"Glue"→"Volumes"命令，在图形显示窗口中拾取底座的两个体，单击"OK"按钮，把底座的两个体黏结到一起。生成的最终轴承座实体模型如图 2-137 所示。

至此，整个轴承座的三维模型建立完毕。

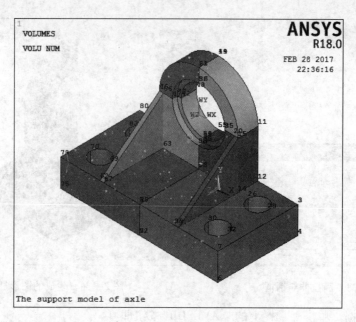

图 2-136　映射结果显示

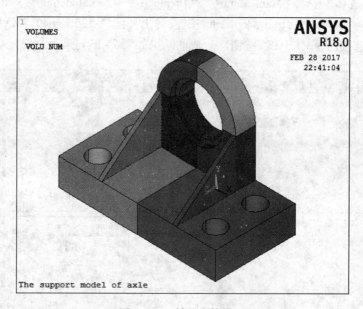

图 2-137　轴承实体模型

2.8.2　汽车连杆实体

对如图 2-138 所示的汽车连杆进行实体建模,掌握自底向上建模的全过程。

1. 定义工作文件名及工作标题

(1) 启动 ANSYS,选择"Utility Menu"→"File"→"Clear & Start New"命令,弹出一个对话框,用于清除当前数据库并开始新的分析。单击"OK"按钮,则当前数据库被清除,同时新一轮分析开始。

(2) 创建工作文件名。选择"Utility Menu"→"File"→"Change Jobname"命令,弹出"Change Jobname"对话框。在"Enter new jobname"文本框中输入"rod"(棒,竿)作为工作文件

106

名,同时选取"New log and error Files"单选框,单击"OK"按钮,则工作文件名创建完毕,并显示于 ANSYS 主界面的标题栏上。

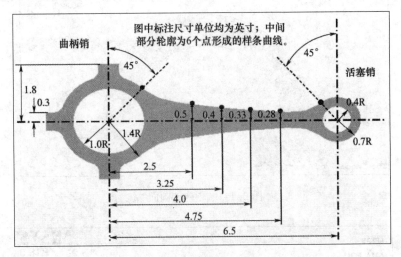

图 2-138　汽车连杆几何模型

（3）创建工作标题。选择"Utility Menu"→"File"→"Change Title"菜单命令,弹出"Change Title"对话框,在"Enter new title"文本框中输入"The support model of rod",单击"OK"按钮,则标题出现在 ANSYS 图形显示窗口的左下角。

2. 创建两个圆形面

（1）选择"Main Menu"→"Preprocessor"→"Modeling"→"Create"→"Areas"→"By Dimensions"命令,弹出如图 2-139 所示的对话框,在该对话框中输入 RAD1 = 1.4,RAD2 = 1,THETA1 = 0,THETA2 = 180,然后单击"Apply"按钮,弹出如图 2-140 所示的对话框,在该对话框中输入 RAD1 = 1.4,RAD2 = 1,THETA1 = 45,THETA2 = 180,然后单击"OK"按钮。

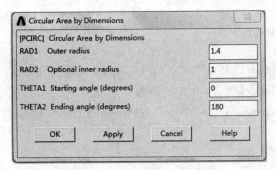

图 2-139　圆面创建对话框

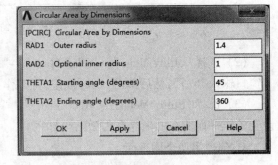

图 2-140　圆面创建又一对话框

（2）选择"Utility Menu"→"PlotCtrls"→"Numbering"命令,设置面号为"On",然后单击"OK"按钮。创建的曲柄销圆面如图 2-141 所示。

3. 创建两个矩形面

（1）选择"Main Menu"→"Preprocessor"→"Modeling"→"Create"→"Areas"→"Rectangle"→"By Dimensions"命令,在弹出的对话框中输入 X1 = -0.3,X2 = 0.3,Y1 = 1.2,Y2 = 1.8,然后单击"Apply"按钮,接着输入 X1 = -1.8,X2 = -1.2,Y1 = 0,Y2 = 0.3,然后单击"OK"按钮。创建的矩形面如图 2-142 所示。

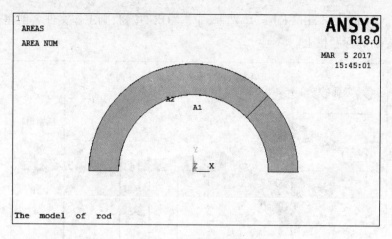

图 2-141　创建的圆面

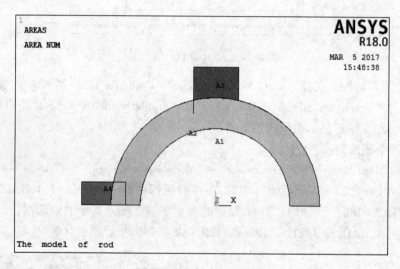

图 2-142　创建的矩形面

（2）选择"Utility Menu"→"WorkPlane"→"Offset WP to"→"XYZ Locations + "命令,在输入窗口输入"6.5",然后单击"OK"按钮,将工作平面移到 X = 6.5 的位置。

（3）选择"Utility Menu"→"WorkPlane"→"Change Active CS to"→"Working Plane"命令,设置工作平面所在的坐标系为激活坐标系。

4. 创建另两个圆形面

（1）选择"Main Menu"→"Preprocessor"→"Modeling"→"Create"→"Areas"→"Circle"→"By Dimensions"命令,在弹出的对话框中输入 RAD1 = 0.7,RAD2 = 0.4,THETA1 = 0,THETA2 = 180,然后单击"Apply"按钮,在弹出的对话框中输入 RAD1 = 0.7,RAD2 = 0.4,THETA1 = 0,THETA2 = 135,然后单击"OK"按钮。创建的圆面如图 2-143 所示。

（2）在每一组面上分别进行面搭接布尔操作。选择"Main Menu"→"Preprocessor"→"Modeling"→"Operate"→"Booleans"→"Overlap"→"Areas"命令,先选择左边的一组,拾取编号为 A1、A2、A3 和 A4 的面,单击"Apply"按钮,再选择右边的一组编号为 A5 和 A6 的面,然后单击"OK"按钮。经过布尔运算的圆面如图 2-144 所示。

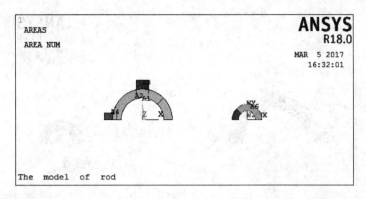

图 2-143　创建的圆面

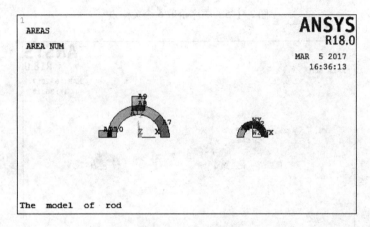

图 2-144　搭接后的圆面

（3）选择"Utility Menu"→"WorkPlane"→"Change Active CS to"→"Global Cartesian"命令，把当前活动坐标系转成总体笛卡儿坐标系。选择"Utility Menu"→"PlotCtrls"→"Numbering"命令，设置关键点号为"On"。

5. 创建样条曲线和直线并显示

（1）定义4个新的关键点。选择"Main Menu"→"Preprocessor"→"Modeling"→"Create"→"Keypoints"→"In Active CS"命令，输入第一关键点，$X = 2.5$，$Y = 0.5$，单击"Apply"按钮；输入第二关键点，$X = 3.25$，$Y = 0.4$，单击"Apply"按钮；输入第三关键点，$X = 4$，$Y = 0.33$，单击"Apply"按钮；输入第四关键点，$X = 4.75$，$Y = 0.28$，单击"OK"按钮。

（2）选择"Main Menu"→"Preprocessor"→"Modeling"→"Create"→"Lines"→"Splines"→"Spline thru KPs"命令，按顺序拾取图2-145窗口所示的6个关键点，然后单击"OK"按钮，创建如图2-146所示的样条曲线。

（3）选择"Main Menu"→"Preprocessor"→"Modeling"→"Create"→"Lines"→"Lines"→"Straight Line"命令，拾取图2-147窗口所示的两个关键点，然后单击"OK"按钮，创建通过关键点1和22的一条直线。

（4）选择"Utility Menu"→"PlotCtrls"→"Numbering"命令，设置"Line numbers"为"On"，然后单击"OK"按钮，打开线的编号。选择"Utility Menu"→"Plot"→"Lines"命令，显示所有的线，如图2-148所示。

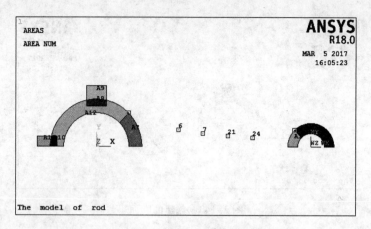

图 2-145　顺序拾取 6 个关键点

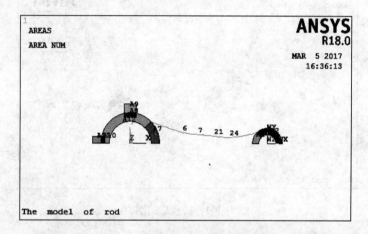

图 2-146　通过 6 个关键点创建的样条曲线

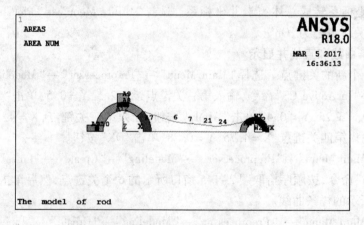

图 2-147　创建直线

6. 创建新面

（1）选择"Main Menu"→"Preprocessor"→"Modeling"→"Create"→"Areas"→"Arbitrary"→"By Lines"命令,按顺序依次拾取四条线 L6,L1,L7 和 L25,然后单击"OK"按钮,创建如图 2-149 所示的新面。

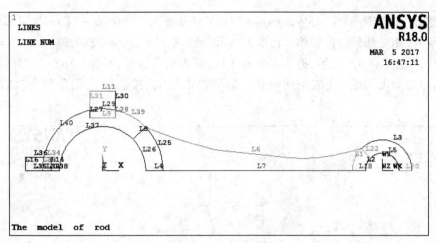

图 2-148　显示所有线

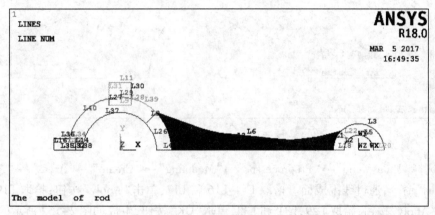

图 2-149　创建的新面

（2）选择"Utility Menu"→"PlotCtrls"→"Pan,Zoom,Rotate…"命令,单击"Box Zoom"按钮,然后拾取连杆左面大头孔部分,单击完成放大操作。图 2-150 所示为放大的连杆曲柄销部分。

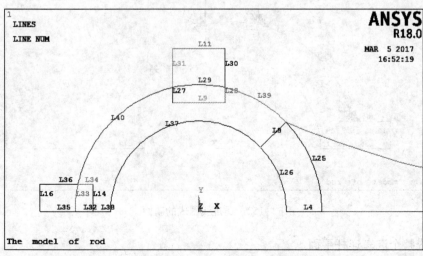

图 2-150　放大的连杆曲柄销部分

（3）选择"Main Menu"→"Preprocessor"→"Modeling"→"Create"→"Lines"→"Line Fillet"命令，对线与线相交部分进行倒角。拾取 L36 和 L40，单击"Apply"按钮，输入 RAD = 0.25，完成倒角操作；单击"Apply"按钮，拾取 L40 和 L31，完成倒角操作；单击"Apply"按钮，拾取 L30 和 L39 后，单击"OK"按钮完成倒角操作。最后单击"OK"按钮结束倒角命令，如图 2-151 所示。

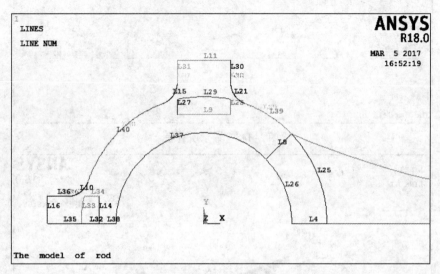

图 2-151　进行倒角操作

（4）选择"Main Menu"→"Preprocessor"→"Modeling"→"Create"→"Areas"→"Arbitrary"→"By Lines"命令，通过线围成面。拾取 L14，L16 和 L17，单击"Apply"按钮；拾取 L19，L21 和 L23，单击"Apply"按钮；拾取 L29，L31 和 L32，单击"OK"按钮，生成如图 2-152 所示的新面，图中有三处倒角。

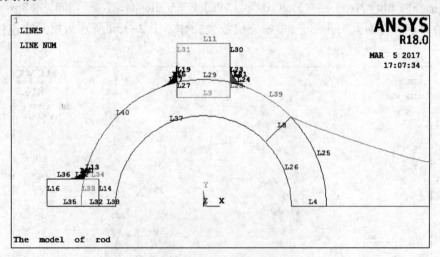

图 2-152　通过线围成的新面

7. 生成整个汽车连杆平面

（1）选择"Main Menu"→"Preprocessor"→"Modeling"→"Operate"→"Booleans"→"Add"→"Areas"命令，拾取所有面，把所有的面加起来。

（2）选择"Utility Menu"→"PlotCtrls"→"Pan，Zoom，Rotate ..."命令，单击"Fit"按钮，使整个模型充满图形窗口。

（3）选择"Utility Menu"→"PlotCtrls"→"Numbering"命令，设置关键点号、线号和面号为"Off"，然后单击"OK"按钮，关闭关键点号、线号和面号。生成的汽车连杆一般平面模型如图2-153所示。

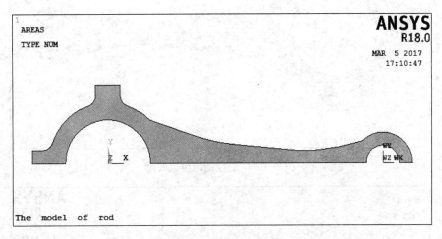

图2-153　通过线围成新面汽车连杆一般平面模型

（4）选择"Utility Menu"→"WorkPlane"→"Change Active CS to"→"Global Cartesian"命令，激活总体笛卡儿坐标系。

（5）选择"Main Menu"→"Preprocessor"→"Modeling"→"Reflect"→"Areas"命令，单击"Pick All"按钮，弹出如图2-154所示的对话框，在"Plane of symmetry"中选择"X – Z plane Y"，然后单击"OK"按钮。生成的镜像面如图2-155所示。

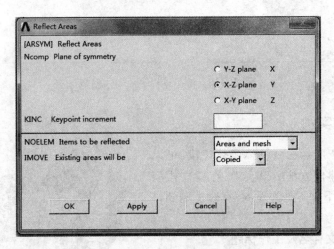

图2-154　镜像面对话框

（6）选择"Main Menu"→"Preprocessor"→"Modelmg"→"Operate"→"Booleans"→"Add"→"Areas"命令，单击"PickAll"按钮，把所有的面加起来，生成如图2-156所示的汽车连杆平面实体模型。

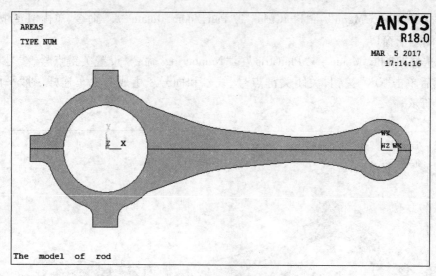

图 2-155　通过镜像生成的面

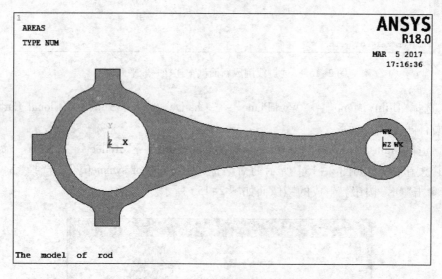

图 2-156　汽车连杆平面实体模型

2.8.3　联轴体实例

对如图 2-157 所示的联轴体实体建模,可以采用自顶向下的建模方法。事实上,在建立模型的过程中,自顶向下并不是绝对的,有时也用到自底向上的方法。

1. 定义工作文件名及工作标题

（1）启动 ANSYS,选择"Utility Menu"→"File"→"Clear & Start New"命令,弹出一个对话框,用于清除当前数据库并开始新的分析。单击"OK"按钮,则当前数据库被清除,同时新一轮分析开始。

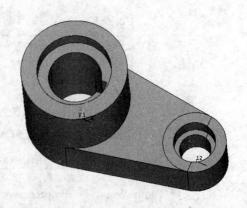

图 2-157　联轴体实体

114

（2）创建工作文件名。选择"Utility Menu"→"File"→"Change Jobname"命令，弹出"Change Jobname"对话框。在"Enter new jobname"文本框中输入"coupling"作为工作文件名，同时选取"New log and error Files"单选框，并单击"OK"按钮，则工作文件名创建完毕，并显示于 ANSYS 主界面的标题栏上。

（3）创建工作标题。选择"Utility Menu"→"File"→"Change Title"命令，弹出"Change Title"对话框，在"Enter new title"文本框中输入"The support model of axle"，单击"OK"按钮，则标题出现在 ANSYS 图形显示窗口的左下角。

2. 创建圆柱体

（1）选择"Main Menu"→"Preprocessor"→"Modelmg"→"Create"→"Volumes"→"Cylinder"→"Solid Cylinder"命令。

（2）在打开的创建柱体对话框中，"WP X"栏输入"0"，"WP Y"栏输入"0"，"Radius"栏输入"5"，"Depth"栏输入"10"，单击"Apply"按钮生成一个圆柱体。

（3）在"WP X"栏输入"12"，"WP Y"栏输入"0"，"Radius"栏输入"3"，"Depth"栏输入"4"，单击"OK"按钮又生成一个圆柱体。生成的两个圆柱体如图 2-158 所示。

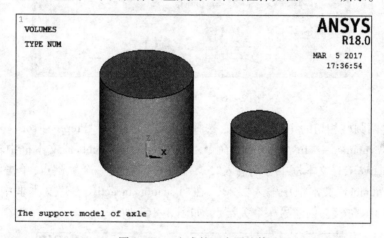

图 2-158　生成的两个圆柱体

（4）显示线。选择"Utility Menu"→"Plot"→"Lines"命令，结果如图 2-159 所示。

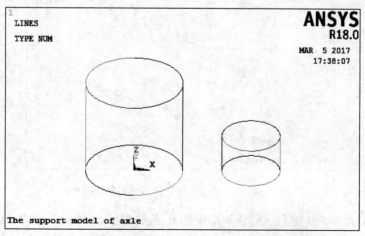

图 2-159　线显示两个圆柱体

115

3. 创建两圆柱面相切的 4 个关键点

（1）创建局部坐标系。选择"Utility Menu"→"Workplane"→"Local Coordinate Systems"→"Create"→"Local CS"→"At Specified Loc +"命令。在打开对话框的"Global Cartesian"文本框中输入"0,0,0",然后单击"OK"按钮,得到"Create Local CS at Specified Location"对话框,如图 2-160 所示,在"Ref number of new coord sys"中输入"11",在"Type of coordinate system"中选择"Cylindrical 1",在"Origin of coord system"文本框中分别输入"0,0,0",然后单击"OK"按钮。

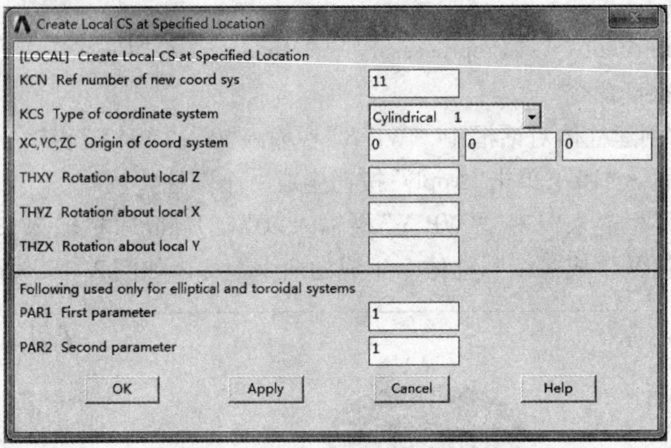

图 2-160　创建局部坐标系

（2）建立两圆柱相切的 4 个关键点。选择"Main Menu"→"Preprocessor"→"Modelmg"→"Create"→"Keypoints"→"In Active CS"命令。在"Keypoints number"文本框中输入"110",在"Location in active CS"文本框中分别输入"5,-80.4,0"创建一个关键点,单击"Apply"按钮,在"Keypoints number"文本框中输入"120",在"Location in active CS"文本框中分别输入"5,80.4,0"单击"OK"按钮,创建另一个关键点,如图 2-161 所示。

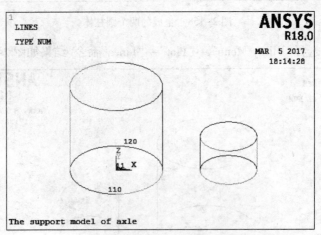

图 2-161　在局部坐标系中创建两个关键点

（3）创建另外两个关键点。创建局部坐标系,选择"Utility Menu"→"Workplane"→"Local Coordinate Systems"→"Create"→"Local CS"→"At Specified Loc +"命令。在打开对话框的"Global Cartesian"文本框中输入"12,0,0",然后单击"OK"按钮,得到"Create Local CS at Spec-

116

ified Location"对话框,在"Ref number of new coord sys"中输入"12",在"Type of coordinate system"中选择"Cylindrical 1",在"Origin of coord system"文本框中分别输入"12,0,0",然后单击"OK"按钮。选择"Main Menu"→"Preprocessor"→"Modelmg"→"Create"→"Keypoints"→"In Active CS"命令,在"Keypoints number"文本框中输入"130",在"Location in active CS"文本框中分别输入"3,-80.4,0",创建一个关键点,单击"Apply"按钮,在"Keypoints number"文本框中输入"140",在"Location in active CS"文本框中分别输入"3,80.4,0"单击"OK"按钮,创建另一个关键点,如图2-162所示。

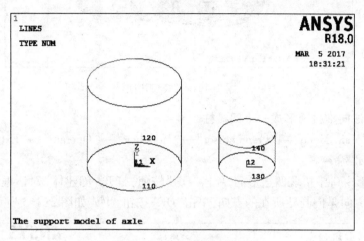

图2-162　创建另外两个关键点

4. 生成与圆柱底相交的面

（1）用4个相切的点创建4条直线。选择"Main Menu"→"Preprocessor"→"Modelmg"→"Create"→"Lines"→"Lines"→"Straight Lines"命令,连接110点和130点,120点和140点,110点和120点,130点和140点,使它们成为4条直线,单击"OK"按钮,如图2-163所示。

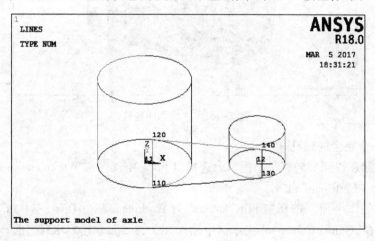

图2-163　创建4条线

（2）创建一个四边形。选择"Main Menu"→"Preprocessor"→"Modelmg"→"Create"→"Areas"→"Arbitrary"→"By Lines"命令,依次拾取刚刚建立的4条直线,单击"OK"按钮,如图2-164所示。

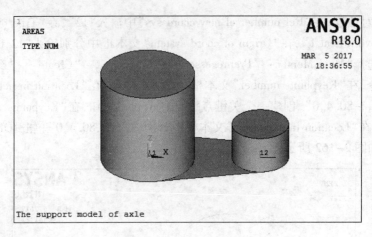

图 2-164　创建四边形

5. 沿面的法向拖拉面形成一个四棱柱

（1）选择"Main Menu"→"Preprocessor"→"Modelmg"→"Operate"→"Extrude"→"Areas"→"Along Normal"命令。

（2）在图形窗口中拾取四边形面,单击"OK"按钮,打开"创建体"对话框,在"DIST"栏输入"4",厚度的方向是向圆柱所在的方向,单击"OK"按钮,生成如图 2-165 所示的四棱柱。

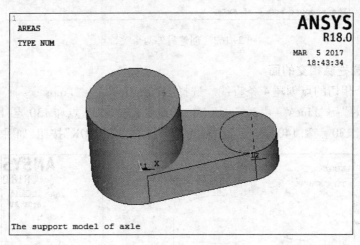

图 2-165　生成的四棱柱

6. 形成一个完全的轴孔

（1）将坐标系转到全局直角坐标系。选择"Utility Menu"→"Workplane"→"Change Active CS to"→"Global Cartesian"命令。

（2）偏移工作平面。选择"Utility Menu"→"Workplane"→"Offset WP to"→"XYZ Locations + "命令,在"Global Cartesian"文本框中输入"0,0,8.5",单击"OK"按钮。

（3）创建圆柱体。选择"Main Menu"→"Preprocessor"→"Modelmg"→"Create"→"Volume"→"Cylinder"→"Solid Cylinder"命令,在"创建圆柱体"对话框的"WP X"栏输入"0","WP Y"栏输入"0","Radius"栏输入"3.5","Depth"栏输入"1.5",单击"Apply"按钮,在"WP X"栏输入"0","WP Y"栏输入"0","Radius"栏输入"2.5","Depth"栏输入"－8.5",单击"OK"按钮,生成另一个圆柱体。生成的两个圆柱体如图 2-166 所示。

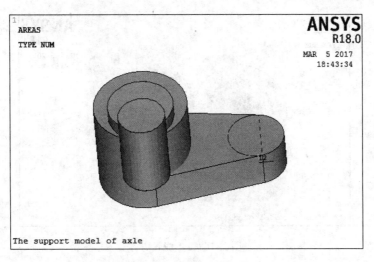

图 2-166 生成两个圆柱体

（4）从联轴体中"减"去圆柱体形成轴孔。选择"Main Menu"→"Preprocessor"→"Mode-lmg"→"Operate"→"Booleans"→"Subtract"→"Volumes"命令,在图形窗口中拾取连轴体及大圆柱体,作为布尔"减"操作的母体,单击"Apply"按钮。在图形窗口中拾取刚刚建立的两个圆柱体,作为"减"去的对象,单击"OK"按钮,得到的结果如图 2-167 所示。

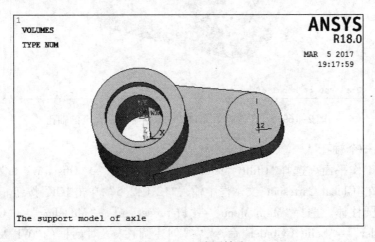

图 2-167　生成圆轴孔

（5）偏移工作平面。选择"Utility Menu"→"Workplane"→"Offset WP to"→"XYZ Loca-tions +"命令,在"Global Cartesian"文本框中输入"0,0,0",单击"OK"按钮。

（6）生成长方体。选择"Main Menu"→"Preprocessor"→"Modelmg"→"Create"→"Vol-umes"→"Block"→"By Dimensions"命令,输入 X1 = 0,X2 = 3,Y1 = - 0.6,Y2 = 0.6,Z1 = 0,Z2 = 8.5,得到的结果如图 2-168 所示。

（7）从联轴体中再"减"去长方体形成完全的轴孔。选择"Main Menu"→"Preprocessor"→"Modelmg"→"Operate"→"Booleans"→"Subtract"→"Volumes"命令,在图形窗口中拾取连轴体及大圆柱体,作为布尔"减"操作的母体,单击"Apply"按钮,在图形窗口中拾取刚刚建立的长方体,作为"减"去的对象,单击"OK"按钮,得到的结果如图 2-169 所示。

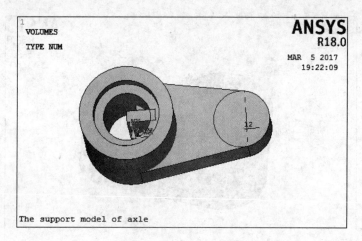

图 2-168　生成长方体

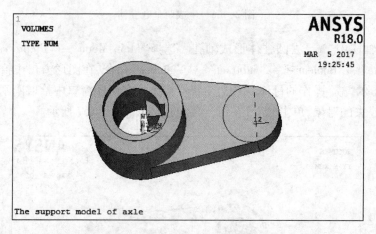

图 2-169　从联轴体中再"减"去长方体形成完全的轴孔

7. 形成另一个轴孔

（1）偏移工作平面。选择"Utility Menu"→"Workplane"→"Offset WP to"→"XYZ Locations +"命令,在"Global Cartesian"文本框中输入"12,0,2.5",单击"OK"按钮。

（2）创建圆柱体。选择"Main Menu"→"Preprocessor"→"Modelmg"→"Create"→"Volume"→"Cylinder"→"Solid Cylinder"命令,在"创建圆柱体"对话框的"WP X"栏输入"0","WP Y"栏输入"0","Radius"栏输入"2","Depth"栏输入"1.5",单击"Apply"按钮,在"WP X"栏输入"0","WP Y"栏输入"0","Radius"栏输入"1.5","Depth"栏输入"-2.5",单击"OK"按钮,生成另一个圆柱体。

（3）从联轴体中"减"去圆柱体形成轴孔。选择"Main Menu"→"Preprocessor"→"Modelmg"→"Operate"→"Booleans"→"Subtract"→"Volumes"命令,在图形窗口中拾取连轴体,作为布尔"减"操作的母体,单击"Apply"按钮,在图形窗口中拾取刚刚建立的两个圆柱体,作为"减"去的对象,单击"OK"按钮,得到的结果如图 2-170 所示。

8. 连接所有体

（1）选择"Main Menu"→"Preprocessor"→"Modelmg"→"Operate"→"Booleans"→"Add"→"Volumes"命令,在出现的对话框中单击"Pick All"按钮,打开体号显示开关,选择"Utility Menu"→"PlotCtrls"→"Numbering"命令,设置"Volume Numbers"选项为"On",单击"OK"按

钮,得到结果如图 2-171 所示。

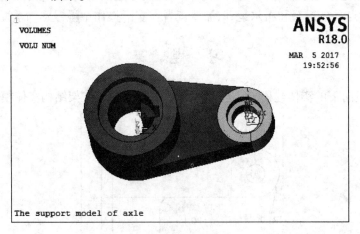

图 2-170　生成轴孔

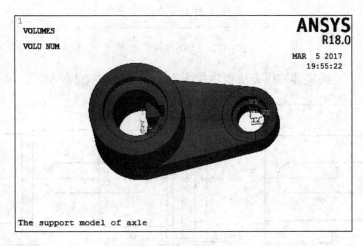

图 2-171　轴孔体显示的结果

（2）保存并退出 ANSYS。依次单击工具条上的"SAVE_DB"和"QUIT"命令即可。

2.9　本 章 小 结

　　本章首先介绍 ANSYS 中实体模型创建的两种方法,接着介绍 ANSYS 中使用的各种坐标系以及工作平面的概念及相关操作。其中,坐标系除了可以用于实体模型定位外,还在材料属性、载荷方向的定位上有重要作用。而工作平面的主要作用是用于实体模型的创建,值得指出的是 ANSYS 许多基本模型的创建都是基于工作平面上的,由于工作平面的坐标系完全不同于总体坐标系或者用户自定义的坐标系,所以在创建模型时,一定要看清楚该模型是否是在工作平面上创建的。

　　本章重点介绍了实体模型各级对象的相关操作。虽然内容较多,但概念都很简单。需注意的是,读者一定要理解自底向上和自顶向下两种建模方法以及高级对象与低级对象之间的关系。为了构建更为复杂的模型,ANSYS 提供了布尔运算以完成模型之间的各种组合。完成布尔运算后,各级对象的编号会发生变化。若通过编号来选择对象,则必须知道布尔操作后的对象编号。最后,通过轴承座、汽车连杆及联轴体的实体建模实例进一步介绍实体建模的操作方法。本章的重点是坐标系和布尔运算,需要读者在实际操作中慢慢熟练掌握。

习　题　2

1. 采用自顶向下的实体建模方法创建如图 2-172 所示的支架结构实体模型。

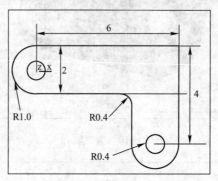

图 2-172　支架结构示意图

2. 采用自底向上的实体建模方法创建如图 2-173 所示的实体模型。

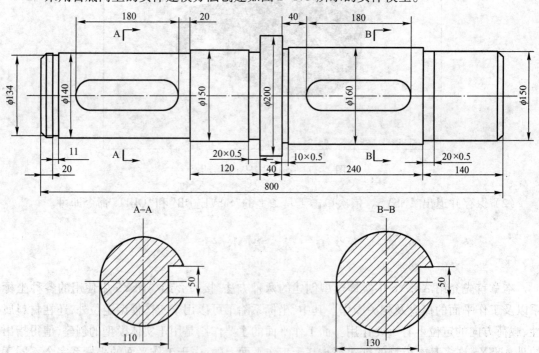

图 2-173　轴类零件二维平面图

习题 2 答案

1. 具体操作步骤如下:

1) 定义工作文件名及工作标题

122

（1）启动 ANSYS,选择"Utility Menu"→"File"→"Clear & Start New"命令,弹出一个对话框,用于清除当前数据库并开始新的分析。单击"OK"按钮,则当前数据库被清除,同时新一轮分析开始。

（2）创建工作文件名。选择"Utility Menu"→"File"→"Change Jobname"命令,弹出"Change Jobname"对话框。在"Enter new jobname"文本框中输入"Zhijia"（支架）作为工作文件名,同时选取"New log and error Files"单选框,并单击"OK"按钮,则工作文件名创建完毕,并显示于 ANSYS 主界面的标题栏上。

（3）创建工作标题。选择"Utility Menu"→"File"→"Change Title"菜单命令,弹出"Change Title"对话框,在"Enter new title"文本框中输入"The support model of Zhijia",并单击"OK"按钮,则标题出现在 ANSYS 图形显示窗口的左下角。

2）创建模型

（1）进入前处理模块。选择"Main Menu"→"Preprocessor"命令,进入前处理器并展开其子菜单项。

（2）生成长方形部分。选择"Main Menu"→"Preprocessor"→"Modeling"→"Create"→"Areas"→"Rectangle"→"By Dimensions"命令,弹出定义长方形的对话框,输入 X1 = 0,X2 = 6,Y1 = 0,Y2 = 2,然后单击"OK"按钮,得出长方形。单击"SAVE_DB"保存数据。

（3）偏移工作平面。选择"Utility Menu"→"Workplane"→"Offset WP to"→"XYZ Locations +"命令,在"Global Cartesian"文本框中输入"0,1,0",单击"OK"按钮。

（4）生成左边部分半圆盘。选择"Main Menu"→"Preprocessor"→"Modeling"→"Create"→"Areas"→"Circle"→"By Dimensions"命令,弹出定义圆盘的对话框,输入外径为1,内径为0,起始角为90,结束角为270,然后单击"OK"按钮,得到左边部分半圆盘。单击"SAVE_DB"保存数据。

（5）生成左边小圆盘。选择"Main Menu"→"Preprocessor"→"Modeling"→"Create"→"Areas"→"Circle"→"By Dimensions"命令,弹出定义圆盘的对话框,输入外径为 0.4,内径为0,起始角为0,结束角为360,然后单击"OK"按钮,得到左边小圆盘。单击"SAVE_DB"保存数据。

（6）"减"去小圆盘形成孔。选择"Main Menu"→"Preprocessor"→"Modelmg"→"Operate"→"Booleans"→"Subtract"→"Areas"命令,在图形窗口中拾取全部面,作为布尔"减"操作的母体,单击"Apply"按钮,在图形窗口中拾取刚刚建立的小圆盘,作为"减"去的对象,单击"OK"按钮,得到的结果如图 2-174 所示。

图 2-174

（7）偏移工作平面。选择"Utility Menu"→"Workplane"→"Offset WP to"→"XYZ Locations +"命令,在"Global Cartesian"文本框中输入"5, -2,0",单击"OK"按钮。

（8）生成下部长方形。选择"Main Menu"→"Preprocessor"→"Modeling"→"Create"→"Areas"→"Rectangle"→"By Dimensions"命令,弹出定义长方形的对话框,输入 X1 = -1,X2 = 1,Y1 = 0,Y2 = 2,然后单击"OK"按钮,得到长方形。单击"SAVE_DB"保存数据。

（9）生成下部分半圆盘。选择"Main Menu"→"Preprocessor"→"Modeling"→"Create"→"Areas"→"Circle"→"By Dimensions"命令，弹出定义圆盘的对话框，输入外径为1，内径为0，起始角为180，结束角为360，然后单击"OK"按钮，得到下部分半圆盘。单击"SAVE_DB"保存数据。

（10）生成下部分小圆盘。选择"Main Menu"→"Preprocessor"→"Modeling"→"Create"→"Areas"→"Circle"→"By Dimensions"命令，弹出定义圆盘的对话框，输入外径为0.4，内径为0，起始角为0，结束角为360，然后单击"OK"按钮，得到下部分小圆盘。单击"SAVE_DB"保存数据。

（11）"减"去下部分小圆盘形成孔。选择"Main Menu"→"Preprocessor"→"Modelmg"→"Operate"→"Booleans"→"Subtract"→"Areas"命令，在图形窗口中拾取下部分面，作为布尔"减"操作的母体，单击"Apply"按钮，在图形窗口中拾取刚刚建立的小圆盘，作为"减"去的对象，单击"OK"按钮，得到的结果如图2-175所示。

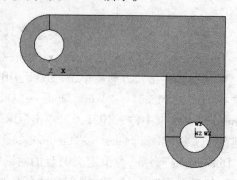

图2-175

选择"Utility Menu"→"PlotCtrls"→"Numbering"命令，设置"Areas Numbers"及"Keypoint Numbers"命令，选项为"On"，单击"OK"按钮。

（12）偏移工作平面。选择"Utility Menu"→"Workplane"→"Offset WP to"→"XYZ Locations+"命令，在"Global Cartesian"文本框中输入"3.6, -0.4, 0"，单击"OK"按钮。

（13）生成角部小圆盘。选择"Main Menu"→"Preprocessor"→"Modeling"→"Create"→"Areas"→"Circle"→"By Dimensions"命令，弹出定义圆盘的对话框，输入外径为0.4，内径为0，起始角为0，结束角为90，然后单击"OK"按钮，得到角部小圆盘。单击"SAVE_DB"保存数据。

（14）删除角部小圆盘得到圆曲线。选择"Main Menu"→"Preprocessor"→"Modeling"→"Delete"→"Areas Only"命令，弹出对话框，在图形窗口中拾取刚刚建立的角部小圆盘，单击"OK"按钮删除角部小圆盘，得到圆曲线。

（15）显示线。选择"Utility Menu"→"Plot"→"Lines"命令可显示线。单击"Main Menu"→"Preprocessor"→"Modeling"→"Delete"→"Lines Only"命令，弹出对话框，在图形窗口中拾取刚刚建立的两个半径所在的线段，单击"OK"按钮删除角部两个半径所在的线段。

（16）由点组成面。选择"Main Menu"→"Preprocessor"→"Modeling"→"Create"→"Areas"→"Arbitrary"→"Through KPs"命令，弹出对话框，在图形窗口中拾取刚刚删除两个半径处所在的3个关键点，单击"OK"按钮建立角部曲边三角形面。单击"SAVE_DB"保存数据。

3) 组合所有面

（1）选择"Main Menu"→"Preprocessor"→"Modelmg"→"Operate"→"Booleans"→"Add"→"Areas"命令，在出现的对话框中单击"Pick All"按钮。单击"OK"按钮，得到的结果如图 2-176 所示。

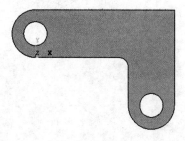

图 2-176

（2）保存并退出 ANSYS。依次单击工具条上的"SAVE_DB"和"QUIT"命令即可退出 AN-SYS。

2. 略

第 3 章　ANSYS 网格划分

本章概要

- 定义单元属性
- 网格划分控制
- 实体模型网格划分
- 网格检查
- 网格的修改
- 综合实例 1——轴承座实体模型的网格划分
- 综合实例 2——汽车连杆实体模型的网格划分

第 2 章主要介绍了如何建立实体模型。然而,要进行有限元分析,还需要将实体模型转化为能够直接计算的网格,这种转化称为网格划分。

ANSYS 以数学的方式表达结构的几何形状,用于在里面填充节点和单元,还可以在几何边界上方便地施加载荷,但是几何实体模型并不参与有限元分析,所有施加在有限元边界上的载荷或约束,必须最终传递到有限元模型上(节点和单元)进行求解。

除直接生成有限元模型外,所有实体模型在进行分析求解前,必须先对其进行划分网格,生成有限元模型。ANSYS 程序提供了使用便捷、高质量的对几何模型进行网格划分的功能。基本的划分过程分为定义单元属性、定义网格划分控制、生成网格三个步骤。其中定义网格划分控制不是必需的,因为默认的网格生成控制对多数模型生成都是合适的。

本章从网格划分的基础过程开始,详细介绍如何进行单元、节点的生成控制,如何对不同图元进行网格划分,以及如何检查和修改网格。此外,本章还详细介绍了节点和单元的定义方法,可使读者尽快地掌握直接法生成有限元模型的基本思路。最后,通过两个实例让读者进一步熟悉网格划分的基本过程。

3.1　定义单元属性

定义单元属性对于网格划分来说是必不可少的,它不仅影响到网格划分,而且对求解的精度也有很大影响。定义单元属性的操作主要包括生成单元属性表(单元类型、实常数、材料属性、单元坐标系等)和设置单元属性指针。

3.1.1　定义单元类型

有限元分析过程中,对于不同的问题,需要应用不同特征的单元。同时,每一种单元也是专门为有限元问题而设计的。因此在进行有限元分析之前,选择和定义适合自己问题的单元类型是非常必要的。单元选择不当,将直接影响到计算能否进行和结果的精度。

ANSYS 的单元库中提供的单元类型几乎能解决大部分常见的工程实际问题。每个的都有唯一的编号,并按类型进行了分类,如 BEAM188、SHELL28 和 SOLID187 等。

关于单元类型的选择,读者可结合自己的专业知识进行选择,并可参考 ANSYS 自带的帮助文件。

【例 3.1】 用 GUI 的方式介绍定义单元类型的常用操作步骤。

(1) 选择"Main Menu"→"Preprocessor"→"Element Type"→"Add/Edit/Delete"命令,弹出如图 3-1 所示的"Element Types"对话框。此时列表框中显示"NONE DEFINED",表示没有任何单元被定义。

(2) 单击"Add..."按钮,弹出如图 3-2 所示的"Library of Element Types"对话框。列表框中列出了单元库中的所有单元类型。左侧列表框显示的是单元的分类,右侧列表框为单元的特性和编号,选择单元时应明确自己要定义的单元类型,如 Link、Beam、Pipe 和 Solid 等,然后从右边的列表框中找到合适的单元。

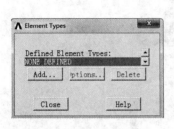

图 3-1　单元类型对话框

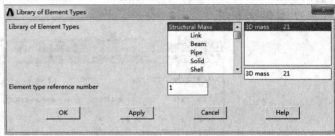

图 3-2　单元类型库对话框

(3) 在图 3-2 左侧列表框中选择"Solid",则右侧列表框中将显示所有的 Solid 单元,如"Brick 8 node 185",即为 SOLID185 单元;在"Element type reference number"文本框中输入单元参考号,默认为"1",单击"OK"按钮即可。

(4) 此时,单击"Apply"按钮,可继续添加别的单元类型,同时"Element type reference number"文本框中的数值将自动变为"2",如图 3-3 所示。

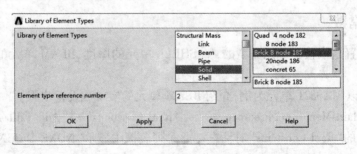

图 3-3　单元类型库对话框

可以仿照前面介绍的方法,再定义一个 MASS21 单元,然后单击"OK"按钮返回"单元类型"对话框,如图 3-4 所示。

(5) 如想删除单元类型,则在图 3-4 所示的对话框中选中单元,单击"Delete"按钮即可。

对于不同的单元有不同的选择设置。例如刚才定义的 SOLID185 单元,在图 3-4 所示的对话框中,选中"SOLID185",单击"Options..."按钮,弹出如图 3-5 所示的"SOLID185 element type options"对话框。SOLID185 单元单元有四个选项,分别为"K2""K3""K6""K8",其中,K2 为单元技术选项;K3 为层次结构选项;K6 为单元公式选项;K8 为存储层数据选项。

图 3-4 定义的单元类型

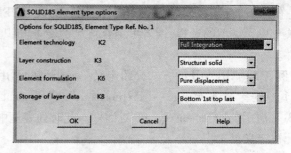

图 3-5 SOLID185 选项

（6）再次回到"Element Types"对话框,单击"Close"按钮结束即可。至此,单元类型定义完毕。

选择"Utility Menu"→"List"→"Properties"→"Element Types"命令,可列表显示所有定义的单元类型,如图 3-6 所示。

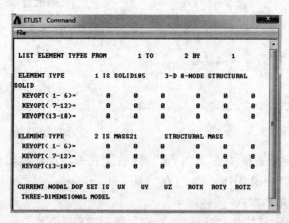

图 3-6 列表显示单元类型

3.1.2 定义常数

实常数的设置是依赖于单元类型的,如 SHELL 单元的厚度、BEAM 单元的横截面特征设置等。

【例 3.2】 以 MASS21 单元为例,介绍 BEAM 单元的实常数设置步骤。

（1）选择"Main Menu"→"Preprocessor"→"Real Constants"→"Add/Edit/Delete"命令,弹出如图 3-7 所示的"Real Constants"对话框。此时列表框中显示"NONE DEFINED",表示没有任何常数被定义。

（2）单击"Add…"按钮,弹出如图 3-8 所示的"Element Types for Real Contants"对话框。

图 3-7 实常数对话框

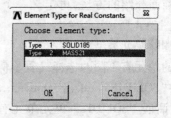

图 3-8 选中 MASS21 单元

128

（3）选中"Type 2 MASS21"，单击"OK"按钮，弹出如图 3-9 所示的"Real Contants Set Number 1,for MASS21"对话框。在"Real Constants for 3 – D Mass with Rotary Inertia（KEYOPT (3)=0)"的各个文本框中分别输入"1""2""3""4""5""6"，单击"OK"按钮即可。

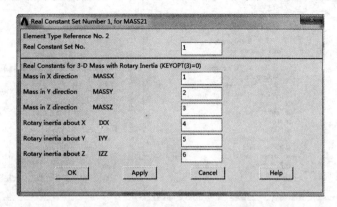

图 3-9　MASS21 单元常实数设置

（4）最后得到的实常数如图 3-10 所示。此时，单击"Edit…"按钮可以对其进行再编辑；单击"Delete"按钮可将其删除。

选择"Utility Menu"→"List"→"Properties"→"All Real Constants"命令，可列表显示所有定义的实常数数值，如图 3-11 所示。

图 3-10　定义后的实常数

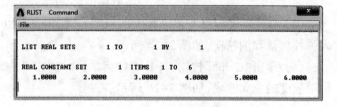

图 3-11　列表显示实常数

3.1.3　定义材料参数

定义材料参数就是输入进行有限元分析的材料本构关系。根据分析问题的不同，材料参数可以是线性或非线性；可以是各自同性、正交异性或非弹性；可以不随温度变化或随温度变化。

下面介绍常用的线性和非线性材料参数定义方法，其他操作与此类似。

1. 定义线性材料参数

线性材料参数可以是常数，会随温度变化而变化，各向同性或正交异性。

【例 3.3】　假设材料是各向同性的线弹性材料，其材料参数的定义步骤如下。

（1）选择"Main Menu"→"Preprocessor"→"Material Props"→"Material Models"命令，弹出如图 3-12 所示的"Define Material Model Behavior"对话框。在右侧列表框中依次选择"Structural"→"Linear"→"Elastic"→"Isotropic"命令。

（2）双击"Isotropic"，弹出如图 3-13 所示的"Linear Isotropic Properties for Material Number 1"对话框。在"EX"文本框中输入弹性模量"2E + 011"，在"PRXY"文本框中输入泊松比"0.3"。

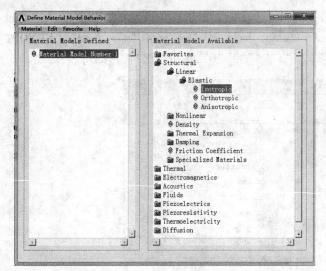

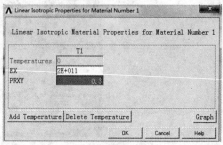

图 3-12 定义材料参数对话框　　　　　　　图 3-13 设置弹性模量和泊松比

> **说明：**对于各向同性材料，仅须定义 X 方向的特征；对于各向异性材料，必须定义 X、Y、Z 三个方向的特征，否则，其他方向的特征默认与 X 方向相同。其他材料参数的默认值，泊松比（PRXY）为 0.3，剪切模量（GXY）为 EX/2（1 + PRXY），热扩散系数（EMIS）为 1.0。

（3）如果需要定义与温度相关的材料参数，用户可以单击"Add Temperature"按钮，继续输入弹性模量和泊松比，如图 3-14 所示。

（4）单击"Graph"按钮，打开下拉菜单，选择"EX"选项后，在图形视窗中显示材料弹性模量随温度的变化曲线，如图 3-15 所示。

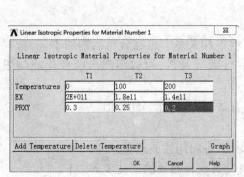

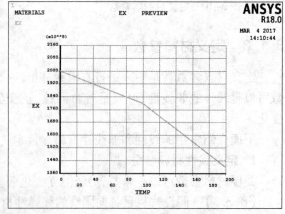

图 3-14 输入随温度变化的弹性模量和泊松比　　图 3-15 材料弹性模量随温度的变化曲线

还可以选择"PRXY"选项，在图形视窗中显示泊松比和温度的关系曲线，如图 3-16 所示。

（5）删除 T2 温度，可在图 3-14 所示的对话框中选中"T2"，单击"Delete Temperature"按钮即可删除该列数据，如图 3-17 所示。

（6）单击"OK"按钮，返回"Define Material Model Behavior"对话框，如图 3-18 所示。

左侧的列表框中已经出现了"Linear Isotropic"项,表示已经定义了一种各向同性线弹性材料。

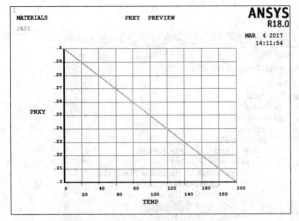

图 3-16 材料泊松比随温度的变化曲线　　　图 3-17 删除一组数据后的对话框

> **说明**:还可以在图 3-18 所示对话框中选择"Material"→"New Model…"命令,定义新的材料参数,单击后将弹出如图 3-19 所示的对话框,在"Define Material ID"文本框中输入材料 ID 号(程序会自动编号,也可以自己定义)后单击"OK"按钮,重复以上步骤进行定义。

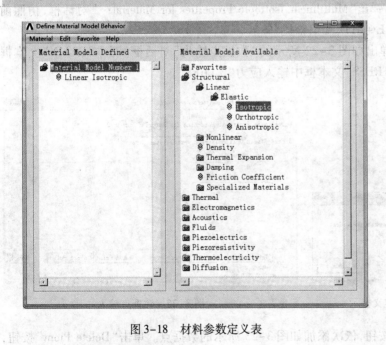

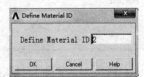

图 3-18 材料参数定义表　　　　　　　　图 3-19 定义材料 ID

2. 定义非线性材料参数

【例 3.4】 新建一个材料模型,定义一个较为复杂的非线性材料参数,操作如下:

(1) 在"Define Material Model Behavior"对话框中,选择"Material"→"New Model…"命令,弹出"Define Material ID"对话框,输入材料 ID 号,单击"OK"按钮。

(2) 如图 3-20 所示,在选中材料 2 的基础上,依次选择"Structural"→Nonlinear"→"Ine-

131

lastic"→"Rate Independent"→"Isotropic Hardening Plasticity"→"Mises Plasticity"→"Multilinear"命令,弹出如图3-21所示的提示框,提示在进行非线性材料参数输入之前应先定义弹性材料属性。

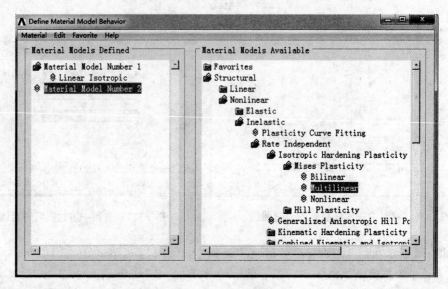

图3-20　定义非线性材料

（3）单击"确定"按钮,弹出"Multilinear Isotropic Properties for Material…"对话框,仿照前面的步骤,输入弹性模量"2E+011"和泊松比"0.3"。

（4）单击"OK"按钮,弹出如图3-22所示的"数据点输入"对话框。在"STRAIN"文本框中输入应变"0.001",在"STRESS"文本框中输入应力"2.06E8"。

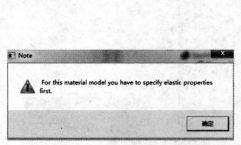

图3-21　非线性材料定义提示

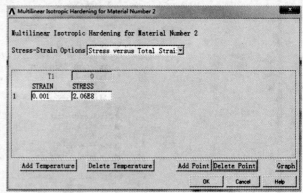

图3-22　数据点输入

（5）单击"Add Piont"按钮,依次添加如图3-23所示的数据点。单击"Delete Piont"按钮,可以删除相应的数据点。

（6）单击"Graph"按钮,可在图形视图窗口中显示材料的应力应变关系曲线,如图3-24所示。

（7）单击"OK"按钮,完成材料模型2的定义。

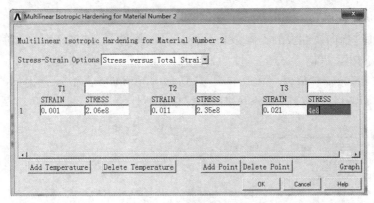

图 3-23 添加数据点

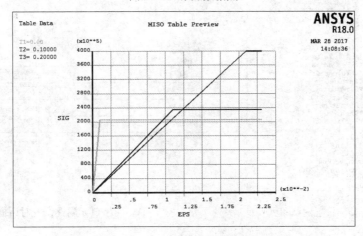

图 3-24 非线性应力应变关系曲线

3.1.4 分配单元属性

定义单元属性,首先必须建立一些单元属性表,包括单元类型、实常数、材料属性、单元坐标系等。一旦建立了属性表,通过指向表中合适的条目即可对模型的不同部分分配单元属性。指针就是参考号码集,包括材料号(MAT)、实常数集号(REAL)、单元类型号(TYPE)、坐标系号(ESYS)及用 BEAM188 或 BEAM189 单元对梁进行网格划分的子段号(SECNUM),如表 3-1 所列。可以直接给选择的实体模型图元分配单元属性,或定义默认的单元属性集,用于随后的网格划分生成单元的操作。

表 3-1 单元属性表

	单元类型		实常数		材料属性		单元坐标系		段标志
1	BEAM3	1	Ai,Li,Hi	1	EXi,ALPXi,等	0	全局直角坐标	1	SECID1
2		2	A2,L2,H2	2	EX2,ALPX2,等	1	全局柱坐标	2	SECID2
3		3	A3,L3,H3	3		2	全局球坐标	3	SECID3
						11	局部坐标系		
						12			
m		n		P		q		s	

133

1. 设置默认单元属性

用户可以通过指向属性表的不同条目分配默认的属性集,这样,在开始划分网格时,AN-SYS 从表中给实体模型和单元分配属性。具体操作如图 3-25 所示,选择"Main Menu"→"Pre-processor"→"Meshing"→"Mesh Attributes"→"Default Attributes"命令,弹出如图 3-26 所示的对话框,选择不同条目可以设置划分网格的默认单元属性。

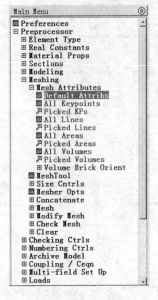

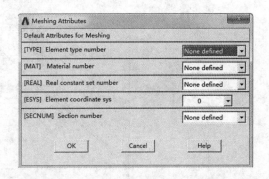

图 3-25　设置网格单元属性　　　　图 3-26　网格单元属性设置对话框

2. 直接给选择的实体模型图元分配单元属性

即为模型的每个区域预置单元属性,从而可以避免在网格划分过程中重置单元属性。具体操作:选择"Main Menu"→"Preprocessor"→"Meshing"→"Mesh Attributes"命令,出现如图 3-25 所示的菜单,用户可以选择不同选项(点、线、面、体),弹出的对话框如图 3-26 所示,可以分别对实体模型的每个区域预置单元属性。

> **说明:**直接分配给实体模型图元的属性将取代默认的属性,而且当清除实体模型图元的节点和单元时,任何通过默认属性分配的属性也将被删除。

3.2　网格划分控制

定义了单元属性,理论上就可以按 ANSYS 的默认网格控制来进行网格划分。但有时按默认的网格控制来划分会得到较差的网格,如图 3-27(a)所示,这样的网格往往会导致计算精度的降低甚至不能完成计算。使用网格划分控制功能可以得到满意的网格,如图 3-27(b)所示。

网格划分控制能建立用于实体模型划分网格的因素,如单元形状、中间节点位置、单元大尺寸控制等。这一步骤在整个分析过程中是非常重要的,对分析结果的精度性和正确性有决定性的影响。

(a)   (b)

图 3-27   同一个实体不同的网格划分

3.2.1   网格划分工具

ANSYS 提供了一个强大的网格划分工具栏,包括单元属性选择、单元尺寸控制、自由划分与映射划分等网格划分可能用到的命令,使用户可以方便地进行常用的网格划分控制的参数设置。

具体操作:选择"Main Menu"→"Preprocessor"→"Meshing"→"Mesh Tool"命令,打开网格划分工具对话框,如图 3-28 所示。

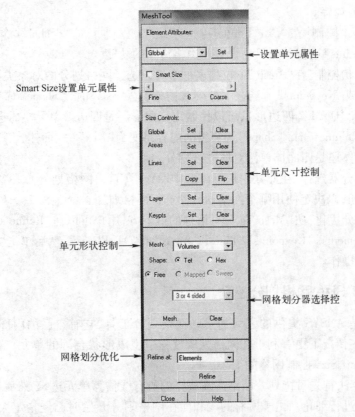

图 3-28   "网格划分工具"对话框

下面对该对话框的主要功能作简要介绍:

(1)设置单元属性:在"Element Attributes"下拉列表框中可以选择"Global""Volumes""Areas""Lines"或"Keypoints"选项进行属性设置。选中"Global",单击"Set"按钮,将弹出如图 3-29 所示的 Meshing Attributes"对话框,在该对话框中可设置对应的单元类型、材料属性、实常数、坐标系及单元截面。

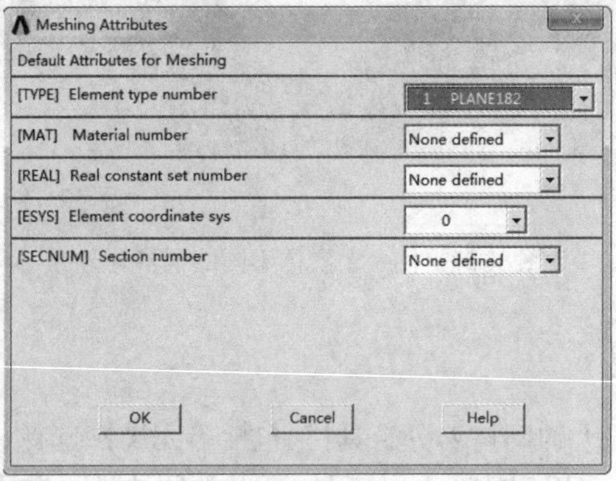

图 3-29　网格划分属性对话框

（2）Smart Size 网格划分控制：只有当"Smart Size"复选框选中时，"Smart Size"选项才打开。用户可以通过拖动下方的滑块来设置 Smart Size 网格划分水平的大小。Smart Size 值越小，网格划分效果越好。

（3）单元尺寸控制：在"Size Controls"选项组中，提供了对"Global""Volumes""Areas""Lines"或"Keypoints"进行单元尺寸设置和网格清除的功能。

（4）单元形状控制：在"Mesh"下拉列表框中可以选择网格划分的对象类型，如"Volumes""Areas""Lines"或"Keypoints"。当在下拉列表中选择"Areas"时，"Shape"选项组的内容变为"Tri"（三角形）和"Quad"（四边形），可以控制用三角形还是四边形单元对面进行划分；当在下拉列表中选择"Volumes"时，"Shape"选项组的内容将变为"Hex"（六面体）和"Tet"（四面体），可以控制用六面体还是四面体单元对体进行划分。

（5）网格划分器选择：在此处用户可以选中"Free"（自由网格划分）或"Mapped"（映射网格划分）单选按钮，以决定使用哪个网格划分器进行网格划分。

（6）网格划分优化：在"Mesh Tool"对话框的最下方，用户可以在"Refine at"下拉列表框中选择"Node""Elements""Keypoints""Lines""Areas"或"All Elems"，然后单击"Refine"按钮，开始进行网格细化操作。

3.2.2　Smart Size 网格划分控制

Smart Size 是 ANSYS 提供的强大的自动网格划分工具，它有自己的内部计算机制，使用 Smart Size 在很多情况下更有利于在网格生成过程中生成形状合理的单元。在自由网格划分时，建议使用 Smart Size 控制网格的大小。

Smart Size 算法首先对待划分网格的面或体的所有线估算单元边长，然后对几何体中的弯曲近似区域的线进行细化。由于所有的线和面在网格划分开始时已经指定大小，因此生成网格的质量与待划分网格的面或体顺序无关。

如果用四边形单元来给面划分网格，则 Smart Size 会尽量给每一个面平均分配线数，以全部划分为四边形。网格为四边形时，如果生成的单元形状很差或在边界出现奇异域，则应考虑使用三角形单元。

1. Smart Size 的基本控制

基本控制是指用 Smart Size 网格划分水平值（大小为 1~10）来控制网格划分大小。程序会自动地设置一套独立的控制值来生成想要的大小,其中默认的网格划分水平是6。用户可按自己的需要修改。

　　修改方法:调节图3-28所示的"Mesh Tool"对话框下的"Smart Size"调节滑块即可。用户还可以选择"Main Menu"→"Preprocessor"→"Meshing"→"Size Cntrls"→"Smart Size"→"Basic"命令,弹出如图3-30所示"Basic SmartSize Settings"对话框。在"Size Level"下拉表中从1(细)~10(粗)选择一个级别,单击"OK"按钮即可。

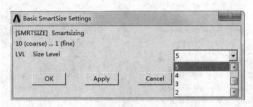

图3-30　Smart Size 基本设置

　　图3-31显示了不同Smart Size水平值下的网格划分结果,从中可以看出Smart Size的强大功能。

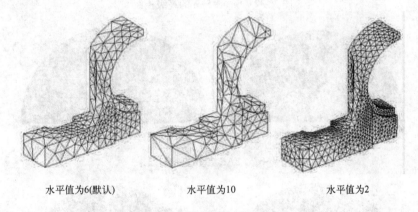

水平值为6(默认)　　　　　水平值为10　　　　　水平值为2

图3-31　网格划分属性对话框

2. Smart Size 的高级控制

　　当用户需要对Smart Size作特殊的网格划分设置时,需要使用高级控制技术,Smart Size的高级控制给用户提供人工控制网格质量的可能,如用户可以改变诸如小孔和小角度处的粗化选项。

　　选择"Main Menu"→"Preprocessor"→"Meshing"→"Size Cntrls"→"Smart Size"→"Adv Opts"命令,弹出如图3-32所示的"Advanced SmartSize Settings"对话框。该对话框的参数设置如下:

　　(1)"FAC"为用于计算默认网格尺寸的比例因子。当用户没有使用类似于ESIZE的命令对对象划分网格做出特殊指定时,该值的设置直接影响到单元的大小。其取值范围为0.2~5。图3-33显示了此参数的设置效果。

　　(2)"EXPND"为网格划分涨缩因子。该值决定了面内部单元尺寸与边缘处的单元尺寸的比例关系。其取值范围为0.5~4。图3-34显示了此参数的设置效果。

　　(3)"TRANS"为网格划分过滤因子。该值决定了从面的边界上到内部单元尺寸膨胀的速度。该值必须大于1而且最好小于4。

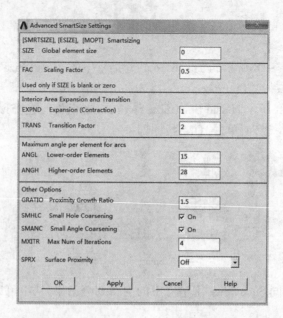

图 3-32　Smart Size 的高级控制

FAC=0.5；EXPND=1;；TRANS=2。

FAC=1；EXPND=1；TRANS=2。

图 3-33　FAC 参数的控制效果

FAC=0.5；EXPND=0.5；TRANS=2。

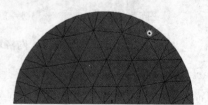

FAC=0.5；EXPND=2；TRANS=2。

图 3-34　EXPND 参数的控制效果

（4）"ANGL"对于低阶单元,该值设置了每个单元边界过渡中允许的最大跨越角度。AN-SYS 的默认值为 22.5°(Smart Size 的水平值为 6 时)。

其他参数如"GRATIO"" SMHLC""SMANC"等,在一般情况下接受默认即可。

说明:当在"Mesh Tool"对话框中选中"Smart Size"复选框,并拖动滑块进行 Smart Size 水平设置后,高级控制对话框中的值将自动恢复为默认值。因此,在高级控制对话框中修改了参数后,应马上进行网格划分。

3.2.3　尺寸控制

网格划分密度过于粗糙,结果可能包含严重的错误;过于细致,将花费过多的计算时间,浪费计算机资源,而且可能导致不能运行。因此,在网格划分前必须对网格尺寸进行设置。图 3-28 所示的网格划分工具提供了专门的单元尺寸控制选项,如图 3-35 所示。

它可以对面、线、层和关键点的单元大小进行设置,还可以对全局单元尺寸进行设置,甚至用户无须设置,直接利用默认的网格尺寸对几何实体模型进行网格划分操作。

【例 3.5】 如图 3-36 所示,半圆环的外径和内径分别为 10 和 5,控制网格尺寸的操作如下:

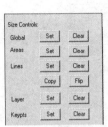

图 3-35 单元尺寸控制选项

图 3-36 半圆环几何模型

(1) 复制课件目录\ch03\ex1\中的文件到工作目录,运行 ANSYS,然后单击工具栏上的 ![icon] 图标打开数据库文件"ex1.db",该模型已定义好两种单元类型:PLANE183 和 PLANE182。

(2) 直接用默认单元尺寸对模型进行网格划分。

① 查看默认尺寸,可以选择"Main Menu"→"Preprocessor"→"Meshing"→"Size Cntrls"→"ManualSize"→"Global"→"Other"命令,弹出如图 3-37 所示的"Other Global Sizing Options"对话框。对于高阶单元(Plane183),默认单元划分个数为 2;对于低阶单元(Plane182),默认单元划分个数为 3。

图 3-37 查看默认单元尺寸对话框

② 直接用默认单元尺寸进行网格划分。选择"Main Menu"→"Preprocessor"→"Meshing"→"Mesh Tool"命令,打开如图 3-28 所示的"网格划分工具"对话框,在"Element Attributes"下拉列表框右侧单击"Set"按钮,弹出如图 3-38 所示的对话框,选择单元类型"Plane182",单击"OK"按钮。

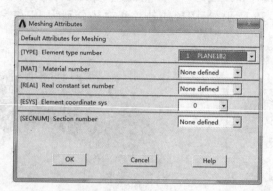

图 3-38　选择单元类型 Plane182

③ 回到"Mesh Tool"对话框中,定义单元形状控制为"Quad";网格划分器选择"Mapped"。然后单击"Mesh"按钮,弹出"图形选取"对话框,再用鼠标在图形视图窗中选择要划分的圆环,单击"OK"按钮,得到划分的网格。同理,选择单元类型"Plane183",进行相同的操作,如图 3-39 所示为用默认单元尺寸对 Plane182 和 Plane183 单元类型的半圆环进行网格划分的结果。

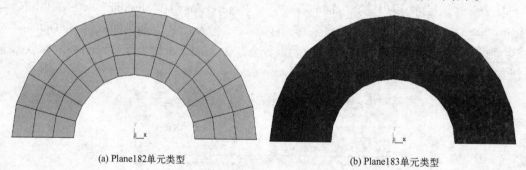

(a) Plane182单元类型　　　　　　　　(b) Plane183单元类型

图 3-39　默认单元尺寸网格

(3) 对面进行网格尺寸设置并进行网格划分。单击图 3-35 中"Area"右侧的"Set"按钮,弹出"图形选取"对话框,选取半圆环后,弹出如图 3-40 所示的对话框,在"Element edge length"文本框中输入单元尺寸"1",单击"OK"按钮。

回到"Mesh Tool"对话框,定义单元形状控制为"Quad";网格划分器选择"Mapped"。然后单击"Mesh"按钮,弹出"图形选取"对话框,再用鼠标在图形视图窗中选择要划分的圆环,弹出如图 3-41 所示的对话框,单击"OK"按钮,得到划分的网格,如图 3-42 所示。

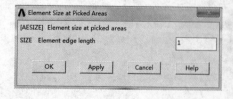

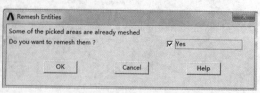

图 3-40　设定面上单元边长　　　　　　　图 3-41　确定重新划分网格

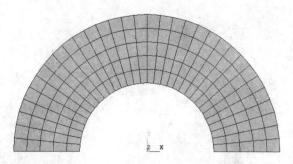

图 3-42　面控制单元尺寸网格划分

（4）设置全局单元尺寸并进行网格划分。单击图 3-35 中"Global"右侧的"Set"按钮,弹出如图 3-43 所示的对话框,在"No. of element divisions"文本框中输入全局单元划分个数"6",单击"OK"按钮。

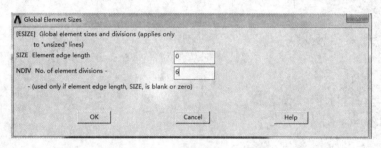

图 3-43　全局单元尺寸设置

回到"Mesh Tool"对话框,接上面方法进行网格划分,结果如图 3-44 所示。

（5）对线进行网格尺寸设置并进行网格划分。单击图 3-35 中"Lines"右侧的"Set"按钮,弹出"图形选取"对话框,选取半圆环的两条直线后,单击"Apply"按钮,弹出如图 3-45 所示的对话框,在"No. of element divisions"文本框中输入等分数"6",单击"Apply"按钮。

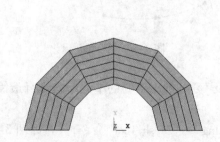

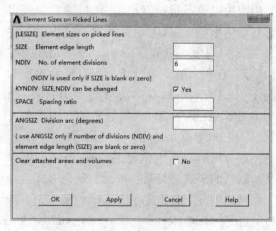

图 3-44　全局控制单元尺寸网格划分　　　　图 3-45　设定线上单元边长

继续设置线的线的网格划分数,用同样的操作设置半圆环的两个圆弧的等分数为12,单击"OK"按钮。回到"Mesh Tool"对话框,接上面方法进行网格划分,结果如图 3-46 所示。

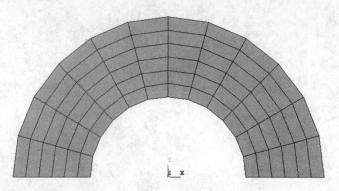

图 3-46　线控制单元尺寸网格划分

说明:要清除全局、面、线等设置好的单元尺寸控制,只需分别单击图 3-35 中"Global""Areas""Lines"等右侧的"Clear"按钮即可。

注意:以上叙述的所有定义尺寸的方法都可以一起使用。当使用一个以上上述命令并发生尺寸冲突的情况,遵循一定的级别,级别从低到高顺序如下:

(1) 默认的尺寸大小。

(2) 对面进行网格尺寸设置。

(3) 设置全局单元尺寸。

(4) 对线进行网格尺寸设置。

3.2.4 单元形状控制

同一个网格区域的面单元可以是三角形或四边形,体单元可以是六面体或四面体形状。因此在进行网格划分之前,应该决定是使用 ANSYS 对于单元形状的默认设置,还是自己指定单元形状。

当用四边形单元进行网格划分时,结果中还可能包含有三角形单元,这就是单元划分过程中产生的单元"退化"现象。例如,PLANE183 单元是二维的结构单元,有 8 个节点(I、J、K、L、M、N、O、P),默认情况下,PLANE183 具有四边形的外形,但节点 K、L 和 O 定义为同一个节点时,原来的四边形单元则"退化"为三角形单元,如图 3-47 所示。

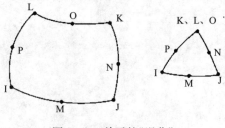

图 3-47　单元的"退化"

当在划分网格前指定单元形状时,不必考虑单元形状是默认的形式还是某一单元的退化形式。相反,可以考虑想要的单元形状本身最简单形式。用网格划分工具指定单元形状的操作如下:

(1) 选择"Main Menu"→"Preprocessor"→"Meshing"→"Mesh Tool"命令,打开如图 3-28 所示的"网格划分工具"对话框。

(2) 在"Mesh"下拉列表框中选择需要划分的对象类型。当选择面网格划分时,在"Shape"选项组中选择"Quad"(四边形)或"Tri"(三角形)选项;当选择体网格划分时,可选择"Tet"(四面体)或"Hex"(六面体)选项。

(3) 单击"Mesh"按钮对模型进行网格划分。

还可以打开"Mesher Options"(网格划分器选项)对话框进行单元形状设置。选择"Main Menu"→"Preprocessor"→"Meshing"→"Mesher Opts"命令,弹出如图形 3-48 所示的"Mesher Options"(网格划分器选项)对话框。在"Mesher Options"对话框中有"Triangle Mesher"(三角形网格划分器)、"Quad Mesher"(四边形网格划分器)和"Tet Mesher"(四面体网格划分器)等选项。选择合适的网格划分器,单击"OK"按钮即可。

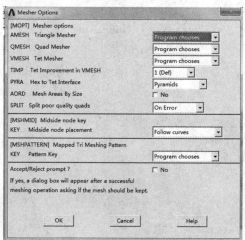

图 3-48　网格划分器选项对话框

3.2.5　网格划分器选择

在进行一般的网格控制之前,应考虑好本模型使用自由网格划分(Free)还是映射网格划分(Mapped)。

自由网格划分对于单元没有特殊的限制,也没有指定的分布模式,而映射网格划分则不但对于单元形状有所限制,而且对单元排布模式也有要求。映射面网格包含四边形或三角形单元,映射体网格只包含六面体单元。映射网格具有规则的形状,明显成排地规则排列。因此,如果想要这种网格类型,必须将模型生成具有一系列相当规则的体或面,才能进行映射网格划分,如图 3-49 所示。

要进行自由网格划分,应选择"Main Menu"→"Preprocessor"→"Meshing"→"Mesh Tool"命令,打开如图 3-28 所示的"网格划分工具"对话框,截取部分对话框如图 3-50 所示,选择"Free"单选按钮,即使用自由网格划分模式。

(a) 自由网格划分

(b) 映射网格划分

图 3-49　网格划分　　　　　　　　　　图 3-50　自由网格划分选择模式

【例3.6】 以一个简单的五边形面为例,介绍映射网格划分的操作。

（1）复制课件目录\ch03\ex2\中的文件到工作目录,运行 ANSYS,然后单击工具栏上的 图标,打开数据库文件"ex2. db"。

（2）选择"Utility Menu"→"PlotCtrls"→"Numbering"命令,打开"绘图编号控制"对话框,如图 3-51 所示。

选择"Keypoint numbers""Line numbers"的控制选项均为"On", 单击"OK"按钮可显示一个五边形面,如图 3-52 所示。

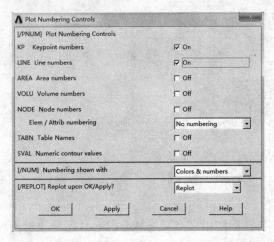

图 3-51 "绘图编号控制"对话框

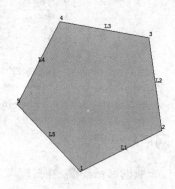

图 3-52 待划分网格五边形面

（3）要进行自由网格划分,应选择"Main Menu"→"Preprocessor"→"Meshing"→"Mesh Tool"命令,打开如图 3-28 所示的"网格划分工具"对话框。

（4）在图 3-50 所示的网格划分模式栏中,选择"Mesh"下拉列表为"Areas",表示对面进行划分;选择"Shape"单选按钮为"Quad",表示选择四边形单元形状;选择网格划分模式为"Mapped",表示使用映射网格划分,然后单击"Mesh"按钮。

（5）弹出"图形选取"对话框,在图形视窗中选择刚才建立的五边形面,单击"OK"按钮。此时,将弹出错误提示对话框,如图 3-53 所示。由于当前面是不规则的,因此不能够进行映射网格划分。造成这个错误的原因是该面的边界线数目超过了 4。

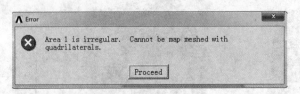

图 3-53 对五边形面进行映射网格划分时的提示

注意：对面进行映射网格划分时,要求边的边界由 3 或 4 条线组成,当边界线数目大于 4 时,可通过线的连接使其满足映射网格划分的要求。下面进行线的连接操作,使五边形面满足映射网格划分要求。

（6）选择"Main Menu"→"Preprocessor"→"Meshing"→"Concatenate"→"Lines"命令，弹出如图 3-54 所示的"线选取"对话框。

用鼠标在图形视窗中选择图 3-52 中的 L3 和 L4，然后单击"OK"按钮。连接线后得到如图 3-55 所示的模型，可以看出 L3 和 L4 已经合并成了 L6。

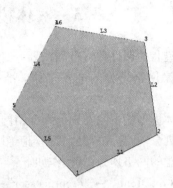

图 3-54　"线选取"对话框　　　　　　图 3-55　合并后的线

> **说明：**当对线进行连接后，还可以选择"Main Menu"→"Preprocessor"→"Meshing"→"Concatenate"→"Del Concats"→"Lines"命令取消刚才所作的连接。

（7）在"Mesh Tool"对话框中选中"Mapped"单选按钮，并在该按钮下的下拉列表框中选择"3 or 4 sided"，然后单击"Mesh"按钮，弹出"面选取"对话框，在图形视窗中选择五边形面，单击"OK"按钮即可。得到的映射网格划分结果如图 3-56 所示。

ANSYS 还提供了一种面映射网格划分的简化操作，可以不用对线进行连接操作，步骤如下：

（1）单击工具栏上的"RESUME_DB"按钮，恢复数据库中的数据。

（2）选择"Main Menu"→"Preprocessor"→"Meshing"→"Mesh Tool"命令，然后按图 3-57 所示的设置选择"Pick corners"选项。

（3）单击"Mesh"按钮，弹出"图形选取"对话框，在图形视窗中选择五边形面，单击"OK"按钮。然后按图 3-58 所示选取关键点 1、2、3 和 5 即可生成相同的映射网格，如图 3-56 所示。

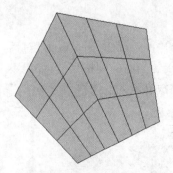

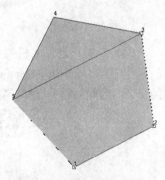

图 3-56　五边形面映射　　　图 3-57　选择角点映射网格划分　　　图 3-58　通过角点选择进行
　　　网格划分结果　　　　　　　　　　　　　　　　　　　　　　　　映射网格划分

对于体的映射网格划分操作与面类似,本书不再赘述,但需注意以下几点:

(1) 体模型应为六面体、锲形体或棱柱体、四面体。

(2) 体模型的对边上应具有相同的单元划分数目,即使对边上的划分数目不相等,也应符合某个过渡映射模式。

(3) 棱柱体的棱边上具有相同的划分数,上、下面的边缘具有相等的且为偶数的划分数。

(4) 四面体的各边上应具有相同的且为偶数的划分数。

3.3 实体模型网格划分

定义实体模型相关属性和进行网格划分时的相关控制(包括常用的自由网格划分和映射网格划分),大都是网格划分的准备工作。准备完成后就可以对实体模型进行网格划分操作了。

本节将按实体模型的不同类别分别介绍网格划分的操作。

在进行网格划分前,建议打开"接受/拒绝网格划分"提示功能,它使得用户可以方便地放弃某个不令人满意的网格划分,其操作如下:

(1) 选择"Main Menu"→"Preprocessor"→"Meshing"→"Mesher Opts"命令,弹出如图形 3-48 所示的"Mesher Options"(网格划分器选项)对话框。选中"Accept/Reject prompt?"右边的"Yes"复选框,如图 3-59 所示。

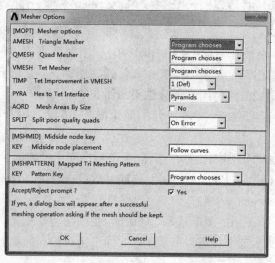

图 3-59 接受/拒绝网格划分提示

(2) 当用户进行网格划分操作后,将弹出如图形 3-60 所示的"Accept/Reject Mesh"对话框。选中"Accept Current prompt?"右边的"Yes"复选框,表示用户接受当前的网格划分;如果不接受当前的网格划分,则取消复选框的选择,单击"OK"按钮,程序将放弃刚才的网格划分操作。

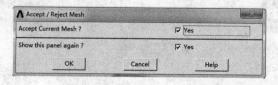

图 3-60 选择是否接受网格划分

3.3.1　关键点网格划分

ANSYS 中提供了质量单元,如 Mass21 等,可以用其对关键点进行网格划分。具体的操作步骤如下:

（1）做好网格划分的准备工作,包括定义关键点、定义单元、定义实常数和定义材料参数。

（2）选择"Main Menu"→"Preprocessor"→"Meshing"→"Mesh Tool"命令,打开如图 3-28 所示的"网格划分工具"对话框。在图 3-50 所示的网格划分模式栏中,选择"Mesh"下拉列表为"Keypoints",弹出"图形选取"对话框,在图形视窗中选择要进行网格划分的关键点,单击"OK"按钮即可。

用户还可以命令输入窗口中输入"KMESH"命令完成对关键点的网格划分。假如对关键点 1 到 10 进行网格划分,则在输入窗口中输入"KMESH,1,10"后回车即可。

3.3.2　线网格划分

对线进行网格划分,可以用 LINK 单元,也可以用 BEAM 梁单元。

其中用 LINK 单元进行划分的操作比较简单,操作如下:

（1）做好网格划分的准备工作,包括定义线、定义单元、定义实常数和定义材料参数。

（2）选择"Main Menu"→"Preprocessor"→"Meshing"→"Mesh Tool"命令,打开如图 3-28 所示的"网格划分工具"对话框。在图 3-50 所示的网格划分模式栏中,选择"Mesh"下拉列表为"Lines",弹出"图形选取"对话框,在图形视窗中选择要进行网格划分的线,单击"OK"按钮即可。

用户还可以命令输入窗口中输入"LMESH"命令完成对线的网格划分。假如对线 1 到 8 进行网格划分,则在输入窗口中输入"LMESH,1,8"后回车即可。

3.3.3　面网格划分

ANSYS 单元库中的 PLANE 单元和 SHELL 单元都可以用来对面进行网格划分。其操作方法如下:

（1）做好网格划分的准备工作,包括定义线、定义单元、定义实常数和定义材料参数。

（2）选择"Main Menu"→"Preprocessor"→"Meshing"→"Mesh Tool"命令,打开如图 3-28 所示的"网格划分工具"对话框。在图 3-50 所示的网格划分模式栏中,选择"Mesh"下拉列表为"Areas",选择网格划分模式为"Free", 然后单击"Mesh"按钮,弹出"图形选取"对话框,在图形视窗中选择要进行网格划分的面,单击"OK"按钮即可。若要使用映射网格划分,则可选择网格划分模式为"Mapped",并在该按钮下的下拉列表框中选择"3 or 4 sided"或"Pick corners"选项,然后单击"Mesh"按钮。

用户还可以命令输入窗口中输入"AMESH"命令完成对面的网格划分。假如要对选择的所有面进行划分,则在输入窗口输入"AMESH ALL"后回车即可。图 3-61 为用 PLANE182 单元划分得到的 6×6 个面单元。

图 3-61　面的网格划分

3.3.4 体网格划分

ANSYS 单元库中的 SOLID 单元可以用来对体进行网格划分。其操作方法如下：

（1）做好网格划分的准备工作，包括定义体、定义单元、定义实常数和定义材料参数。

（2）选择"Main Menu"→"Preprocessor"→"Meshing"→"Mesh Tool"命令，打开如图 3-28 所示的"网格划分工具"对话框。在图 3-50 所示的网格划分模式栏中，选择"Mesh"下拉列表为"Volumes"，选择网格划分模式为"Free"，然后单击"Mesh"按钮，弹出"图形选取"对话框，在图形视窗中选择要进行网格划分的体，单击"OK"按钮即可。若要使用映射网格划分，则可选择网格划分模式为"Mapped"，然后单击"Mesh"按钮。

用户还可以命令输入窗口中输入"AMESH"命令完成对面的网格划分。假如要对选择的所有面进行划分，则在输入窗口输入"AMESH ALL"后回车即可。图 3-62 为用 SOLID185 单元划分得到的 $6 \times 6 \times 6$ 个体单元。

对于体的网格划分，ANSYS 还提供了一种扫掠网格划分功能。扫掠网格划分是指从一个边界面（称为源面）网格扫掠贯穿整个体将未划分格的体划分成规则的网格，如图 3-63 所示。如果源面网格由四边形网格组成，则扫掠成的体将生成六面体单元；如果源面由三角形网格组成，则扫掠成的体将生成锲形单元；如果源面上既有四边形单元又有三角形单元，则扫掠后生成的体中将同时包含六面体单元和锲形单元。

图 3-62 体的网格划分

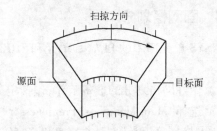

图 3-63 扫掠网格划分示意图

【例 3.7】 以图 3-64 所示的实体为例，介绍扫掠网格划分的操作。

（1）复制课件目录\ch03\ex3\中的文件到工作目录，运行 ANSYS，然后单击工具栏上的 图标，打开数据库文件"ex3.db"，选择"Utility Menu"→"PlotCtrls"→"Numbering"命令，打开"绘图编号控制"对话框，选择"Area numbers"的控制选项为"On"，单击"OK"按钮，则显示一个如图 3-64 所示的实体模型。

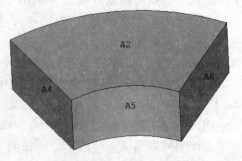

图 3-64 待扫掠网格划分的实体模型

（2）选择"Main Menu"→"Preprocessor"→"Meshing"→"Mesh Attributes"→"Picked Volumes"命令,弹出"图形选取"对话框,在图形视窗中选择生成的体,单击"OK"按钮,弹出如图 3-65 所示的对话框。按图 3-65 对体进行属性设置。

（3）选择"Main Menu"→"Preprocessor"→"Meshing"→"Mesh"→"Volume Sweep"→"Sweep Opts"命令,打开如图 3-66 所示的对话框。

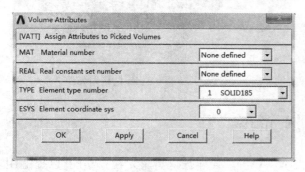

图 3-65　对体进行属性设置

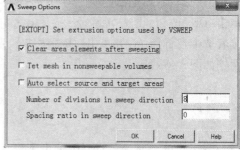

图 3-66　扫掠网格划分设置对话框

"Clear area elements after sweeping":在扫掠网格划分后将面单元清除。选中此选项。

"Tet mesh in nonsweepable volumes":在不可进行扫掠网格划分的体中以四面体单元填充。

"Auto select source and target areas":自动选择源面和目标面。默认选中,要进行源面的预网格划分,应取消此选项。取消后,下面两个文本框才可用。在"Number of divisions in sweep direction"文本框中输入扫掠方向上的单元划分数量"8",并单击"OK"按钮。

（4）对源面(A4)进行预网格划分设置。假定要把源面划分为 4 × 6 的四边形网格,则分别将源面两条边界上的单元划分设置为 4 和 6 即可。选择"Main Menu"→"Preprocessor"→"Meshing"→"Size Cntrls"→"ManualSize"→"Layers"→"Picked Lines"命令,弹出"图形选取"对话框,在图形视窗中选择 A4 面的上边线,单击"OK"按钮,后将其单元划分数目设为 6,如图 3-67 所示,单击"OK"按钮即可。

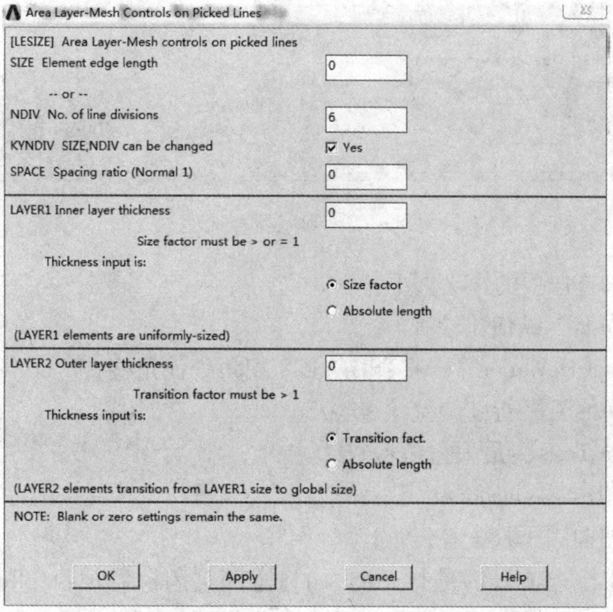

图 3-67　Area layer – Mesh controls on Picked lines 对话框

(5) 重复(4)的操作,将面 A4 左边线的单元划分数目设为 4,单击"OK"按钮。

(6)选择"Main Menu"→"Preprocessor"→"Meshing"→"Mesh"→"Volume Sweep"→"Sweep"命令,弹出"图形选取"对话框,先选中图形视窗中的实体,单击"OK"按钮,再选中源面 A4 并单击"OK"按钮,接着选中目标面 A6 并单击"OK"按钮。最后得到的网格如图 3-68 所示。

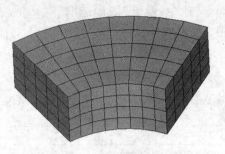

图 3-68　扫掠网格划分结果

3.4　网格检查

不好的单元形状会使分析结果不准。因此,ANSYS 程序提供了单元检查功能,以提醒用户网格划分操作是否生成了不好的单元。由于没有通用的判断网格好坏的准则,所以单元形状的好坏最终还是由用户自己来判别,ANSYS 的网格检查功能只是一个辅助工具。

3.4.1　设置形状检查选项

ANSYS 为单元提供了许多形状检查项目,要对它们进行设置,可以选择"Main Menu"→"Preprocessor"→"Checking Ctrls"→"Toggle Checks"命令,弹出如图 3-69 所示的"Toggle Shape Checks"的对话框,单击想要打开或关闭的个别检测项目,然后单击"OK"按钮即可。

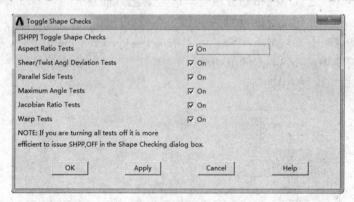

图 3-69　形状检查选项

其中各个形状检查选项的含义如下:

"Aspect Ratio Tests":纵横比检查。

"Shear/Twist Angl Deviation Tests":SHELL28 拐角处偏角检查。

"Parallel Side Tests":平行度偏差检查。

"Maximum Angle Tests":最大扭角检查。

"Jacobian Ratio Tests":Jacobian 比率检查。

"Warp Tests":扭曲因子检查。

默认情况下上述检查项目都是打开的,如想全部关闭这些项目,可选择"Main Menu"→"Preprocessor"→"Checking Ctrls"→"Shape Checks"命令,在弹出的如图 3-70 所示的对话框中选择"Level of shape checking"下拉表框为"Off",并单击"OK"按钮即可。

150

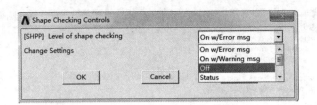

图 3-70 "形状检查控制"对话框

3.4.2 设置形状限制参数

如果 ANSYS 的默认形状限制参数不适合用户的要求,则可按下述操作改变其中的一些参数。

(1)选择"Main Menu"→"Preprocessor"→"Checking Ctrls"→"Shape Checks"命令,弹出如图 3-70 所示的"形状检查控制"对话框。

(2)选中"Change Settings"右边的"Yes",并单击"OK"按钮,将出现如图 3-71 所示的"改变形状限制"对话框。

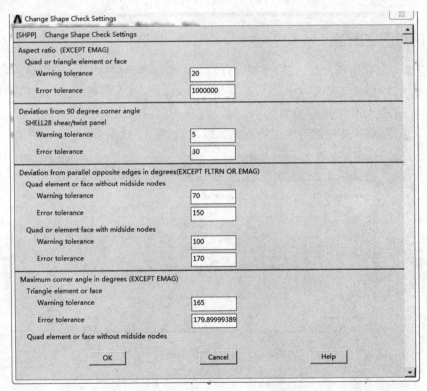

图 3-71 "改变形状限制参数"对话框

(3)用鼠标拖动窗口右侧的滚动条可在所列范围上下移动,改变相应的参数设置后,单击"OK"按钮即可。

说明:在图 3-70 所示的对话框中选择"Level of shape checking"下拉列表框为"Status",然后单击"OK"按钮,将列表显示当前的形状限制参数,如图 3-72 所示。

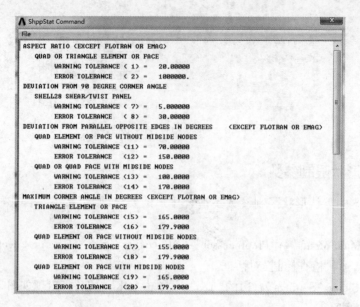

图 3-72　列表显示形状限制参数

3.4.3　确定网格质量

用户设置好形状限制参数后,程序就可以对当前生成的网格进行检查了。要查看形状、查看结果,可选择"Main Menu"→"Preprocessor"→"Checking Ctrls"→"Shape Checks"命令,弹出如图 3-70 所示的"形状检查控制"对话框。选择"Level of shape checking"下拉列表框为"Summary",单击"OK"按钮即可弹出检查结果窗口,如图 3-73 所示。

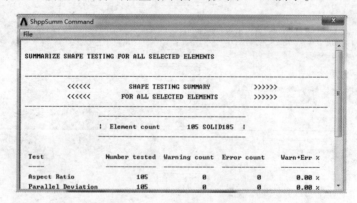

图 3-73　网格质量检查结果

3.5　网格的修改

完成网格划分之后,可能由于某种原因还需要修改已经得到的有限元网格。可用下列方法对网格进行修改。

(1) 用新的单元尺寸重新定义划分网格。

(2) 用"接受与拒绝"(accept/reject)提示对话框放弃生成的网格,然后重新划分。

(3) 清除网格,重新定义网格控制并重新划分网格。

（4）细化局部网格。

（5）改进网格（只适用于四面体单元网格）。

其中,最主要的就是对有限元模型的局部进行网格细化。网格细化的过程实际上是将原有的单元进行了剖分,在默认情况下,细化区域内的节点会得到平滑处理(即它们的位置会被调整),以改善单元的外形。

【例3.8】 以面的细化为例介绍网格细化的 GUI 操作方法。

图 3-74 是默认的 Smart Size(水平值为6)自由网格划分得到面网格划分结果,要对其进行局部细化,操作步骤如下:

（1）选择"Main Menu"→"Preprocessor"→"Meshing"→"Mesh Tool"命令,打开如图 3-28 所示的"网格分工具"对话框。在"Refine at"下拉列表框中可以选择"Nodes"(节点)、"Elements"(单元)、"Keypoints"(关键点)、"Lines"(线)、"Areas"(面)和"All Elems"(所有单元),如图 3-75 所示。

图 3-74 自由网格划分结果

（2）单击工具栏上的"SAVE_DB"按钮,保存当前的自由网格划分结果供以后使用。

（3）在图 3-75 所示的对话框中选择"Refine at"下拉列表框为"Nodes"选项,单击"Refine"按钮,弹出"图形选取"对话框,在图形视窗中随意选取一个节点,单击"OK"按钮,弹出如图 3-76 所示的对话框。

图 3-75 网格划分对象选择

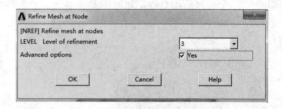

图 3-76 设置细化级别

（4）在"Level of refinement"下拉列表框中选择适当的细化级别,如3(级别分为 1~5,1 细化程序最轻,5 细化程度最高)。选择"Advanced options"右边的"Yes"复选框,表示将继续细化的高级设置。

（5）单击"OK"按钮,弹出如图 3-77 所示的细化高级设置对话框。设置参数如下:在"Depth of refinement"文本框中输入细化程度"1";在"Postprocessing"下拉列表框中选择"Cleanup + Smooth"选项,表示进行清理与平滑化操作。

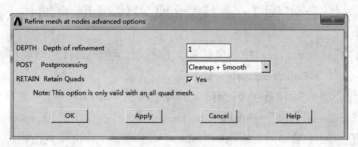

图 3-77 细化高级设置对话框

153

（6）然后单击"OK"按钮,即可得到节点细化的结果,如图3-78所示。

类似地,在图3-75中的"Refine at"下拉列表框中分别选择"Elements""Keypoints""Lines"、"Areas"和"All Elems"选项,则按相同的操作过程分别得到:对单元周围进行细化的结果,如图3-79所示;对关键点周围进行细化的结果,如图3-80所示;对线周围进行细化的结果,如图3-81所示;对整个面进行细化的结果,如图3-82所示。

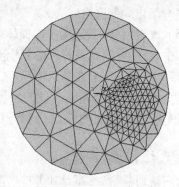

图3-78　对节点周围进行细化的结果

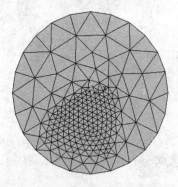

图3-79　对单元周围进行细化的结果

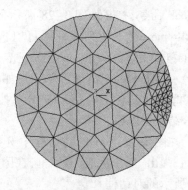

图3-80　对关键点周围进行细化的结果

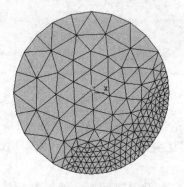

图3-81　对线周围进行细化的结果

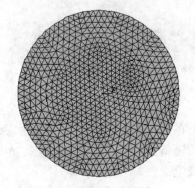

图3-82　对整个面进行细化的结果

3.6　综合实例1——轴承座实体模型的网格划分

（1）复制课件目录\ch03\ex4\中的文件到工作目录,运行ANSYS,然后单击工具栏上的![icon]图标,打开数据库文件"Bearinggeom. db",如图3-83所示。

（2）定义单元类型1为10节点四面体实体结构单元(SOLID187)。选择"Main Menu"→"Preprocessor"→"Element Type"→"Add/Edit/Delete"命令,在弹出的"Element Type"对话框中单击"Add…"按钮,弹出如图3-84所示的"Library of Element Types"对话框。

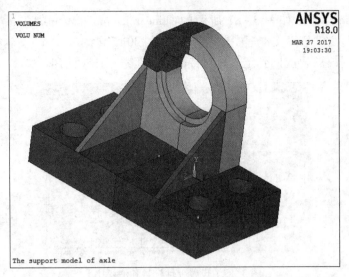

图 3-83　轴承座实体模型

在对话框的左侧的列表中选择"Structural Solid",在右侧的列表框中选择"Tet 10Node 187",单击"OK"按钮回到"Element Type"对话框,即可显示建立的单元类型 SOLID187,如图 3-85 所示。

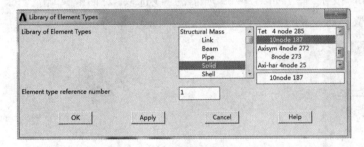

图 3-84　"单元类型库"对话框　　　　　　图 3-85　"单元类型"对话框

（3）定义材料属性。选择"Main Menu"→"Preprocessor"→"Material Props"→"Material Models"命令,弹出如图 3-86 所示的"Define Material Model Behavior"对话框。在右侧列表框中依次选择"Structural"→"Linear"→"Elastic"→"Isotropic"命令,将材料属性设置为各向同性的线性弹性材料。

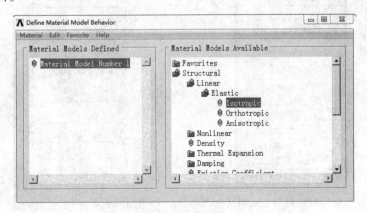

图 3-86　定义材料属性对话框

双击"Isotropic",弹出如图3-87所示的"Linear Isotropic Material Properties for Material Number 1"对话框。在"EX"文本框中输入弹性模量"30E6",在"PRXY"文本框中输入泊松比"0.3",单击"OK"按钮,再次回到定义材料特征对话框,关闭该对话框。

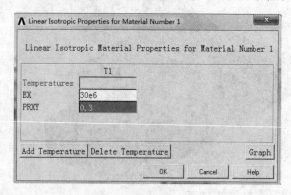

图3-87　设置弹性模量和泊松比

（4）用网格划分器将几何模型划分单元。选择"Main Menu"→"Preprocessor"→"Meshing"→"Mesh Tool"命令,勾选智能网格划分器(Smart Sizing),同时将滑动码设置为"4"。确认"Mesh Tool"的各项为"Volumes""Tet""Free",如图3-88所示。

单击"Mesh Tool"中的"Mesh"按钮,弹出如图3-89所示的"线选取"对话框,单击"Pick All"按钮,选择好轴承座实体模型。划分好的轴承座有限元模型如图3-90所示。

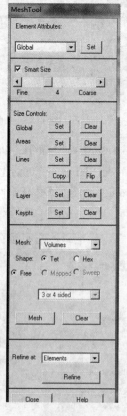

图3-88　网格划分工具对话框　　　　图3-89　"线选取"对话框

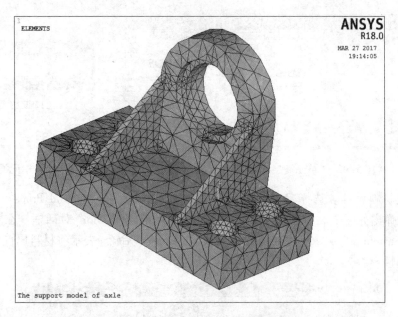

图 3-90　轴承座实体模型的网格划分结果

3.7　综合实例 2——汽车连杆实体模型的网格划分

（1）复制课件目录\ch03\ex5\中的文件到工作目录，启动 ANSYS，单击工具栏上的 ⏏ 按钮，打开数据库文件"ex5. db"。汽车连杆几何模型如图 3-91 所示。

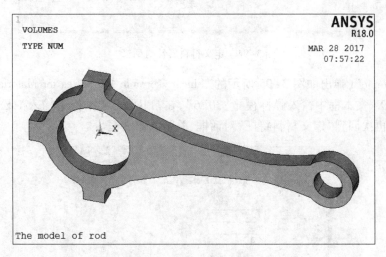

图 3-91　汽车连杆的几何模型

（2）添加三维单元类型 SOLID186。选择"Main Menu"→"Preprocessor"→"Element Type"→"Add/Edit/Delete"命令，在弹出的"Element Type"对话框中单击"Add …"按钮，弹出如图 3-92 所示的"Library of Element Types"对话框。

在对话框的左侧的列表中选择"Solid"，在右侧的列表框中选择"20node 186"，单击"OK"按钮，回到"Element Type"对话框，定义好的单元类型如图 3-93 所示，单击"Close"按钮关闭该对话框。

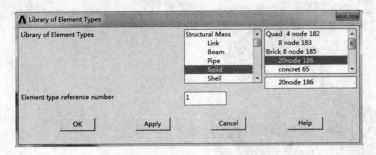
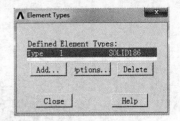

图 3-92 "单元类型库"对话框   图 3-93 "单元类型"对话框

（3）定义材料属性。选择"Main Menu"→"Preprocessor"→"Material Props"→"Material Models"命令，弹出如图 3-94 所示的"Define Material Model Behavior"对话框。在右侧列表框中依次选择"Structural"→"Linear"→"Elastic"→"Isotropic"命令，表示将材料属性设置为各向同性的线性弹性材料。

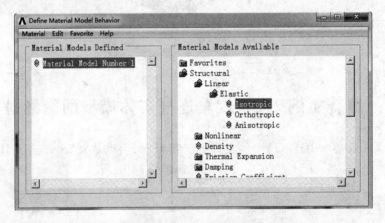

图 3-94 定义材料属性对话框

双击"Isotropic"，弹出如图 3-95 所示的"Linear Isotropic Properties for Material Number 1"对话框。在"EX"文本框中输入弹性模量"30E6"，在"PRXY"文本框中输入泊松比"0.3"，单击"OK"按钮，再次回到"定义材料特征"对话框，关闭该对话框。

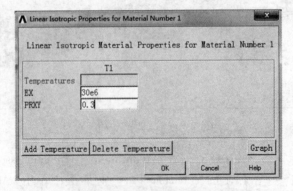

图 3-95 设置弹性模量和泊松比

（4）对网格划分控制进行设置。选择"Main Menu"→"Preprocessor"→"Meshing"→"Mesh Tool"命令，打开"网格划分工具"对话框，在"Size Controls"选项组里，单击"Global"右边的

"Set"按钮,弹出如图3-96所示的对话框。设置"SIZE"变量为"0.2",即单元尺寸为0.2,单击 "OK"按钮,回到"网格划分工具"对话框。选择"Shape"选项组为"Hex/Wedge",使得单选钮 "Sweep"可选,并选择网格划分方式为"Sweep",确定网格划分设置如图3-97所示。

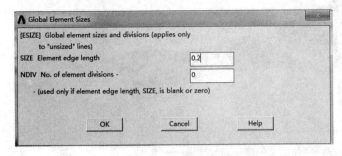

图3-96　设置网格大小　　　　　　　　　　　图3-97　"网格划分工具"对话框

（5）生成三维连杆网格模型。单击图3-97中的"Sweep"按钮,弹出"图形选取"对话框, 单击"Pick All"按钮,再单击"OK"按钮,单击右侧工具栏 ⬡ 按钮,将观察角度改为等轴侧方 向,则生成的三维连杆网格划分模型如图3-98所示。

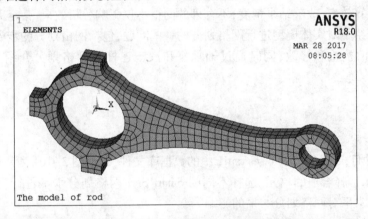

图3-98　汽车连杆实体模型的网格划分结果

（6）改变网格大小,观察网格变化。将网格大小分别改为"0.1"和"0.3",得到的网格划 分结果分别如图3-99和图3-100所示。

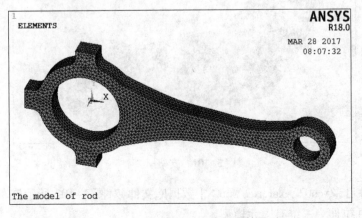

图3-99　汽车连杆实体模型的网格划分结果(size 0.1)

159

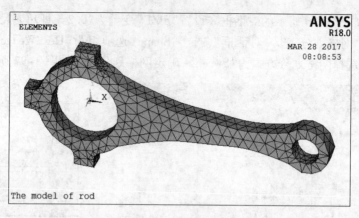

图 3-100　汽车连杆实体模型的网格划分结果(size 0.3)

3.8　本章小结

　　进行网格划分是有限元方法中的重要过程,网格的质量直接决定了分析的成败。合理的网格可以提高计算效率,改善结果精度;不合理的网格不仅影响分析效果,甚至无法求解。

　　本章主要介绍了对实体模型进行网格划分的一些问题,包括网格划分的步骤、网格划分的控制、网格划分的检查和修改;同时通过轴承座和汽车连杆的网格划分介绍了网格划分的过程。

习　题　3

　　1. 打开课件目录\ch03\exercises\xiti1 中的数据库文件,对如图 3-101 所示的支架模型进行网格划分,要求选择合适的单元,选择不同的 Smart Size 网格划分水平进行自由划分,观察不同的网格划分水平对网格划分结果的影响。

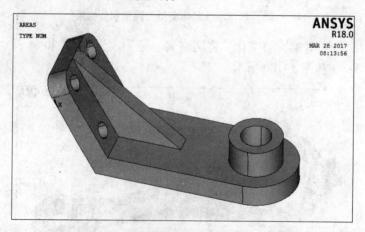

图 3-101　支架模型

　　2. 打开课件目录\ch03\exercises\xiti2 中数据库文件,对图 3-102 所示汽车连杆平面模型进行网格划分,并拉伸为三维有限元模型。

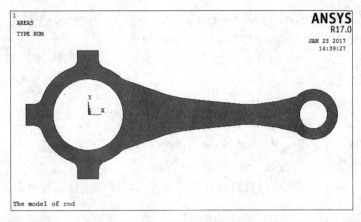

图 3-102 汽车连杆平面模型

习题 3 答案

1. 操作过程:

(1) 复制课件目录\ch03\exercises\xiti1 中的文件到工作目录,运行 ANSYS,然后单击工具栏上的 ☑ 图标,打开数据库文件"bracket. db",如图 3-103 所示。

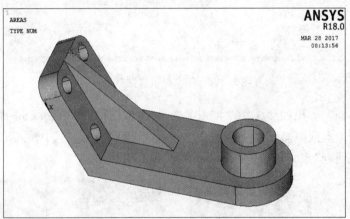

图 3-103 支架模型

(2) 定义单元类型 1 为 10 节点四面体实体结构单元(SOLID187)。选择"Main Menu"→"Preprocessor"→"Element Type"→"Add/Edit/Delete"命令,在弹出的"Element Type"对话框中单击"Add…"按钮,弹出如图 3-104 所示的"Library of Element Types"对话框。

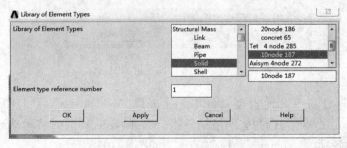

图 3-104 "单元类型库"对话框

在对话框的左侧的列表中选择"Structural Solid"，在右侧的列表框中选择"Tet 10Node 187"，单击"OK"按钮回到"Element Type"对话框，即可显示建立的单元类型SOLID187，如图3–105所示。

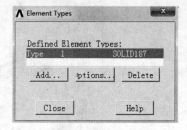

图3–105 定义的单元类型

（3）定义材料属性。选择"Main Menu"→"Preprocessor"→"Material Props"→"Material Models"命令，弹出如图3–106所示的"Define Material Model Behavior"对话框，在右侧列表框中依次选择"Structural"→"Linear"→"Elastic"→"Isotropic"命令，将材料属性设置为各向同性的线性弹性材料。

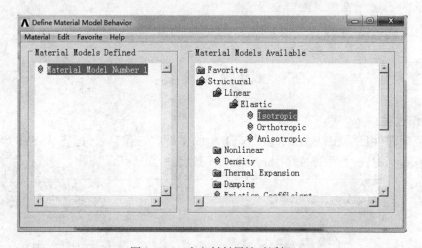

图3–106 定义材料属性对话框

双击"Isotropic"，弹出如图3–107所示的"Linear Isotropic Properties for Material Number 1"对话框，在"EX"文本框中输入弹性模量"30E6"，在"PRXY"文本框中输入泊松比"0.3"，单击"OK"按钮，再次回到"定义材料特征"对话框，关闭该对话框。

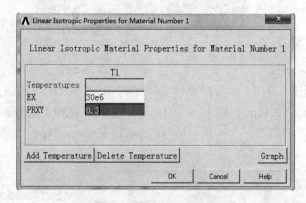

图3–107 设置弹性模量和泊松比

（4）用网格划分器将几何模型划分单元。选择"Main Menu"→"Preprocessor"→"Meshing"→"Mesh Tool"命令，勾选智能网格划分器（Smart Sizing），同时将滑动码设置为"4"。确认"Mesh Tool"的各项为"Volumes""Tet""Free"，如图3–108所示。

单击"Mesh Tool"中的"Mesh"按钮,弹出如图 3-109 所示的"线选取"对话框,单击"Pick All"按钮,选择轴承座实体模型。划分好的轴承座有限元模型如图 3-110 所示。

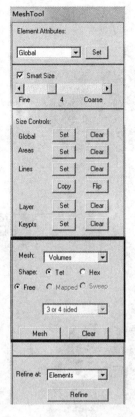

图 3-108　"网格划分工具"对话框

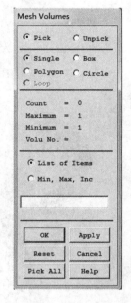

图 3-109　"线选取"对话框

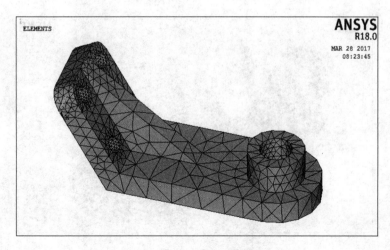

图 3-110　支架实体模型的网格划分结果

类似地,将 Smart Sizing 分别设置为"2""6""10",按相同的操作过程可分别得到对支架实体模型网格划分的结果,如图 3-111 ~ 图 3-113 所示。

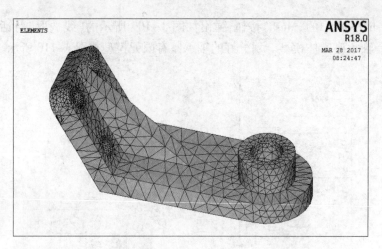

图 3-111　水平值为 2

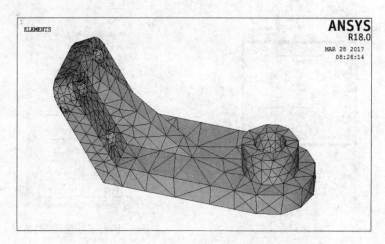

图 3-112　水平值为 6(默认)

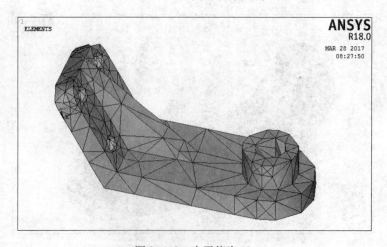

图 3-113　水平值为 10

2. 操作过程：

（1）复制课件目录\ch03\exercises\中的文件到工作目录,启动 ANSYS,单击工具栏上的按钮,打开数据库文件"ex6. db"。轮子的二维轴对称模型如图 3-114 所示。

164

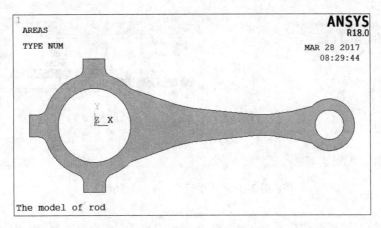

图 3-114 汽车连杆平面模型

（2）添加二维单元类型 MESH200。选择"Main Menu"→"Preprocessor"→"Element Type"→"Add/Edit/Delete"命令，在弹出的"Element Type"对话框中单击"Add…"按钮，弹出如图 3-115 所示的"Library of Element Types"对话框。

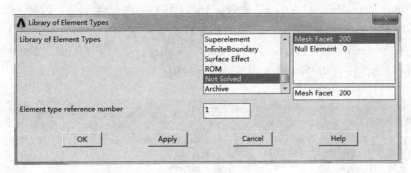

图 3-115　"单元类型库"对话框

在对话框的左侧列表中选择"Not Solved"，在右侧列表框中选择"Mesh Facet 200"，单击"OK"按钮，回到"Element Type"对话框，定义好的单元类型如图 3-116 所示，显示出所建立的单元类型为 MESH200。

在"Element Types"对话框中单击"Options…"按钮，弹出如图 3-117 所示的对话框，设置"K1"为"QUAD 8-NODE"，单击"OK"按钮。

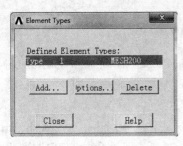

图 3-116　"单元类型"对话框

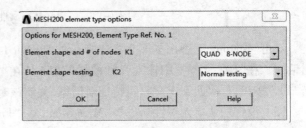

图 3-117　MESH200 单元选项

（3）添加三维单元类型 SOLID186。在"Element Type"对话框中单击"Add…"按钮，弹出如图 3-118 所示的"Library of Element Types"对话框。

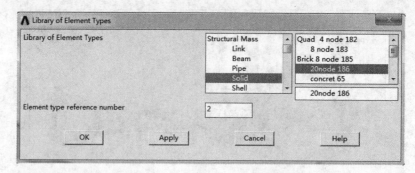

图 3-118　"单元类型库"对话框

在对话框的左侧列表中选择"Solid"，在右侧列表框中选择"20node 186"，单击"OK"按钮，回到"Element Type"对话框，定义好的单元类型如图 3-119 所示。单击"Close"按钮关闭单元定义对话框。

（4）定义材料属性。选择"Main Menu"→"Preprocessor"→"Material Props"→"Material Models"命令，弹出如图 3-120 所示的"Define Material Model Behavior"对话框。在右侧列表框中依次选择"Structural"→"Linear"→"Elastic"→"Isotropic"命令，将材料属性设置为各向同性的线性弹性材料。

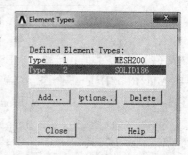

图 3-119　"单元类型"对话框

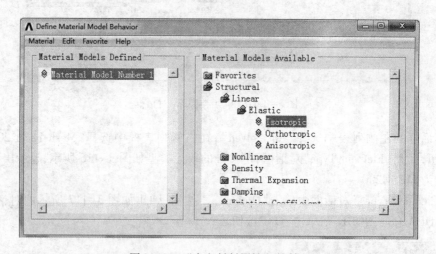

图 3-120　"定义材料属性"对话框

双击"Isotropic"，弹出如图 3-121 所示的"Linear Isotropic Properties for Material Number 1"对话框。在"EX"文本框中输入弹性模量"30E6"，在"PRXY"文本框中输入泊松比"0.3"，单击"OK"按钮，再次回到定义材料特征对话框，关闭该对话框。

（5）设置默认单元属性。选择"Main Menu"→"Preprocessor"→"Meshing"→"Mesh Attribute"→"Default Attribs"命令，打开如图 3-122 所示的对话框，选择"TYPE"值为"1 MESH200"，单击"OK"按钮，关闭对话框。

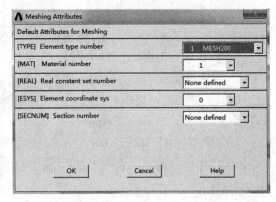

图 3-121 设置弹性模量和泊松比   图 3-122 设置默认单元属性

（6）对网格划分控制进行设置。选择"Main Menu"→"Preprocessor"→"Meshing"→"Mesh Tool"命令，打开"网格划分工具"对话框，在"Size Controls"选项组里，单击"Global"右边的"Set"按钮，弹出如图 3-123 所示的对话框，设置"SIZE"变量为"0.2"，即单元尺寸为 0.2，单击"OK"按钮，回到"网格划分工具"对话框，选择"Shape"选项组为"Quad"，选择网格划分方式为"Free"，确定网格划分的设置如图 3-124 所示。

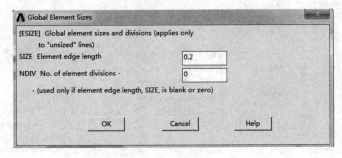

图 3-123 设置网格大小   图 3-124 "网格划分工具"
对话框

（7）对二维模型进行网格划分。单击图 3-124 中的"Mesh"按钮，弹出"图形选取"对话框，单击"Pick All"按钮，单击"OK"按钮，生成的二维网格划分模型如图 3-125 所示。

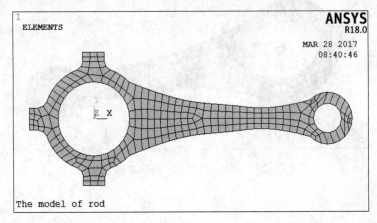

图 3-125 汽车连杆平面模型的网格划分结果

（8）进行拉伸设置。选择"Main Menu"→"Preprocessor"→"Modeling"→"Operate"→"Extrude"→"Elem Ext Opts"命令，弹出如图3-126所示的对话框，选择"Elementtype number"下拉列表为"2 SOLID186"，即选择拉伸后的有限元模型单元类型为SOLID186。设置变量VAL1 =3，即设置在拉伸方向的单元数。单击"OK"按钮，关闭设置对话框。

（9）拉伸二维网格模型，生成三维有限元模型。选择"Main Menu"→"Preprocessor"→"Modeling"→"Operate"→"Extrude"→"Areas"→"Along Normal"命令，弹出"图形选取"对话框，选择二维模型，弹出如图3-127所示的对话框，在"Length of extrusion"文本框中输入"0.5"，单击"OK"按钮。再单击右侧工具栏 ⬡ 按钮，将观察角度改为等轴侧方向，生成的三维网格划分模型如图3-128所示。

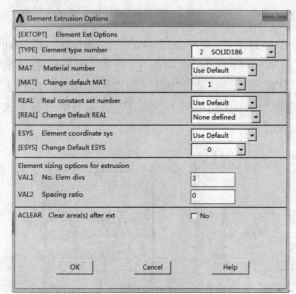

图3-126 "拉伸设置"对话框

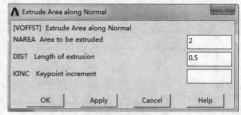

图3-127 拉伸拉伸厚度及方向

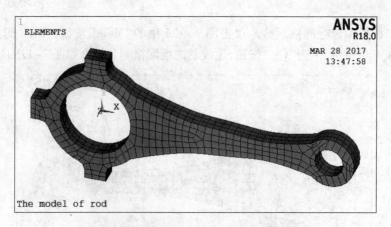

图3-128 汽车连杆平面三维网格划分模型

第 4 章　施加载荷及求解

本章概要

- 加载概述
- 载荷的定义
- 求解
- 综合实例 1——轴承座模型载荷施加及求解
- 综合实例 2——汽车连杆模型载荷施加及求解

在建立了有限元模型之后,就可以对模型施加载荷并进行求解。施加载荷是进行有限元分析的关键一步,可以直接对实体模型施加载荷,也可以对有限元模型施加载荷。施加载荷完毕并对模型进行了网格划分之后,即可选择合适的求解器对问题进行求解。

4.1　加 载 概 述

在 ANSYS 中对模型施加载荷,可以使用多种方法,而且通过载荷步选项,可以控制求解过程中如何使用载荷。

4.1.1　载荷类型

ANSYS 中载荷包括边界条件和模型内部或外部的作用力。不同学科中的载荷如下:

结构分析:位移、速度、加速度、力(力矩)、压力、温度和重力。

热分析:温度、热流速率、对流、内部热生成率和无限表面。

磁场分析:磁势、磁通量、磁流段、源电流密度和无限表面。

电场分析:电势(电压)、电流、电荷、电荷密度和无限表面。

流场分析:速度和压力。

为了真实反映实际物理情况,ANSYS 将载荷分为 6 大类:自由度约束、力(集中载荷)、表面载荷、体载荷、惯性载荷和耦合场载荷。

(1)自由度约束(DOF constraint)。即给定某一自由度的已知值。例如,在结构分析中,约束被指定位移和对称边界条件;在热力学分析中,约束被指定为温度和热通量平行的边界条件。

在结构分析中,自由度约束也可以用它的微分形式来替代,如速度约束。在结构瞬态分析中,也可以采用加速度约束,它是相应自由度约束的二阶微分形式。

(2)力(Force)。即施加于模型节点的集中载荷。例如结构分析中的力和力矩,热力学分析中的热流速率,磁场分析中的电流段等。

(3)表面载荷(Surface load)。即施加于某个面的分布载荷。例如结构分析中的压力,热力学分析中的对流和热通量。

（4）体载荷（Body loads）。即体或场载荷。例如结构分析中的温度，热力学分析中的热生成速率，磁场分析中的电流密度。

（5）惯性载荷（Inertia loads）。即由物体惯性引起的载荷。例如重力加速度、角速度和角加速度，主要在结构分析中使用。

（6）耦合场载荷（Coupled - field loads）。是以上载荷的一种特殊情况，指从一种分析得到的结果用作另一种分析的载荷。例如，在间接法进行热应力耦合分析时，将热分析中计算得到的温度场作为结构分析的体载荷。

4.1.2 载荷施加方式

ANSYS 提供了两种加载方式，即将载荷施加于实体模型（关键点、线和面）上或有限元模型（节点和单元）上。如图 4-1 所示，可在关键点或节点施加集中力，同样，可以在线和面，或节点和单元面上施加表面载荷。无论怎样指定载荷，求解器期望所有载荷应依据有限元模型，因此，如果将载荷施加于实体模型，在开始求解时，程序会自动将这些载荷转换到所属的节点和单元上。下面分别介绍两种加载方式的优缺点。

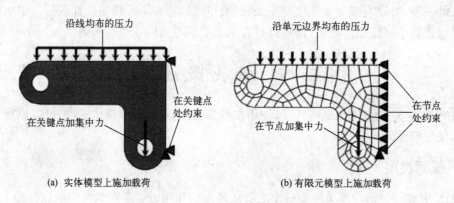

(a) 实体模型上施加载荷   (b) 有限元模型上施加载荷

图 4-1　载荷施加方式

1. 实体模型加载方式

1）优点

（1）实体模型载荷独立于有限元网格。即改变单元网格而不影响施加的载荷。这使得更改网格并进行网格敏感性研究时不必每次重新施加载荷。

（2）与有限元模型相比，实体模型通常包括较少的实体。因此，选择实体模型的实体比在这些实体上施加载荷要容易得多，尤其是通过图形拾取时。

2）缺点

（1）ANSYS 网格划分命令生成的单元处于当前激活的单元坐标系中，网格划分命令生成的节点使用全局笛卡儿坐标系。因此，实体模型和有限元模型可能具有不同的坐标系和加载方向。

（2）在简化分析中，实体模型不很方便。此时，载荷施加于主自由度（主自由度仅能在节点而不能再关键点定义）。

（3）施加关键点约束很棘手，尤其是当约束扩展选项被使用时（扩展选项允许将一约束特性扩展到通过一条直接连接的关键点之间的所有节点上）。

（4）不能显示所有实体模型载荷。

> **说明：**在开始求解时，实体模型将自动转换到有限元模型。ANSYS 程序改写任何已存在于对应的有限单元实体上的载荷。删除实体模型载荷将删除所有对应的有限元载荷。

2. 有限元模型加载方式

1）优点

（1）在简化分析中不会产生问题，因为可将载荷直接施加在主节点。

（2）不必担心约束扩展，可简单地选择所有所需节点，并指定适当的约束。

2）缺点

（1）任何有限元网格的修改都使载荷无效，需要删除先前的载荷并在新网格上重新施加载荷。

（2）不方便使用图形拾取时施加载荷，除非仅包含几个节点或单元。

4.1.3 载荷步、子步和平衡迭代

载荷步（Load Step）是指为了获得正确计算结果而对所施加的载荷所做的相关配置。根据求解问题的难易程度，一个实际的加载过程可分为单载荷步或多载荷步。在单载荷步问题分析中，通过施加一个载荷步即可满足要求；而在多载荷步问题中，需要多次施加不同的载荷才能满足要求。

下面通过图示来解释载荷步的概念。图 4-2 所示为某次结构分析中所需要施加的集中力载荷与时间的关系图。根据分析的要求，在 $0 \sim t_1$ 时间内，集中力从 0 开始线性增加到 1kN，接着该力保持 1kN 不变持续 $t_1 \sim t_2$，最后在 t_3 又逐渐线性降为零。这是一个实际问题的物理描述，在 ANSYS 中，如何正确体现这个 1kN 集中力的加载过程呢？

首先根据时间的不同，将载荷分成 3 步。$0 \sim t_1$ 为第一步加载过程，$t_1 \sim t_2$ 为第二步加载过程，$t_2 \sim t_3$ 为第三步加载过程。这其中的第一步就称为一个载荷步。一般来说，每个载荷步结束位置的确定比较重要。在图 4-2 中，用小圆圈表示每个载荷步的结束位置。

上述是通过载荷—时间历程曲线来解释载荷步的概念。在线性静态或稳态分析中，可以使用不同的载荷步施加不同的载荷组合，例如，在第一载荷步中施加风载荷，在第二载荷步中施加重力载荷，在第三载荷步中施加风和重力载荷以及一个不同的边界条件等。在瞬态分析中，多个载荷步加到载荷历程曲线的不同区段。

子步（Substep）是执行求解载荷步过程中的点。它将一个载荷步分为很多增量进行求解，在每个子步都计算结果。不同的分析类型，子步的作用也不同。

在非线性静态或稳态分析中，使用子步逐渐施加载荷以获得精确解；在线性或非线性瞬态分析中，使用子步是为了满足瞬态时间累积法则（为获得精确解，通常规定一个最小累积时间步长）；在谐波分析中，使用子步可获得谐波频率范围内多个频率处的解。

平衡迭代是在给定子步下为了收敛而进行的附加计算。在非线性分析中，平衡迭代作为一种迭代修正，具有重要作用，迭代计算多次收敛后得到该载荷子步的解。例如，在二维非线性静态磁场分析中，为了获得精确解，通常可使用两个载荷步（图 4-3）：第一个载荷步将载荷逐渐加到 5～10 个子步上，每个子步仅使用一次平衡迭代；第二个载荷步中，得到最终收敛解，且仅有一个使用 15～25 次平衡迭代的子步。

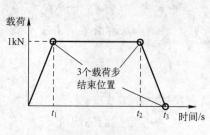

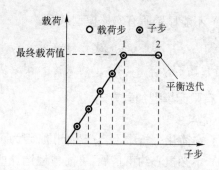

图 4-2　载荷步示意图　　　　　　图 4-3　载荷步、子步和平衡迭代

4.1.4　载荷步选项

载荷步选项(Load step options)用于表示控制载荷应用的选项(如时间、子步数、时间步及载荷阶跃或逐渐递增等)的总称。选择"Main Menu"→"Solution"→"Load Step Opts"命令,可展开"载荷步选项"菜单,如图 4-4 所示。

> 说明:如果用户展开的载荷步选项菜单不完全,则选择"Main Menu"→"Solution"→"Unabridged Menu"命令即可,展开的"载荷步选项菜单"如图 4-5 所示。

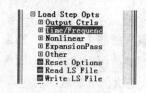

图 4-4　"载荷步选项"菜单　　　　图 4-5　"载荷步选项"菜单

选择"Main Menu"→"Solution"→"Load Step Opts"→"Time/Frequenc"→"Time – Time Step"命令,弹出如图 4-6 所示的对话框。

在"Time at end of load step"文本框中输入终止载荷步的时间(如 1 或 2 等),在"Time step size"文本框中输入时间步的大小,在"Stepped or ramped b. c."单选列表框中选择逐步加载(Ramped)或阶跃加载(Stepped)模式。

如果是阶跃加载,则全部载荷施加于第一个载荷子步,且在载荷步的其余部分,载荷保持不变,如图 4-7(a)所示。如果是逐步加载,则在每个载荷子步中载荷将逐渐增加,且全部载荷出现在载荷步结束时, 如图 4-7(b)所示。

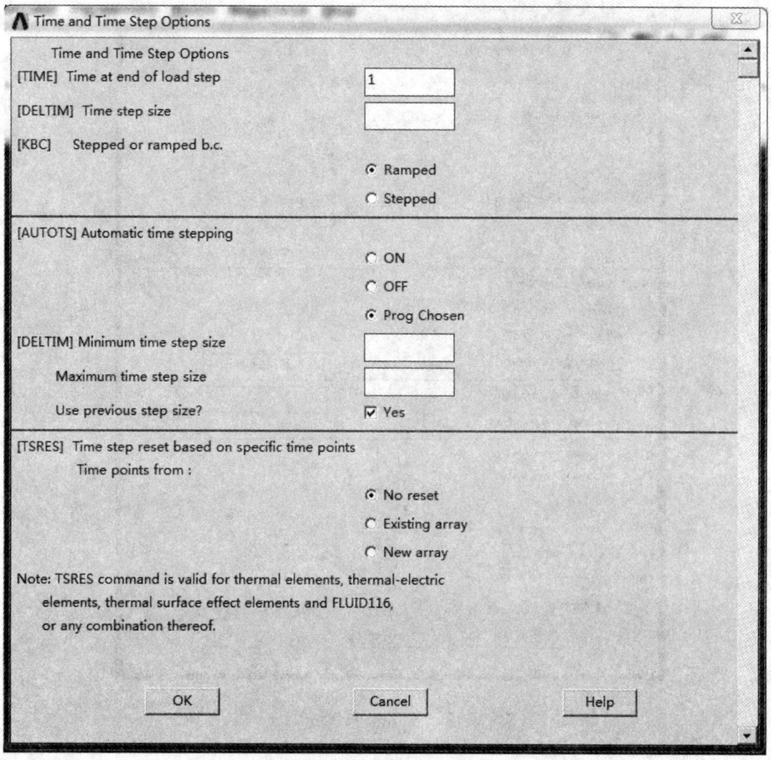

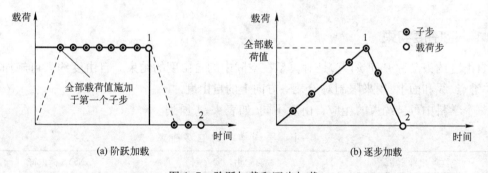

图 4-6　时间与时间步选项

图 4-7　阶跃加载和逐步加载

(a) 阶跃加载　　　　　　　　(b) 逐步加载

载荷选项还可以控制非线性分析中的收敛公差和结构分析中的阻尼规范等。

4.1.5　载荷步显示

如果用户对模型施加了载荷,可使用以下方法显示载荷。

(1)选择"Utility Menu"→"PlotCtrls"→"Symbols"命令,弹出如图 4-8 所示的对话框。

(2)在"Boundary condition symbol"单选列表中"All BC + Reaction"选项,然后单击"OK"按钮即可。

> 说明:在"Boundary condition symbol"单选列表中选中"None"选项,可关闭载荷显示。

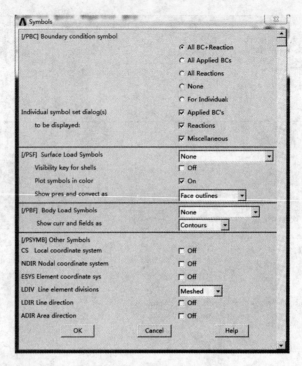

图 4-8　Symbols 对话框

4.2　载荷的定义

4.2.1　自由度约束

自由度约束又称 DOF 约束,是对模型在空间中的自由度的约束。自由度约束可施加于节点、关键点、线和面上,用来限制对象某一方向上的自由度。

每个学科中可被约束的相应自由度不同,如表 4-1 所列。

表 4-1　不同学科的位移约束

学　　科	自　由　度	ANSYS 标识符
结构分析	平移	UX、UY、UZ
	旋转	ROTX ROTY ROTZ
热分析	温度	TEMP
磁场分析	矢量势	AX、AY、AZ
	标量势	MAG
电场分析	电势	VOLT
流场分析	速度	VX VY VZ
	压力	PRES
	湍流功能	ENKE
	湍流扩散率	ENDS

174

1. 约束操作

【例4.1】 以矩形梁为例,介绍结构分析中的位移约束的常用操作。

(1) 启动 ANSYS,选择"Main Menu"→"Preprocessor"→"Modeling"→"Create"→"Volumes"→"Block"→"By 2 Corners & Z"命令,弹出如图 4-9 所示的对话框。

在"Width"文本框中输入"10",在"Height"文本框中输入"20",在"Depth"文本框中输入"50",单击"OK"按钮,建立一个实体模型。选择"Utility Menu"→"PlotCtrls"→"Numbering"命令,显示如图 4-10 所示的"绘图编号控制"对话框,选择"Keypoint numbers"的控制选项为"On",单击"OK"按钮,则显示一个如图 4-11 所示的矩形梁。

图 4-9 通过 2 个角点和 Z 方向
的尺寸生成长方体

图 4-10 "绘图编号控制"对话框

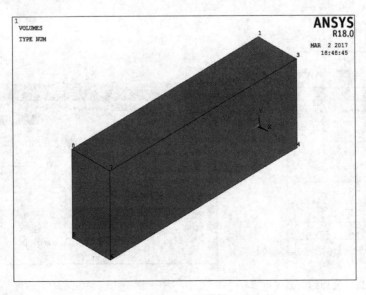

图 4-11 矩形梁

(2) 选择选择"Main Menu"→"Preprocessor"→"Element Type"→"Add/Edit/Delete"命令,在弹出的"Element Type"对话框中单击"Add…"按钮,弹出如图 4-12 所示的"Library of Element Types"对话框。

在对话框的左侧的列表中选择"Solid",在右侧的列表框中选择"concret 65",单击"OK"按钮回到"Element Type"对话框,即可显示建立的单元类型 SOLID65,如图 4-13 所示。

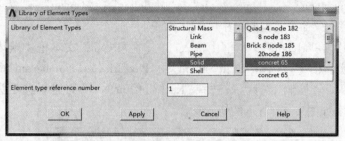

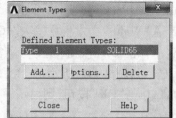

图 4-12 "单元类型库"对话框   图 4-13 定义的单元类型对话框

（3）单击工具栏上的"SAVE_DB"按钮保存当前模型,本模型数据库文件在课件 ch04\ex1\目录下。

注意:在没有单元类型定义之前,位移约束的施加菜单为不可见状态。因此,建议在进行有限元分析时首先定义单元类型及实常数等属性。

（4）接下来对关键点 5 施加所有位移约束。选择"Main Menu"→"Solution"→"Define Loads"→"Apply"→"Structural"→"Displacement"→"On Keypoints"命令,弹出如图 4-14 所示的"图形选取"对话框,在文本框中输入"5",或者用鼠标在图形视窗中选择关键点 5,然后单击"OK"按钮。

（5）弹出如图 4-15 所示的"Apply U,ROT on KPs"对话框。在"DOFs to be constrained"列表框中选中"ALL DOF",其他保持不变,然后单击"OK"按钮,即对关键点 5 约束了各方向的自由度。

图 4-14 选择施加约束的关键点   图 4-15 约束所有自由度

说明:在"Displacement value"文本框中需输入位移约束值,默认值为 0,因此用户置空即表示位移约束为 0,用户还可以设置为其他值,正值表示沿笛卡儿坐标正向,负值表示沿笛卡儿坐标负向。

176

(6) 重复步骤(4)、(5)，按图4-16所示进行设置，为关键点6约束UY和UZ方向的自由度。施加完约束的模型如图4-17所示。

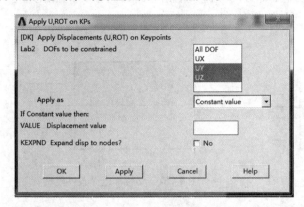 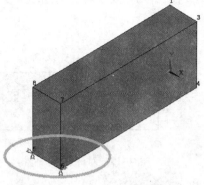

图4-16　约束UY和UZ　　　　　图4-17　施加完约束的模型

注意： "DOFs to be constrained"列表框为多选列表框，可同时选中多个自由度，选中的项会自动变为深色，如图4-17所示。

可选择"Main Menu"→"Solution"→"Define Loads"→"Delete"→"Structural"→"Displacement"→"On Keypoints"命令删除关键点施加的位移约束。弹出"图形选取"对话框后，选中要删除约束的关键点，单击"OK"按钮，则弹出如图4-18所示的"Delete KP Constraints"对话框，在"DOFs to be deleted"下拉列表框中选中要删除的约束方向，然后单击"OK"按钮即可。

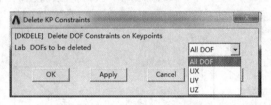

图4-18　删除位移约束

说明： 一般删除位移约束后，图形视窗中仍显示约束的符号，此时选择"Utility Menu"→"Plot"，选择"Replot"刷新即可。

还可以对节点、线、面施加相应的位移约束，其操作与关键点类似。

2. 对称和反对称边界条件

如果有限元模型本身具有对称或反对称的特性，则可以使用对称或反对称边界条件（约束）来简化模型。

在实际问题中，很多模型和载荷往往是具有某种对称结构的，故在ANSYS中可以只建立1/2或者1/4模型。而所有采用这种方法建立的分析都需要在对称轴上施加合适的边界条件（即自由度约束）。

如图4-19所示的模型，右侧部分为在ANSYS中实际建模的部分，右侧部分与左侧部分（在ANSYS中并未建立该部分模型）关于中间对称面具有轴对称结构。假如实际的载荷压力P均匀施加在模型左右部分的顶边上。由于对称，对称面上的水平压力应该为零。如果只考虑1/2模型，则需要在对称面上施加对称边界条件，以模拟全模型的载荷情况。

177

如图 4-20 所示为反对称边界条件模型,与如图 4-19 所示的对称边界模型正好相反。施加在模型上半部分的载荷与施加在模型下半部分的载荷大小相等而方向相反。如果此时只建立 1/2 模型,则需要在对称面上施加反对称边界条件。

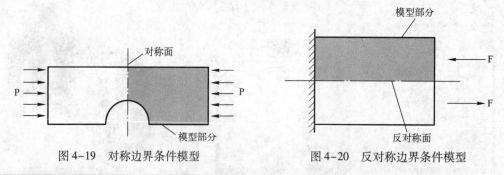

图 4-19　对称边界条件模型　　　　图 4-20　反对称边界条件模型

注意:(1)无论对称还是反对称边界条件,其模型必须是对称的。

(2)在模型对称的基础上,由载荷的对称情况决定是反对称边界条件还是对称边界条件。如果载荷是对称的,就可以施加对称边界条件。

(3)合理使用对称性,可以大大简化模型,将求解限制在整个模型的 1/2、1/4 甚至更多。尤其在三维分析中,其作用更为明显。

(4)在简化模型时,需要特别注意正确施加对称或者反对称边界条件,如果不能确保正确施加,最好建立完整的模型。

对于结构分析,对称边界条件指平面外移动和平面内的旋转被设置为 0,如图 4-21 所示。而反对称边界条件指平面内移动和平面外的旋转被设置为 0,如图 4-22 所示。

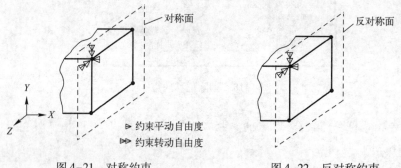

图 4-21　对称约束　　　　　　　图 4-22　反对称约束

【例 4.2】　以矩形梁为例,介绍施加对称和反对称边界条件的的操作方法。

(1)单击工具栏上的"RESUME_DB"按钮,恢复\ch04\ex1\ex1.db 模型数据库。

(2)选择"Main Menu"→"Solution"→"Define Loads"→"Apply"→"Structural"→"Displacement"→"Symmetry B. C."→"On Areas"命令,弹出如图 4-23 所示的"图形选取"对话框,在图形视窗中选中左侧端面。

(3)单击"OK"按钮,对称边界条件即施加完毕,如图 4-24 所示,对称边界上标有 S 标记。

说明:选择"Main Menu"→"Solution"→"Define Loads"→"Apply"→"Structural"→"Displacement"→"AntisymmB. C."→"On Areas"命令,弹出如图 4-25 所示的"图形选取"对话框,在图形视窗中选中左侧端面。单击"OK"按钮,反对称边界条件即施加完毕,如图 4-26 所示,对称边界上标有 A 标记。

178

图 4-23 选择施加对称边界条件的面

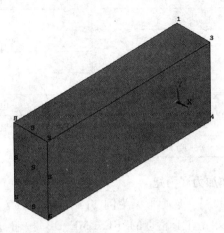

图 4-24 对面施加对称边界条件

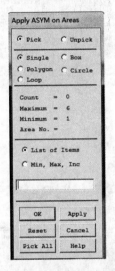

图 4-25 选择施加反对称边界条件的面

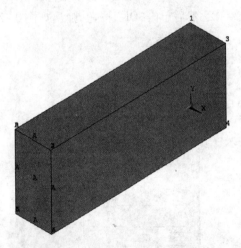

图 4-26 对面施加反对称边界条件

还可以对节点、线施加相应的对称或反对称边界条件,其操作与面类似。

4.2.2 集中载荷

集中载荷是将力集中到某点上,故集中载荷只能施加到节点或者关键点上。

不同分析类型中,集中载荷对应的物理量也不同。表 4-2 列出了不同学科中可用的集中载荷以及与之相对应的 ANSYS 标识符。在结构分析中,集中载荷主要包括力和力矩,相应的标识符为 FX、FY、FZ、MX、MY、MZ 及 DVOL。

表 4-2 不同学科中的集中载荷

学　　科	自　由　度	ANSYS
结构分析	力	FX FY FZ
	力矩	MX、MY、MZ
	流体质量流速	DVOL

学　　科	自　由　度	ANSYS
热分析	热流速度	HEAT、HBOT、HE2、…、HTOP
磁场分析	电流段	CSGX CSGY CSGZ
	磁通量	FLUX
	电荷	CHRG
电场分析	电流	AMPS
	电荷	CHRG
流场分析	流体流动速率	FLOW

1. 施加力和力矩

【例4.3】 以矩形梁为例，介绍在关键点7和8上施加竖向的集中载荷的常用操作。

（1）单击工具栏上的"RESUME_DB"按钮，恢复\ch04\ex1\ex1. db 模型数据库。

（2）选择"Main Menu"→"Solution"→"Define Loads"→"Apply"→"Structural"→"Force/Moment"→"On Keypoints"命令，弹出如图4-27所示的"图形选取"对话框，在图形视窗中选中关键点7和8，然后单击"OK"按钮，弹出如图4-28所示的对话框。

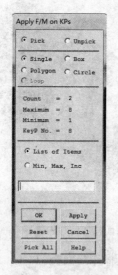

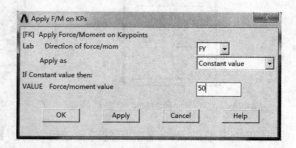

图4-27　选择施加竖向的集中载荷的关键点　　　图4-28　对关键点施加力

（3）在"Direction of force/mom"下拉列表框中选择 "FY"选项，在"Force/moment value"文本框中输入力的大小为"50"，然后单击"OK"按钮，结果如图4-29所示。

说明：如果在"Force/moment value"文本框中输入负值，表示力的方向沿坐标轴负向。

2. 重复设置力和力矩

在默认的情况下，在同一位置重新设置力或力矩，则新的设置将取代原来的设置。例如对上面的矩形梁，在关键点7和8重新设置了方向向下的集中载荷 -50，将取代原来的 FY $= 50$ 的设置，其操作如下：

（1）选择"Main Menu"→"Solution"→"Define Loads"→"Settings"→"Replace vs Add"→"Force"命令，弹出如图4-30所示的对话框，在"New force values will"下拉列表框中选中"Replace existing"选项,然后单击"OK"按钮,则以后进行重复设置力时新的力将替代原有的力。

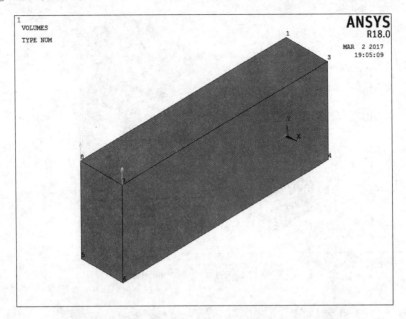

图4-29 施加 Y 向集中力

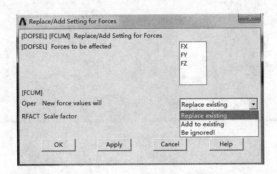

图4-30 重新设置力对话框

说明:"New force values will"下拉列表框中选中"Add to existing"选项表示新的力将累加到原来的力上;"Be ignored"选项表示新设置的力将被忽略。

(2)选择"Main Menu"→"Solution"→"Define Loads"→"Apply"→"Structural"→"Force/Moment"→"On Keypoints"命令,重新设置关键点 7 和 8 的 FY = -50 即可,如图4-31 所示。

说明:一般在重新设置后,图形视窗中仍显示原有设置的符号,此时选择"Utility Menu"→"Plot",选择"Replot"刷新即可。

3. 缩放力和力矩

有时需要对集中载荷进行缩放,其操作方法如下:

选择"Main Menu"→"Solution"→"Define Loads"→"Operate"→"Scale FE loads"→"Forces"命令,弹出如图4-32 所示的对话框,在"Forces to be scaled"列表中选择待缩放的标识,选中"FY"选项,在"RFACT Scale factor"文本框中输入缩放比例为"0.5",然后单击"OK"按钮即可。

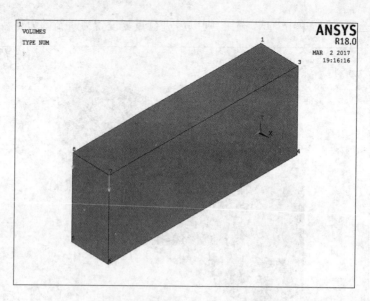

图 4-31　重新施加的 Y 向集中力

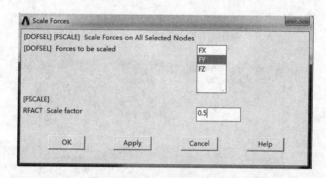

图 4-32　缩放力

注意：只有将载荷直接加到节点上或者将载荷转换之后，比例缩放操作才起作用。

4. 转换力和力矩

要将施加在实体模型上的力或力矩转换到有限元模型上，可执行以下操作：

（1）打开如图 4-31 所示的施加了荷载的实体模型，选择"Main Menu"→"Preprocessor"→"Meshing"→"Mesh Tool"命令，弹出"MeshTool"对话框，在"Size Controls"中定义"Global"中的单元边长为"5"，在单元形状控制中选择"Volumes，Hex"，在网络划分器中选择"Mapped"，单击"Mesh"按钮，选择图形视窗中的实体模型，单击"OK"按钮，对体进行网格划分，划分好的体有限元模型如图 4-33 所示。

（2）选择"Main Menu"→"Solution"→"Define Loads"→"Operate"→"Transfer to FE"→"Forces"命令，弹出如图 4-34 所示的对话框，单击"OK"按钮关闭对话框。

（3）选择"Main Menu"→"Solution"→"Define Loads"→"Operate"→"Scale FE loads"→"Forces"命令，弹出如图 4-32 所示的对话框，在"Forces to be scaled"列表中选择待缩放的标识，选中"FY"选项，在"RFACT Scale factor"文本框中输入缩放比例为"0.5"，然后单击"OK"按钮即可。

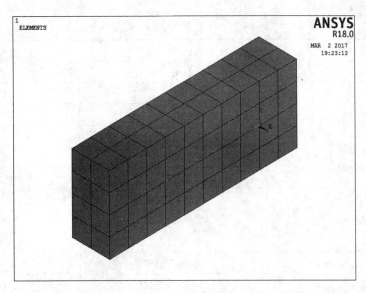

图 4-33 体有限元模型

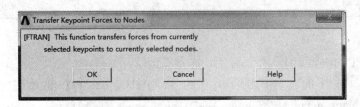

图 4-34 转化力对话框

（4）选择"Utility Menu"→"List"→"Loads"→"Forces"→"On All Nodes"命令,将列表显示节点上集中载荷值,如图 4-35 所示,可以看出力的大小都缩小为原来的 0.5 倍。

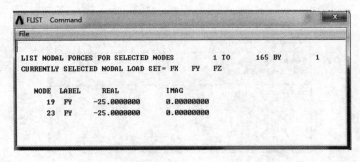

图 4-35 转化力对话框

4.2.3 表面载荷

表面载荷是结构分析中常见的一种形式。在 ANSYS 中,不仅可以将表面载荷施加到线和面上,还可以施加到节点和单元上;可以施加均布载荷,也可以施加线性变化的梯度载荷,还可以施加按一定函数关系变化的载荷。

表 4-3 显示了每个学科中可用的表面载荷以及与之相对应的 ANSYS 标识符。

表4-3　不同学科中的表面载荷

学　　科	自　由　度	ANSYS
结构分析	压力	PRES
热分析	对流	CONV
	热流量	HFLUX
	无限表面	INF
磁场分析	麦克斯韦表面	MXWF
	无限表面	INF
电场分析	麦克斯韦表面	MXWF
	表面电荷密度	CHRGS
	无限表面	INF
流场分析	壁粗糙度	FSI
	流体结构表面	IMPD
	阻抗	
所有学科	超级单元载荷矢量	SELV

1. 均布载荷

【例4.4】　以矩形梁为例,介绍施加均布载荷的常用操作。

(1) 单击工具栏上的"RESUME_DB"按钮,恢复\ch04\ex1\ex1.db 模型数据库。

(2) 选择"Main Menu"→"Solution"→"Define Loads"→"Apply"→"Structural"→"Pressure"→"On Areas"命令,弹出"图形选取"对话框,在图形视窗中选中左侧端面。然后单击"OK"按钮,弹出如图4-36 所示的对话框。在"Apply PRES on areas as a"下拉列表中选择"Constant value"选项,在"Load PRES value"文本框中输入载荷值"100",单击"OK"按钮,表面载荷施加完毕,如图4-37 所示。

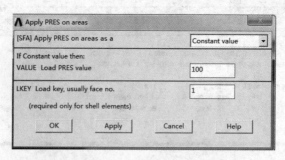

图4-36　施加表面载荷

还可以对节点、线、单元等施加表面载荷,其操作与面类似。

> **注意:** ANSYS 程序是用单元来存储施加在节点上的面载荷。因此,如果对同一表面使用节点面载荷命令和单元面载荷命令,则最后施加的面载荷命令有效。

2. 梯度载荷

要指定线性变化的梯度载荷,可以使用指定斜率功能,用于随后施加的表面载荷。梯度载荷可以沿直线方向线性变化(直线梯度)或沿着圆柱方向线性变化(圆柱梯度)。

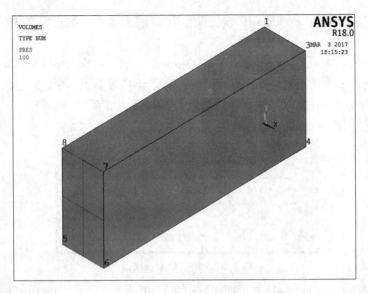

图 4-37　施加表面载荷的面

1）直线梯度载荷

【例 4.5】　以图 4-38 所示浸入水中的矩形截面为例,施加线性变化的静液压力。

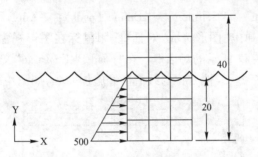

图 4-38　直线梯度载荷示例

可在笛卡儿坐标系中 Y 方向指定其斜率,其具体操作步骤如下:

（1）重新启动 ANSYS,定义单元类型 SHELL181,并建立边长为 20 和 40 的矩形面,如图 4-39 所示。

（2）进行网格划分,并代开节点号显示,如图 4-40 所示。

图 4-39　矩形

图 4-40　有限元模型

185

（3）单击工具栏上的"SAVE_DB"按钮保存当前模型,本模型数据库文件在课件 ch04\ex2 \目录下。

（4）选择"Main Menu"→"Solution"→"Define Loads"→"Setting"→"For Surface Ld"→ "Gradient"命令,弹出如图 4-41 所示的对话框。要创建梯度载荷,需要指定载荷类型(Lab)、斜率(SLOPE)、坐标方向(Sldir)、载荷值位置(SLZER)及坐标系(SLKCN)。

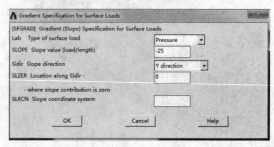

图 4-41　指定斜率对话框

（5）在"Type of surface load"下拉列表框中选择"Pressure";在"Slope value(load/length)"文本框中输入"-25",在"Slope direction"下拉列表框中选择"Y direction"选项,并在"Location along Sldir-"文本框中输入"0",表示压力沿 Y 的正方向每个单位长度下降 25,单击"OK"按钮关闭对话框。

（6）选择"Main Menu"→"Solution"→"Define Loads"→"Apply"→"Structural"→"Pressure"→"On Nodes"命令,弹出"图形选取"对话框,用鼠标在图形视窗中选取 1、18、17、16,单击"OK"按钮,弹出如图 4-42 所示的对话框。在"Load PRES value"文本框中输入"500",单击"OK"按钮关闭对话框。至此,线性变化的载荷已经施加完毕,如图 4-43 所示。

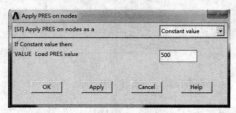

图 4-42　对节点施加载荷对话框

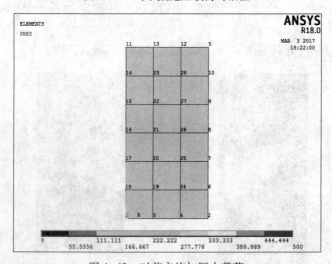

图 4-43　对节点施加压力载荷

186

（7）选择"Utility Menu"→"List"→"Loads"→"Surface"→"On Picked Nodes"命令，依次选择节点1、18、17和16，然后单击"OK"按钮即可列表显示节点上压力载荷值，如图4-44所示。

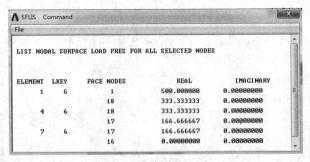

图4-44　列表显示压力载荷

> **注意**：指定了斜率后，对所有随后的载荷施加都起作用。要去除指定的斜率，在命令输入窗口中输入"SFGRAD"后回车即可。

2）圆柱梯度载荷

圆柱梯度载荷沿着圆柱方向线性变化，可以在圆柱坐标系中定义梯度，此外，还应记住以下几点：

（1）SLZER以度表示，SLOPE以载荷大小/度表示。

（2）操作时应遵循两个原则：

① 设置奇异点，使得加载的表面不通过坐标奇异点。

② 选择SLZER（加载位置）应在奇异点之间。即当奇异点在±180°时，SLZER应在±180°之间；当奇异点在0°（360°）时，SLZER应为0°~360°。

【例4.6】　对图4-45所示的半圆壳施加一个作用在外部的楔形压力，压力从-90°位置的400逐渐变化到90°位置的580，默认情况下，奇异点位于柱坐标系的180°，因此，壳的坐标范围为-90°~90°。

在-90°时，压力值为400（指定），以1个单位/度的斜率增加，在0°位置增加到490°，在90°位置增加到580。

（1）建立半圆壳模型，定义单元类型SHELL181，划分好网格如图4-46所示，建立局部圆柱坐标，编号为11，保存在\ch04\ex3\ex3.db模型数据库。

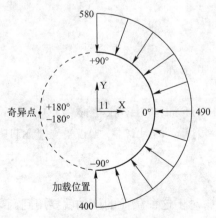

图4-45　圆柱梯度加载示例

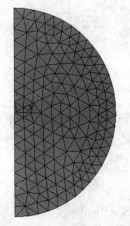

图4-46　半圆壳有限元模型

（2）选择"Main Menu"→"Solution"→"Define Loads"→"Setting"→"For Surface Ld"→"Gradient"命令，弹出如图4-47所示的对话框，使用局部圆柱坐标，默认奇异点±180°，选择加载位置（SLZER）为"-90°"。加载斜率为"11"，随外圆节点加载"400"即可。

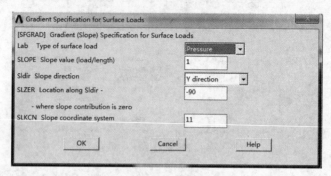

图4-47 "指定斜率"对话框

对于SLZER，可能会诱导用户使用270°而不是-90°。这可能会导致施加的逐渐变化载荷与要求的载荷值不同。

当违背规则1（加载表面过奇异点）进行加载时，即使用局部圆柱坐标，改奇异点为0°（360°），选择加载位置（SLZER）为"270°"，加载斜率为"1"，加载值为"400"，如图4-48（a）所示，加载结果：施加于0°的载荷为"130"和"490"，90°的载荷为"220"，-90°的载荷为"400"。

当违背规则2（加载位置不在奇异点间）进行加载时，即使用局部圆柱坐标，默认奇异点±180°，选择加载位置（SLZER）为"270°"，加载斜率为"1"，加载值为"400"，如图4-48（b）所示，加载结果：施加于0°的载荷为"130"，90°的载荷为"220"，-90°的载荷为"40"。

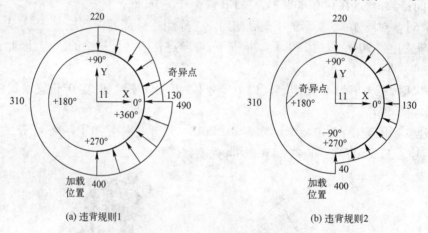

(a) 违背规则1   (b) 违背规则2

图4-48 违背规则结果

说明：改变奇异点的GUI操作为：选择"Utility Menu"→"WorkPlane"→"Local Coordinate Systems"→"Move Singularity"命令，弹出如图4-49所示的对话框，可设置变量KTHET值为±180°或0°（360°）。

3. 函数载荷

有些载荷是按一定的函数关系非线性变化的，对于这种载荷的施加就要用到函数加载的方法。

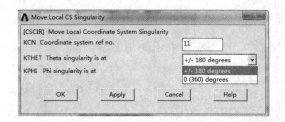

图 4-49 "改变奇异"点对话框

【例 4.7】 以如图 4-40 所示的矩形板模型为例,对底部 4 个节点 1、2、3 和 4 施加函数载荷。

具体的操作步骤如下:

(1) 单击工具栏上的"RESUME_DB"按钮,恢复\ch04\ex2\ex2. db 模型数据库。

(2) 选择"Utility Menu"→"Parameters"→"Array Parameters"→"Define/Edit"命令,弹出如图 4-50 所示的对话框。

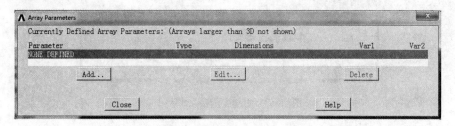

图 4-50 "数组管理"对话框

(3) 单击"Add"按钮,弹出如图 4-51 所示的对话框。在"Parameter name"文本框中输入数组名"pres_1",在"No. of rows, cols, planes"文本框中分别输入 "4" "1" "1",单击"OK"按钮,回到如图 4-50 所示的"数组管理"对话框。

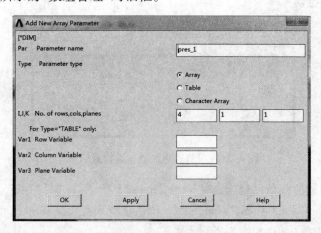

图 4-51 设置数组

(4) 选中刚才定义的数组 pres_1,单击"Edit..."按钮,弹出如图 4-52 所示的对话框,并输入数据"400" "587. 2" "965. 5" "740"。然后选择"File "→"Apply/Quit"命令,关闭对话框。至此定义了一个四维数组。

(5) 选择"Main Menu"→"Solution"→"Define Loads"→"Setting"→"For Surface Ld"→

"Node Function"命令,弹出如图 4-53 所示的对话框。

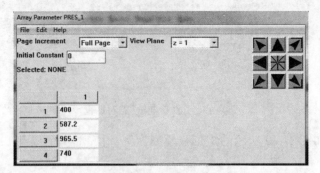

图 4-52　定义数组数据点

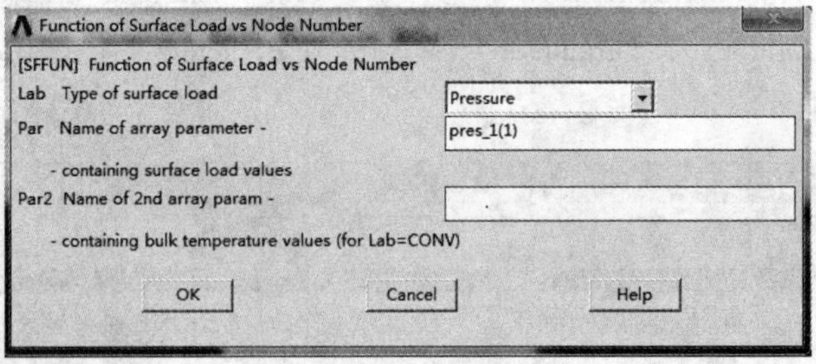

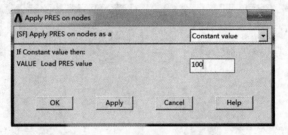

图 4-53　"设置函数"对话框

（6）在"Name of array parameter - "文本框中输入"pres_1(1)",单击"OK"按钮。

（7）选择"Main Menu"→"Solution"→"Define Loads"→"Apply"→"Structural"→"Pressure"→"On Nodes"命令,弹出"图形选取"对话框,用鼠标在图形视窗中选取 1、3、4、2,单击"OK"按钮,弹出如图 4-54 所示的对话框。在"Load PRES value"文本框中输入"100",单击"OK"按钮关闭对话框。

图 4-54　对节点施加载荷设置对话框

（8）至此,按函数的载荷已经施加完毕,如图 4-55 所示。选择"Utility Menu"→"List"→"Loads"→"Surface"→"On Picked Nodes"命令,依次选择节点 1、3、4 和 2,单击"OK"按钮即可列表显示节点上压力载荷值,如图 4-56 所示。

4.　梁单元上的压力载荷

梁单元是一种线单元,可以在其侧面和两端施加压力载荷。

施加侧向压力时,其大小为每单位长度的力,分别沿法向和切向。压力可以沿单元长度线性变化,可指定在单元的部分区域,如图 4-57 所示。

190

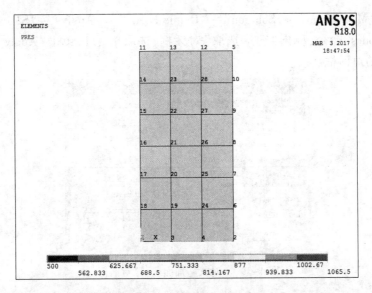

图 4-55　对节点施加函数载荷

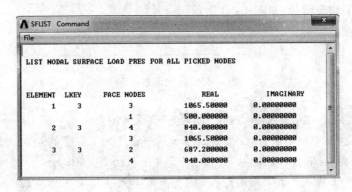

图 4-56　列表显示节点载荷

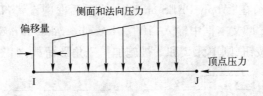

图 4-57　梁表面载荷

【例 4.8】　以简支梁为例介绍梁单元上施加压力的相关操作。

（1）重新启动 ANSYS,定义单元类型 BEAM188。

（2）建立关键点 1 和 2,坐标分别为(0,0)和(10,0),并连接生成线。

（3）划分网格,把直线分成 5 段。并在梁左端节点上施加 UX 和 UY 方向的位移约束,在梁右端节点上施加 UY 方向的位移约束,如图 4-58 所示,保存在\ch04\ex4\ex4.db 模型数据库。

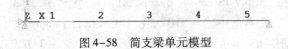

图 4-58　简支梁单元模型

（4）选择"Main Menu"→"Solution"→"Define Loads"→"Apply"→"Structural"→"Pressure"→"On Nodes"命令，弹出"图形选取"对话框，选取单元1，单击"Apply"按钮，弹出如图4-59所示的对话框。

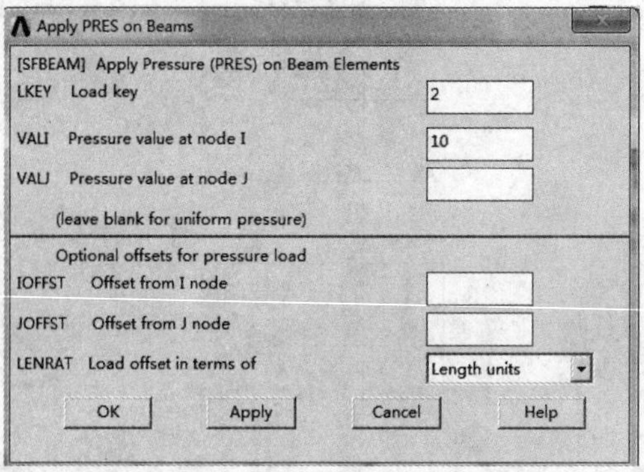

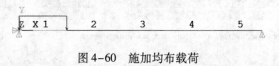

图4-59　"对梁施加面载荷"对话框

（5）在"Pressure value at node I"文本框中输入"10"，其他文本框留空，单击"Apply"按钮，则单元1被施加了均布荷载，如图4-60所示。

图4-60　施加均布载荷

> 说明："Load key"用于设置压力载荷的类型，设置为1表示从节点I到节点J的法向力，正值表示沿单元坐标系-Z法向；设置为2表示从节点I到节点J的法向力，正值表示沿单元坐标系-Y法向；设置为3表示从节点I到节点J的切向力，正值表示沿单元坐标系+X切向；设置为4表示节点I端部轴向力，正值表示沿单元坐标系+X轴向；设置为5表示节点J端部轴向力，正值表示沿单元坐标系-X轴向。

（6）选取单元2和3，在"Apply PRES on Beams"对话框中设置"Load key"文本框为"2"，在"Pressure value at node I"文本框中输入"10"，"Pressure value at node J"文本框中输入"0"，其他留空，单击"Apply"按钮，则单元2和3被施加了三角形荷载，如图4-61所示。

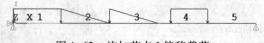

图4-61　施加三角形载荷

（7）选取单元4，在"Apply PRES on Beams"对话框中设置"Load key"文本框为"2"，在"Pressure value at node I"文本框中输入"10"，在"Offset from I node"文本框中输入"0.5"，单击"Apply"按钮，结果如图4-62所示。可以看出，单元4的载荷在I节点端有部分偏移。

图4-62　施加节点I偏移载荷

（8）选取单元5，在"Apply PRES on Beams"对话框中设置"Load key"文本框为"2"，在"Pressure value at node I"文本框中输入"10"，在"Offset from J node"文本框中输入"0.5"，单击"Apply"按钮，结果如图4-63所示。可以看出，单元5的载荷在J节点端有部分偏移。

图 4-63　施加节点 J 偏移载荷

4.2.4　体载荷

体载荷是作用于模型体积上的载荷。表 4-4 所列为各学科中可用到的体积载荷。

表 4-4　各学科中可用的体积载荷

学　科	体　载　荷	ANSYS 标识符
结构分析	温度	TEMP
	频率	FREQ
	能量密度	FLUE
热分析	热生成速率	HGEN
磁场分析	温度	TEMP
	电流密度	JS
	虚位移	MVDI
	电压降	VLTG
电场分析	温度	TEMP
	体电荷密度	CHRGD
流场分析	热生成速率	HGEN
	力密度	FORC

1. 体载荷

【例 4.9】　对梁单元施加体载荷。

（1）单击工具栏上的"RESUME_DB"按钮,恢复\ch04\ex4\ex4. db 的模型数据库。

（2）选择"Main Menu"→"Solution"→"Define Loads"→"Apply"→"Structural"→"Pressure"→"On Nodes"命令,弹出图形选取对话框,选取节点 4、5,单击"OK"按钮,弹出如图 4-64 所示的对话框。

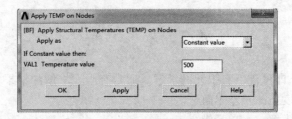

图 4-64　"对梁施加温度载荷"对话框

（3）在"Temperature value"文本框中输入温度值,单击"OK"按钮即可。

（4）选择"Utility Menu"→"List"→"Loads"→"Body"→"On Picked Nodes"命令,依次选择节点 4 和 5,单击"OK"按钮即可列表显示节点上的体载荷值,如图 4-65 所示。

2. 惯性载荷

惯性载荷中最常见的是重力载荷。

【例 4.10】 对梁单元施加重力载荷。

（1）单击工具栏上的"RESUME_DB"按钮，恢复\ch04\ex4\ex4.db 的模型数据库。

（2）选择"Main Menu"→"Solution"→"Define Loads"→"Apply"→"Structural"→"Inertia"→"Gravity"→"Global"命令，弹出如图 4-66 所示的对话框。

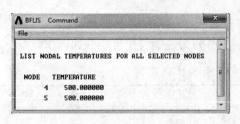

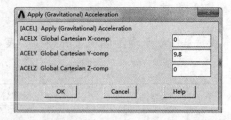

图 4-65　列表显示载荷　　　　　　　图 4-66　"对梁施加重力载荷"对话框

（3）在"Global Cartesian Y - comp"文本框中输入重力加速度"9.8"，单击"OK"按钮。此时，图形视窗中会有一个向上的箭头表示加速度场的方向，如图 4-67 所示。

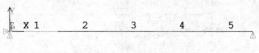

图 4-67　对梁施加重力载荷

> **注意**：此命令用于对物体施加一个加速度场（非重力场），因此，要施加作用力负 Y 方向的重力，应指出一个正 Y 方向的加速度；输入加速度值时应注意单位的一致性。

（4）选择"Main Menu"→"Solution"→"Define Loads"→"Delete"→"Structural"→"Inertia"→"Gravity"命令，弹出如图 4-68 所示的对话框，单击"OK"按钮，将删除定义的惯性载荷。

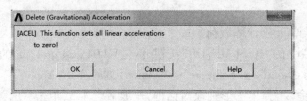

图 4-68　删除惯性载荷

4.3　求　　解

载荷施加完成后，即可进行有限元的求解。通常有限元求解的结果如下：

（1）节点的自由度值——基本解。

（2）原始解的导出解——单元解。

单元解通常是在单元的积分点上计算的。ANSYS 程序将结果写到数据库（只有在求解结束后，进行了保存数据库操作才能写入数据库，并且数据库只能保存一个子步的结果，因此建议不要将结果写入数据库）和结果文件（.RST、.RTH、.RMG 或 .RFL）中。

4.3.1　选择合适的求解器

ANSYS 提供了多种求解有限元方程的方法：直接法（Frontal Direct Solution）、稀疏矩阵法

（Sparse Direct Solution）、雅可比共轭梯度法（Jacobi Conjugate Gradient，JGG）、不完全乔类斯基共轭梯度法（Incomplete Cholesky Conjugate Gradient，ICCG）、条件共轭梯度法（Preconditioned Conjugate Gradient，PCG）等。在进行求解之前应合理地选择适当的求解方法。

求解时，程序默认的求解器是直接解法，如需改变求解器，则可按下述步骤操作。

（1）选择"Main Menu"→"Solution"→"Analysis Type"→"Sol'n Controls"命令，弹出"求解控制"对话框，选择其中的"Sol'n Controls"标签，如图 4-69 所示。

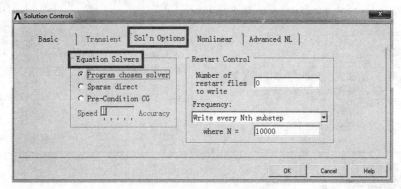

图 4-69　"求解控制"对话框

（2）在"Equation Solvers"单选列表中选择适当的求解器，单击"OK"按钮即可。

还可以通过以下方法来选择求解器。

（1）选择"Main Menu"→"Solution"→"Unabridged Menu"命令，展开模块的隐藏菜单。

（2）选择"Main Menu"→"Solution"→"Analysis Type"→"Analysis Options"命令，弹出"Static or Steady – State Analysis"对话框，在"Equation Solvers"下拉列表框中选择适当的求解器，单击"OK"按钮即可，如图 4-70 所示。

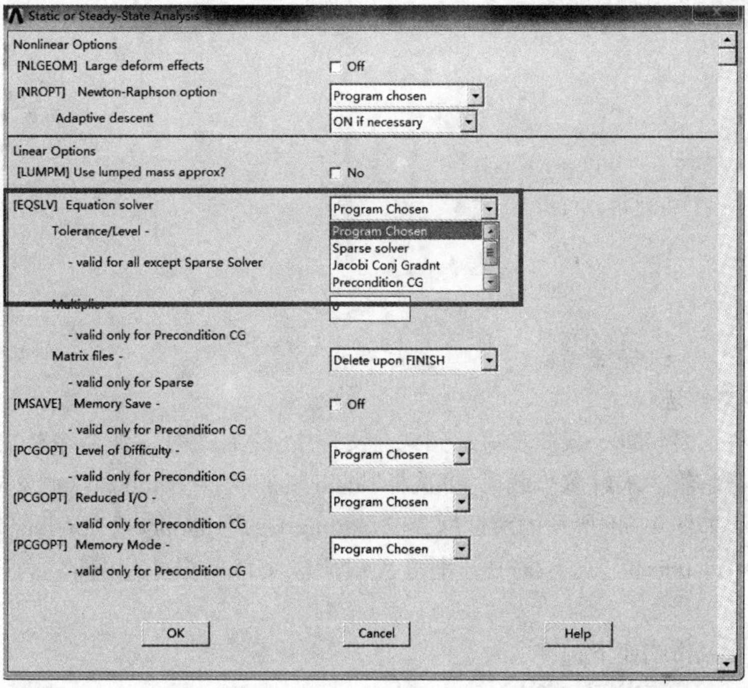

图 4-70　"选择求解器"对话框

表 4-5 所列为选择求解器时的一般准则。

表 4-5　求解器选择准则

解　　法	使　用　场　合	模　型　大　小	内存使用	硬盘使用
直接法	要求稳定性(非线性分析)或内存受限制	低于 50000 自由度	低	高
稀疏矩阵法	要求稳定性和求解速度(非线性分析);线性分析收敛很慢时(尤其对病态矩阵,如形状不好的单元)	自由度为 10000～500000(多用于板壳和梁模型)	中	高
雅可比共轭梯度法	在单场问题(如热、磁、声等)中求解速度很重要时	自由度为 50000～1000000 以上	中	低
不完全乔类斯基共轭梯度法	在多物理场模型中求解速度很重要时,其他迭代很难收敛的模型	自由度为 50000～1000000 以上	高	低
条件共轭梯度法	当求解速度很重要的情况(大型模型的线性分析),尤其适合实体单元的大型模型	自由度为 50000～1000000	高	低

4.3.2　求解多步载荷

对于多步载荷求解,一般有三种方法:多次求解法、载荷步文件法和矩阵参数法。本小节主要介绍前两种常用的方法。

1. 多次求解法

多次求解方法是最直接的方法。可以在每个载荷步定义完毕后就执行 SOLVE 命令。主要缺点是在交互使用中必须等到每一步求解结束后才能进行下一载荷步的定义,必须始终在求解环境中。其操作的命令流格式如下:

```
/SOLU            ! 进入求解模块
. . .
! 载荷步 1
D,. . .
SF,. . .
SOLVE            ! 求解载荷步 1
! 载荷步 2
F,…
SF,…
SOLVE            ! 求解载荷步 2
```

2. 载荷步文件法

载荷步文件法是将每一载荷步写入到载荷文件中,然后通过一条命令就可以读入每个载荷步文件并获得解答。求解多步载荷,可选择"Main Menu"→"Solution"→"Solve"→"From LS Files"命令,弹出如图 4-71 所示的对话框,在"Starting LS file number""Ending LS file number"和"File number increment"文本框中分别输入载荷步文件的最小序号、最大序号增量,单击"OK"按钮即可。

操作的命令流格式如下:

```
/SOLU            ! 进入求解模块
. . .
```

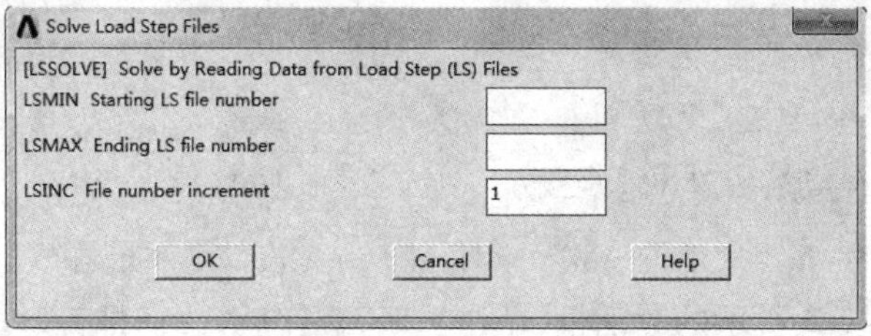

图 4-71　读入载荷步文件

```
！载荷步 1
D,...
SF,...
...
NSUBST,...        ！载荷步选项
KBC,...
OUTRES,...
OUTPR,...
...
LSWRITE          ！写载荷步文件:Jobname. s0l
！载荷步 2
D,...
SF,...
...
NSUBST,...        ！载荷步选项
KBC,...
OUTRES,...
OUTPR,...
...
LSWRITE!         ！写载荷步文件:Jobname. s02
LSSOLIVE,1,2     ！开始求解载荷步文件 1 和 2
```

3. 中断和重新启动

用户可以中断正在运行的 ANSYS 求解。在一个多任务操作系统中完全中断一个非线性分析时,会产生一个放弃文件,命名为 Jobname. abt。在平衡方程迭代的开始,如果 ANSYS 出现发现在工作目录中有这样一个文件,分析过程将会停止,并能在以后重新启动。

【例 4.11】　在完成第一次运行后,将更多的载荷步加到分析中,进行重新启动的操作。

重新启动的操作步骤如下:

(1) 启动 ANSYS 程序,选择"Utility Menu"→"File"→"Change Jobname"命令,设定一个与第一次运行时相同的工作名。

(2) 选择"Main Menu"→"Solution"命令,进入求解模块,然后单击工具栏上的"RESUME_DB"按钮恢复数据库文件。

(3) 选择"Main Menu"→"Solution"→"Analysis Type"→"Restart"命令,指定为重新启动分析。

(4) 按需要修正载荷或附加载荷。

说明：新施加的斜坡载荷从零开始增加，新施加的体载荷从初始值开始。删除重新施加的载荷可视为新施加的载荷，无须调整；待删除的表面载荷和体载荷，必须减小到零或初始值，以保持 Jobname. ESAV 文件和 Jobname. OSAV 文件的数据库一致。

（5）选择"Main Menu"→"Solution"→"Load Step Opts"→"Other"→"Reuse Factorized Matrix"命令，弹出如图 4-72 所示的对话框，单击"OK"按钮后，选择是否要重新使用三角化矩阵。

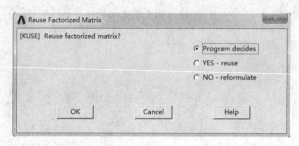

图 4-72　读入载荷步文件

（6）选择"Main Menu"→"Solution"→"Solve"→"Current LS 命令，进行重新求解。

4.3.3　求解

在建立模型并施加了载荷包括正确的自由度约束后，就需要进入求解过程进行运算。选择"Main Menu"→"Solution"→"Solve"命令，可展开求解菜单选项，如图 4-73 所示。

选择"Main Menu"→"Solution"→"Solve"→"Current LS"命令，弹出如图 4-74 所示的"求解相关信息"文本框，可以先查看当前的状态，如分析类型、载荷步选项是否正确，同时弹出如图 4-75 所示的对话框，单击"OK"按钮，将启动 ANSYS 有限元求解。

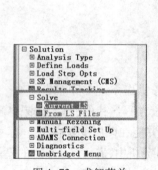

图 4-73　求解菜单

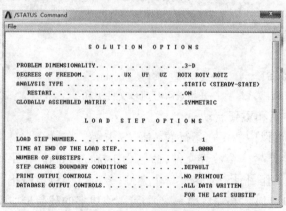

图 4-74　"求解相关信息"文本框

针对多载荷步情况，ANSYS 可以自动依次读取载荷步文件求解。选择"Main Menu"→"Solution"→"Solve"→"FromLS Files"命令，弹出如图 4-76 所示的对话框，在此对话框中可以指定求解使用的起始载荷步编号（Starting LS file number）、截止载荷步编号（Ending LS file number）以及载荷步文件编

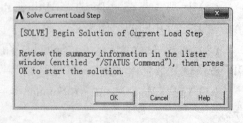

图 4-75　求解当前载荷步

号增量(File number increment)。

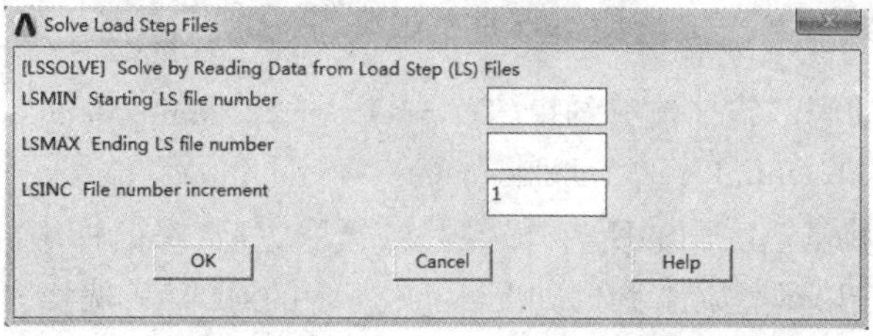

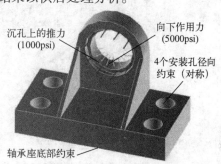

图 4-76   求解载荷步

4.4   综合实例 1——轴承座模型载荷施加及求解

如图 4-77 所示为轴承座模型加载情况,4 个安装孔径向对称约束,底部 Y 向约束,沉孔上受到的径向推力为 1000psi(磅每平方英寸),安装轴瓦的下半表面受到作用力 5000psi。试对该轴承座模型进行载荷施加及求解,并保存求解后的结果以供后处理分析。

(1) 复制课件目录\ch04\ex5\中的文件到工作目录,运行 ANSYS,然后单击工具栏上的 ☞ 图标,打开数据库文件"bearingmesh. db"。

(2) 首先约束 4 个安装孔。选择"Main Menu"→"Solution"→"Define Loads"→"Apply"→"Structural"→"Displacement"→"Symmetry B. C."→"On Areas"命令,弹出"Apply SYMM on Areas"选取框,用鼠标左键依次拾取轴承座 4 个安装孔的 8 个柱面(每个圆柱面包括两个面),单击"OK"按钮,结果如图 4-78 所示。

图 4-77   轴承座加载情况

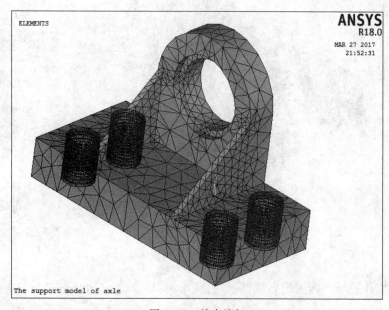

图 4-78   约束施加

说明:在拾取时,按住鼠标左键便有实体增亮显示,拖动鼠标时显示的实体会随之改变,待选的实体增亮显示后,松开左键即选中此实体。

(3)对整个基座的底部施加位移约束(UY =0)。选择"Main Menu"→"Solution"→"Define Loads"→"Apply"→"Structural"→"Displacement"→"on Lines"命令,弹出"Apply U,ROT on Line"对话框,依次拾取基座底面的所有外边界线,拾取完后,对话框中的"Count"应等于"6",如图4-79所示。单击"OK"按钮,弹出如图4-80所示的对话框,选择"UY"作为约束自由度,单击"OK"按钮,如图4-81所示。

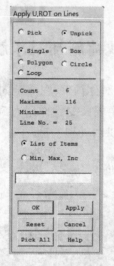

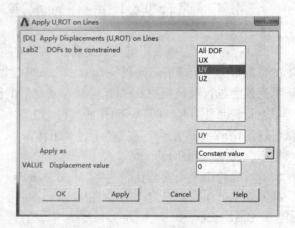

图4-79　"线选取"对话框　　　　　　　　　图4-80　约束施加

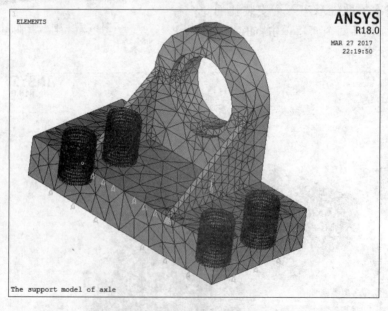

图4-81　基座底部约束施加

(4)在轴承孔圆周上施加推力载荷。选择"Main Menu"→"Solution"→"Define Loads"→"Apply"→"Structural"→"Pressure"→"On Areas"命令,拾取轴承孔上宽度为"0.15"的所有

面,共 4 个面,单击"OK"按钮,弹出如图 4-82 所示对话框,在"VALUE Load PRES value"中输入面上的压力值为"1000",单击"OK"按钮,结果如图 4-83 所示。

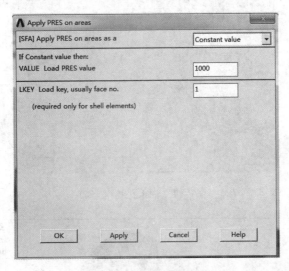

图 4-82　基座底部约束施加

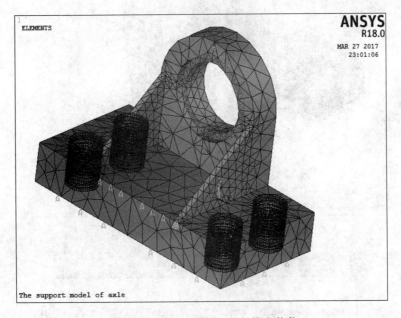

图 4-83　轴承孔圆周上施加推力载荷

（5）在轴承孔的下半部分施加径向压力载荷,这个载荷是由于受重载的轴承受到支撑作用而产生的。选择"Main Menu"→"Solution"→"Define Loads"→"Apply"→"Structural"→"Pressure"→"On Areas"命令,拾取宽度为"0.1875"的下面两个圆柱面,单击"OK"按钮,弹出如图 4-84 所示的对话框,在"VALUE Load PRES value"中输入面上的压力值为"5000",单击"OK"按钮,结果如图 4-85 所示。

（6）求解。选择"Main Menu"→"Solution"→"Solve"→"Current LS"命令,弹出如图 4-86 所示的"求解相关信息"文本框。其中,"/STATUS Command"窗口里面包括了所要计算模型的求解信息和载荷步信息。单击"Solve Current Load Step"对话框中的"OK"按钮,开始计算。

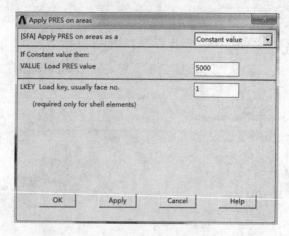

图 4-84　轴承孔约束施加

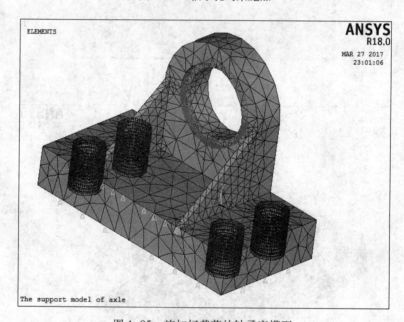

图 4-85　施加好载荷的轴承座模型

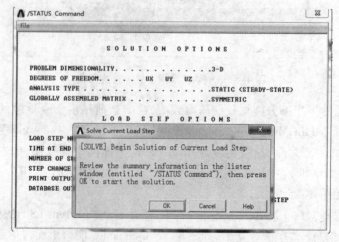

图 4-86　求解信息窗口

计算完毕后,会出现如图 4-87 所示的提示信息"Solution is done",单击"Close"按钮关闭即可。将加载求解后的轴承座模型保存为"Bearingresult"。

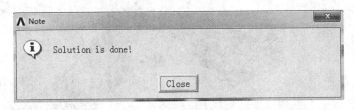

图 4-87　计算结果提示信息

4.5　综合实例 2——汽车连杆模型载荷施加及求解

图 4-88 所示为汽车连杆模型上施加的载荷(对称的 1/2),加载完毕后要求采用 PCG 求解器进行求解。保存求解后的结果以供后处理分析。

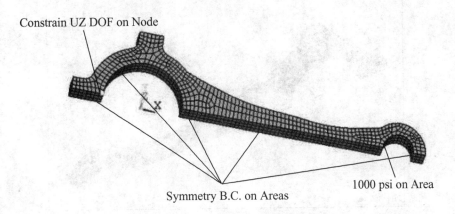

图 4-88　汽车连杆模型上施加的载荷(对称的 1/2)

(1) 复制课件目录\ch04\ex6\中的文件到工作目录,运行 ANSYS,然后单击工具栏上的 图标,打开数据库文件"Rodmesh. db"。

(2) 进入求解器,在大孔的表面施加法向约束。选择"Main Menu"→"Solution"→"Define Loads"→"Apply"→"Structural"→"Displacement"→"Symmetry B. C."→"On Areas"命令,拾取大孔的内表面(面号 18、19)。单击"OK"按钮,结果如图 4-89 所示。

(3) 在 Y0 的所有表面上施加对称约束边界条件。选择"Main Menu"→"Solution"→"Define Loads"→"Apply"→"Structural"→"Displacement"→"Symmetry B. C."→"On Areas"命令,在 Y0 的平面上拾取面(面号为 15,21 和 25),单击"OK"按钮,结果如图 4-90 所示。

(4) 为防止沿 Z 轴的刚性位移,约束节点 1518 的 Z 方向位移。选择"Main Menu"→"Solution"→"Define Loads"→"Apply"→"Structural"→"Displacement"→"On Nodes"命令,弹出如图 4-91 所示的对话框,在 ANSYS 输入窗口输入"619"并回车,单击"OK"按钮,弹出如图 4-92 所示的对话框,设置"Lab2"为"UZ",单击"OK"按钮,结果如图 4-93 所示。

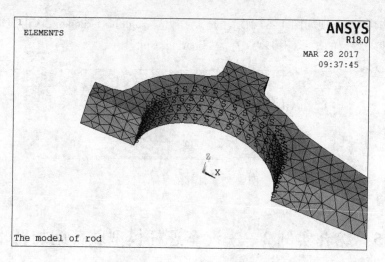

图 4-89　汽车连杆大孔表面约束

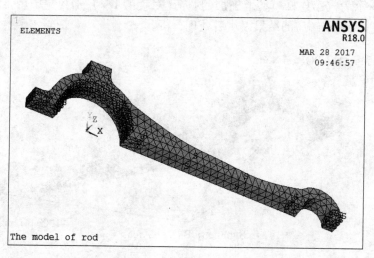

图 4-90　汽车连杆对称面约束

图 4-91　选择施加约束的节点

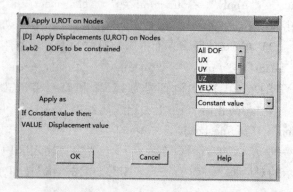

图 4-92　约束 UZ

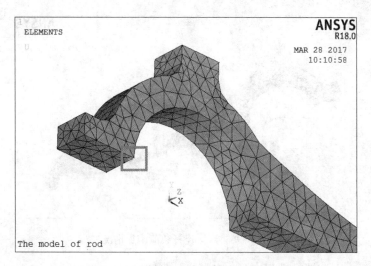

图 4-93　汽车连杆大孔表面顶点约束

（5）在小孔周围的 23 号面上施加 1000psi 的压力。选择"Main Menu"→"Solution"→"Define Loads"→"Apply"→"Structural"→"Pressure"→"On Areas"命令，弹出"图形选取"对话框，拾取宽 23 号面，单击"OK"按钮，弹出如图 4-94 所示的对话框，设置"VALUE"为"1000"，单击"OK"按钮，结果如图 4-95 和图 4-96 所示。

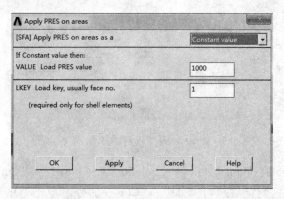

图 4-94　汽车连杆小孔表面压力施加

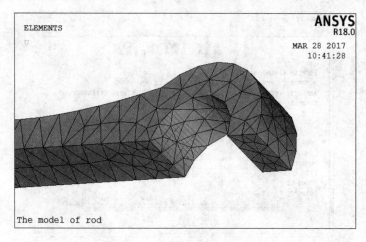

图 4-95　汽车连杆小孔表面压力约束

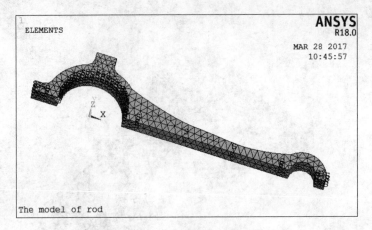

图 4-96　汽车连杆载荷施加情况

(6) 选择 PCG 求解器。选择"Main Menu"→"Solution"→"Analysis Type"→"Sol'n Controls"命令,弹出"求解控制"对话框,如图 9-97 所示,选择其中的"Sol'n Controls"选项,选择"Pre-Condition CG"求解器,单击"OK"按钮。

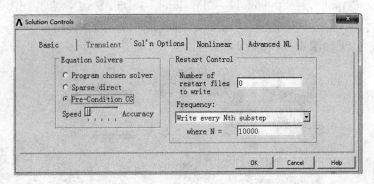

图 4-97　求解器选取

(7) 开始求解。选择"Main Menu"→"Solution"→"Solve"→"Current LS"命令,弹出如图 9-98 所示的提示框,浏览后执行"File"→"Close"命令。单击"OK"按钮开始求解。当出现如图 9-99 所示的提示信息"Solution is done"后,单击"Close"按钮,完成求解。

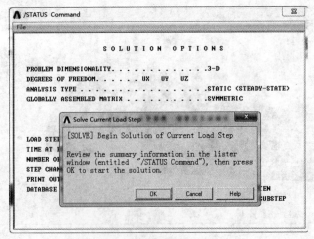

图 4-98　求解信息窗口

（8）保存分析结果。选择"Utility Menu"→"File"→"Save as"命令，弹出如图4-100所示的对话框，在"Save Database to"文本框输入"Rodresult"，单击"OK"按钮完成保存。

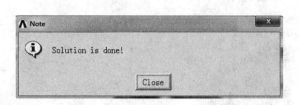

图4-99 计算结果提示信息

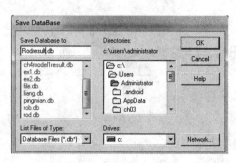

图4-100 文件存储提示信息

4.6 本章小结

本章主要介绍了载荷的施加和求解时的一些问题，包括载荷步和子步的概念、位移约束的施加方法、载荷的施加方法及求解等内容。该部分内容几乎适用于所有的有限元分析（结果分析、热分析等），可以对实体模型和有限元模型（节点和单元）施加载荷，程序中求解时会自动将实体模型上的载荷转移到节点的单元上。其中，载荷步和子步的概念以及载荷的施加方法是本章的重点内容，难点是多步载荷的求解。

习 题 4

打开课件目录\ch04\exercise\的数据库文件hook.db，模型如图4-101所示。在两个圆洞内表面施加位移约束，在A36表面施加压力10E6，然后求解计算。计算后的结果另存为"hookresult"。

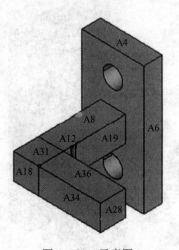

图4-101 示意图

习题 4 答案

（1）复制课件目录\ch04\ex6\中的文件到工作目录，运行 ANSYS，然后单击工具栏上的 🖝 图标，打开数据库文件"Rodmesh. db"，如图 4-102 所示。

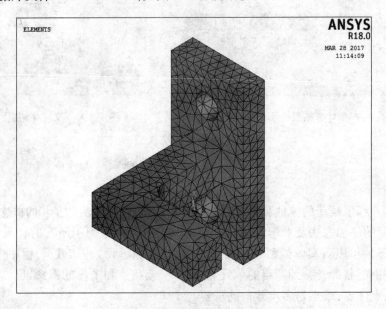

图 4-102　有限元模型

（2）在两个圆洞内表面施加位移约束。选择"Main Menu"→"Solution"→"Define Loads" →"Apply"→"Structural"→"Displacement"→"On Areas"命令，拾取两个面，单击"OK"按钮，设置"Lab2"为"UZ"，单击"OK"按钮，如图 4-103 所示。

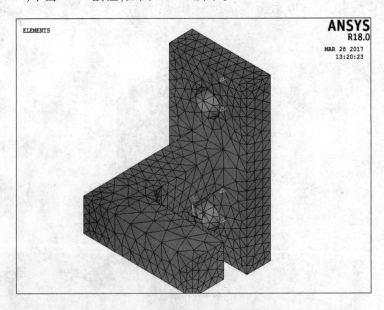

图 4-103　圆洞内表面施加位移约束

（3）在 A36 表面施加压力 10E6。选择"Main Menu"→"Solution"→"Loads"→"Apply"→"Structural"→"Pressure"→"On Areas"命令，拾取 36 号面，单击"OK"按钮，弹出如图 4-104 所示对话框，设置 VALUE = 10e6，单击"OK"按钮，如图 4-105 所示。

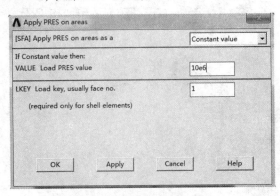

图 4-104　A36 表面压力施加

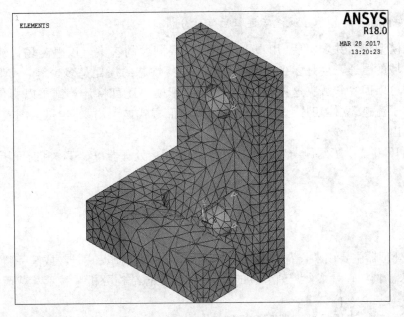

图 4-105　模型载荷施加情况

（4）开始求解。选择"Main Menu"→"Solution"→"Solve"→"Current LS"命令，弹出一个提示框，浏览后执行"File"→"Close"命令。单击"OK"按钮开始求解。当出现提示信息"Solution is done"时，单击"Close"按钮，完成求解。

（5）保存分析结果。选择"Utility Menu"→"File"→"Save as"命令，在弹出对话框中的"Save Database to"文本框输入"hookresult"，单击"OK"按钮完成保存。

第 5 章　通用后处理器

本章概要

- 通用后处理器概述
- 图形显示计算结果
- 路径操作
- 单元表
- 载荷组合及其运算
- 综合实例 1——桁架计算
- 综合实例 2——轴承座及汽车连杆后处理分析

有限元模型建立并求解后,用户需要得到一些问题的答案。以电磁场计算为例,需要知道整个区域的磁通密度是多少、磁场强度是多少、铁芯的损耗是多少等。ANSYS 18.0 提供的后处理可以回答和解决这些问题,同时后处理模块还可将计算结果以彩色等值线、梯度、矢量、粒子流迹、立体切片、透明及半透明等图形方式显示出来,也可以图表和曲线的形式显示或输出。

ANSYS 18.0 提供了两种类型的后处理器,即通用后处理器(POST1)和时间历程后处理器(POST26)。

5.1　通用后处理器概述

通用后处理器主要用来查看和检查整个模型在某一载荷步和子步(或某一特定时间点或频率)的结果。例如查看某个时刻节点的位移,或在静态结构分析中显示某载荷步的应力分布情况等。

需要注意的是,通用后处理器只是提供了一个查看和检查分析结果的工具,要判断结果是否符合实际,还需依靠专业知识和相关经验。

5.1.1　通用后处理器处理的结果文件

通用后处理是根据有限元计算的结果来进行结果分析的。在 ANSYS 有限元求解完成后,工作目录中会生成一个结果记录文件,一般称为结果文件。不同的分析类型,ANSYS 通过不同结果文件名的后缀来区分。例如,结构分析求解的结果文件名为 Jobname. RST,热分析求解的结果文件名为 Jobname. RTH,电磁分析求解的结果文件名为 Jobname. RMG,流体分析求解的结果文件名为 Jobname. RFL。

根据有限元理论,后处理器所处理的有限元解的类型有两种。

(1) 基本解(Basic Solution):每个节点求解所得自由度解。例如在结构分析中,用于有限元计算的自由度为位移量;而在磁场分析中,用于有限元计算的自由度为磁势。这些结果统称为节点解。

（2）派生解（Derived Solution）：ANSYS 根据基本解计算出来的其他结果数据。例如在结构分析中，ANSYS 通过位移可计算出相应的应力及应变等；在磁场分析中，ANSYS 通过基本解 AZ 的值可以计算出磁感应强度 B 等一系列值。

表 5-1 给出了常见分析的基本解和派生解。

表 5-1 基本解和派生解

分析类型	基 本 解	派 生 解
结构分析	位移	应力、应变等
热分析	温度	热流量、热梯度等
磁场分析	磁势	磁通量、磁场强度等
电场分析	标量电势	电流、电流密度等
流体分析	速度、压力	热流量等

5.1.2 结果文件读入通用后处理器

ANSYS 18.0 通用后处理器菜单选项如图 5-1 所示。

进入 POST1 后，用户首先需要确定用于后处理的结果文件与结果数据。通常有以下两种方法：

（1）如果用户是依次完成模型创建、求解过程，并且中间没有退出过 ANSYS 18.0，可直接单击"Main Menu"→"General Postproc"命令进入通用后处理器。命令方式为在 ANSYS 18.0 的命令窗口输入"/POST1"。

（2）若用户重新启动过 ANSYS 18.0，想再次查看以前求解过的分析计算结果，则必须先把结果文件读入数据库中。其步骤如下：

① 把数据库 db 文件读入数据库。操作方法："Utility Menu" → "File" → "Resume Jobname. db"或"Utility Menu"→"File"→"Resume from"。

② 从已恢复的数据库中读取指定结果文件与结果数据。操作方法："Main Menu" → "General Postproc" →"Data & File Opts"。

下面举例介绍重启 ANSYS 后将分析结果读入通用后处理器的过程。

（1）将课件目录\ch05\ex1\中的文件复制到工作目录，启动 ANSYS，选择"Utility Menu" →"File"→"Resume from"命令，弹出"Resume Database"对话框，选中其中的 beam. db 数据库，如图 5-2 所示。

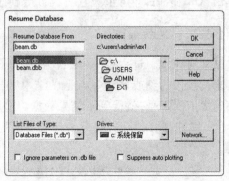

图 5-1 通用后处理菜单　　　　　图 5-2 "文件选择"对话框

（2）单击"OK"按钮,此时 ANSYS 图形窗口会显示该数据库中的有限元模型,包括边界条件等,如图 5-3 所示。

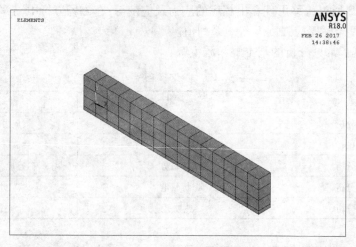

图 5-3　有限元模型

（3）选择"Main Menu"→"General Postproc"→"Data &File Opts"命令,弹出"Data and File Options"对话框,如图 5-4 所示。其中"Data to be read"为结果数据指定之用。"Result file to be read"一项表示需要用户指明结果数据文件,单击" ... "按钮可以浏览计算机中各个文件夹,用户可从中选择所需要恢复的结果数据文件,本例中选择的是"beam. rst"文件。

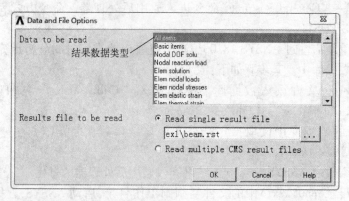

图 5-4　结果数据选择对话框

（4）单击"OK"按钮,即可重新查看或者绘制计算结果。

5.1.3　浏览结果数据集信息

结果数据集对应求解过程中的各个载荷步与子步。每个载荷步的一个子步就有一个对应结果数据集来记录该时刻或该频率点上的结果数据。ANSYS 将所有载荷步的子步按照时间或频率从小到大依次编号,就得到了结果数据集的序列号。ANSYS 用 SET 表示序列号。用户通过序列号(SET)、时间或频率、载荷步与子步这三种方式的任意一种都可以唯一确定具体的结果数据集。

下面以 5.1.2 节中的 beam 为例,介绍结果数据集以及它的序列号。

完成 5.1.2 节的步骤后,选择"Main Menu"→"General Postproc"→"Results Summary"命

令,弹出如图5-5所示的"SET,LIST Command"文本框,该文本框记录了这次分析的结果数据集编号、时间/频率、载荷步、子载荷。

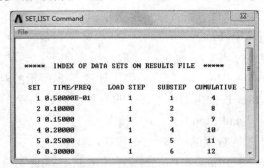

图5-5 结果数据集信息列表显示

5.1.4 读取结果数据集

5.1.3节介绍了如何浏览结果数据集信息,如果一个分析有多个载荷或者一个载荷步有多个子步,则需要读入对应的结果数据集。下面举例介绍读取结果数据集的操作。

(1)将课件目录\ch05\exl\中的文件复制到工作目录,启动 ANSYS,单击工具栏上的 ☑ 按钮,打开数据库文件"beam. db"。

(2)选择"Main Menu"→"General Postproc"→"Results Summary"命令,查看计算得到的数据集合情况,如图5-6所示。可参考此表有目的地读取某个载荷步的结果。

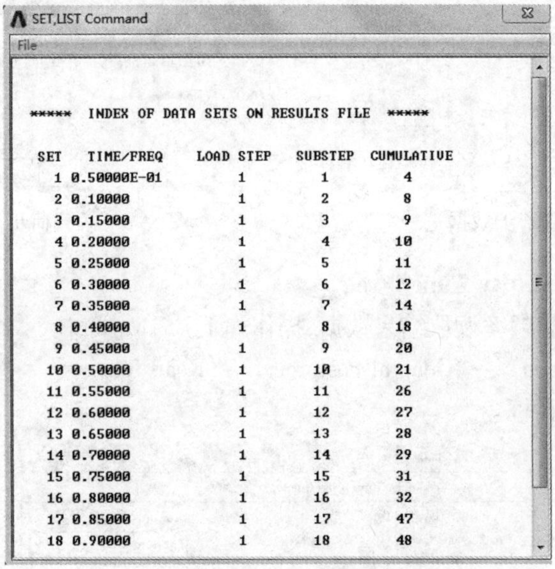

```
***** INDEX OF DATA SETS ON RESULTS FILE *****

SET    TIME/FREQ    LOAD STEP    SUBSTEP    CUMULATIVE
  1 0.50000E-01         1            1            4
  2 0.10000             1            2            8
  3 0.15000             1            3            9
  4 0.20000             1            4           10
  5 0.25000             1            5           11
  6 0.30000             1            6           12
  7 0.35000             1            7           14
  8 0.40000             1            8           18
  9 0.45000             1            9           20
 10 0.50000             1           10           21
 11 0.55000             1           11           26
 12 0.60000             1           12           27
 13 0.65000             1           13           28
 14 0.70000             1           14           29
 15 0.75000             1           15           31
 16 0.80000             1           16           32
 17 0.85000             1           17           47
 18 0.90000             1           18           48
```

图5-6 计算结果数据情况

(3)选择"Main Menu"→"General Postproc"→"Read Results"→"Last Set"命令,可读入最后一子步的结果数据。接下来就可以显示最后一子步的结果数据了。

读取结果的数据菜单如图5-7所示。常用的读取结果数据的菜单还有:

"First Set":单击此菜单,可读入第一子步的结果数据。

图5-7 读取数据菜单

213

"Next Set"：单击此菜单,可读入当前子步的下一子步的结果数据。

"Previous Set"：单击此菜单,可读入当前子步的上一子步的结果数据。

此外,用户还可以按如下几种方式读取结果数据。

1. 选择子步直接读取(By Pick)

用户可以直接选择某一子步的数据进行读取。操作如下:选择"Main Menu"→"General Postproc"→"Read Results"→"By Pick"命令,弹出如图 5-8 所示的对话框。

选中某一子步,单击"Read"按钮即可把该子步数据读入数据库。

2. 按子步号读取(By Load Step)

如果用户已经知道待读取数据的子步号,则操作步骤如下:

(1)选择"Main Menu"→"General Postproc"→"Read Results"→"By Load Step"命令,弹出如图 5-9 所示的对话框。

(2)在"Read results for"下拉列表框中选择读取的数据结果类型,在"Load step number"文本框中输入载荷步,在"Substep number"文本框中输入子步,单击"OK"按钮即可读入相应的结果数据。

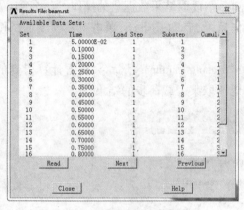

图 5-8　选取子步数据

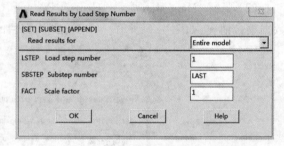

图 5-9　按载荷步号读取结果数据

3. 按时间/频率读取(By Time/Freq)

用户还可以按时间/频率读取结果数据,操作如下:

(1)选择"Main Menu"→"General Postproc"→"Read Results"→"By Time/Freq"命令,弹出如图 5-10 所示的对话框。

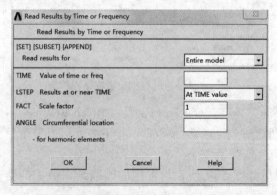

图 5-10　按时间/频率读取结果数据

214

（2）在"Read results for"下拉列表框中选择读取的数据结果类型,在"Value of time or freq"文本框中输入要读入的时间或频率点,在"Results at or near TIME"下拉列表框中选择"At TIME value",单击"OK"按钮即可。

说明:如果指定的时间或频率不在结果中,ANSYS 将采用线性插值的方法读取结果。

4. 按结果数据集读取(By Set number)

如果用户知道待读取的结果数据集号,可选择记录集号读取,具体步骤如下:

（1）选择"Main Menu"→"General Postproc"→"Read Results"→"By Set number"命令,弹出如图 5-11 所示的对话框。

（2）在"Read results for"下拉列表框中选择读取的数据结果类型,在"Data set number"文本框中输入要读取的结果数据集号,然后单击"OK"按钮即可。

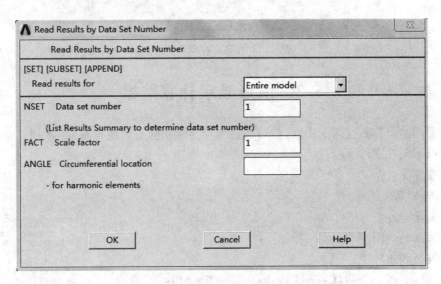

图 5-11　按数据集读取结果数据

5.1.5　设置结果输出方式与图形显示方式

有了结果文件和结果数据后,就应考虑如何输出结果以及如何显示图形了,ANSYS 允许用户根据需要设置结果输出方式以及图形显示方式。具体操作如下:

选择"Main Menu"→"General Postproc"→"Options for Outp"命令,弹出如图 5-12 所示的"Options for Output"对话框。其中"RSYS"用来设置结果显示坐标的命令;"AVPRIN"选项用于选择主应力计算方式;"AVRES"选项用来设置 ANSYS 图形显示方式 Power Graph 的结果平均处理方式,设置为"All but Mat Prop"(默认选项)表示在除材料不连续位置之外的所有网格节点上进行结果平均处理;"/EFACET"选项用来打开 Power Graph 图形显示方式时每个单元边界上小平面的数目,设置为"1 facet/edge"表示每个单元显示为一个片段,该选项一般交给 ANSYS 程序自动处理;"SHELL"选项用来选择壳单元输出结果的面,可选择上表面(默认)、中面、下表面。

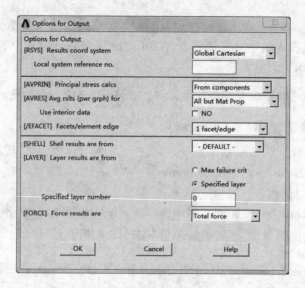

图 5-12 "输出控制"对话框

5.2 图形显示计算结果

把所需的结果读到数据库中后,就可通过图形显示功能直观地查看求解结果,通用后处理器提供了以下几种图形显示:

(1)变形图。

(2)等值线图。

(3)矢量图。

(4)粒子轨迹图。

(5)破裂和压碎图。

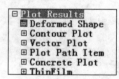

选择"Main Menu"→"General Postproc"→"Plot Result"命令可展开图形绘制菜单,如图 5-13 所示。下面分别介绍各种图形显示的操作方法。

图 5-13 图形绘制菜单

5.2.1 绘制变形图

以课件中提供的模型为例,绘制变形图的操作如下:

(1)将课件目录\ch05\exl\中的文件复制到工作目录,启动 ANSYS,单击工具栏上的 ⊟ 按钮,打开数据库文件"beam. db".

(2)选择"Main Menu"→"General Postproc"→"Read Results"→"First Set"命令,读取第一个子步结果。

(3)选择"Main Menu"→"General Postproc"→"Plot Results"→"Deformed Shape"命令,弹出如图 5-14 所示的"Plot Deformed Shape"对话框。

> 说明:"Deformed Shape Only"单选按钮表示仅显示变形后的结构,不显示未变形的结构;"Def + undeformed"单选按钮表示变形后和未变形的结构同时显示;"Def + undef edge"单选按钮表示显示变形后的结构和未变形时的结构边界。

（4）选择"Def＋undefedge"单元框。单击"OK"按钮,然后单击显示控制工具栏中的 📦 按钮,即可在图形视窗中绘制变形图,如图 5–15 所示。

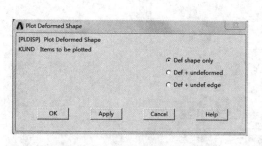

图 5–14　"绘制变形图"对话框

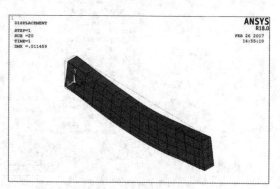

图 5–15　绘制的变形图

当计算得到的变形过小时,程序会自动对变形进行放大以显示变形的趋势。用户可以通过以下操作来显示实际变形的比例。

（1）选择"Utility Menu"→"PlotCtrls"→"Style"→"Displacement Scaling"命令,弹出如图 5–16 所示的对话框。

（2）在"Displacement scale factor"单选列表中选中"1.0（ture scale）"选项,确保"Replot upon OK/Apply?"下拉列表框选中"Replot"选项,然后单击"OK"按钮即可显示结构的实际变形,如图 5–17 所示。

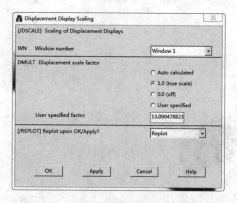

图 5–16　控制变形缩放比例

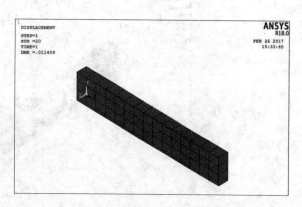

图 5–17　按实际变形比例显示变形图

说明:在图 5–16 所示的对话框中选中"User specified"单选按钮,并在"User specfied factor"文本框中输入缩放比例,可实现自定义比例显示变形图。

5.2.2　绘制等值线图

等值线图非常适合表示应力、温度等结果在模型上的分布情况。在 ANSYS 中节点结果、单元结果、单元表等都可以用等值线图的形式显示,下面介绍用等值线图显示节点结果和单元结果的常用操作步骤。单元表的显示见 5.4 节。

1. 图形显示节点结果

（1）选择"Main Menu"→"General Postproc"→"Plot Results"→"Contour Plot"→"Nodal

Solu"命令,弹出"Contour Nodal Solution Data"对话框,如图5-18所示。

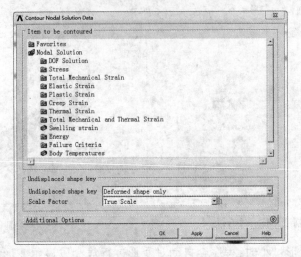

图5-18   选择节点结果

说明:单击 ☑ 按钮,可展开和隐藏附加的选项。

(2)在"Item to be contoured"列表框中依次选择"Nodal Solution" → "Stress" → "von Mises stress"命令,其他保持不变,单击"OK"按钮即可显示节点Mises应力的等值线图,如图5-19所示。

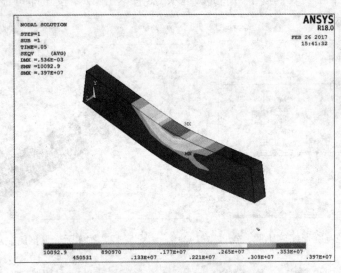

图5-19   节点应力等值线图

图5-18中其他选项的说明如下:

① "Undisplaced shape key"下拉列表有三个选项。

"Deformed shape only":只显示变形后的结构。

"Deformed shape with undeformed model":显示变形后的等值线图及未变形的结构。

"Deformed shape with undeformed edge":显示变形后的等值线图及未变形的结构边界。

② "Scale Factor"下拉列表框用于设置显示变形比例因子和显示变形图时的控制类似。

③ "Interpolation Nodes"下拉列表框中有三个选项。

"Corner only":将单元边界设成1段,不显示中间节点。

"Corner + midside":将单元边界设成2段,显示中间节点。

"All applicable":将单元边界设成4段。

④ "Value for computing the EQV strain"文本框用于设置矢量的平均算法,默认为0,即先计算节点的值,然后对单元进行平均;如果取1,则反过来,先求单元的值,再对节点平均。

2. 图形显示单元结果

(1)选择"Main Menu"→"General Postproc"→"Plot Results"→"Contour Plot"→"Element Solu"命令,弹出"Contour Element Solution Data"对话框,如图5–20所示。

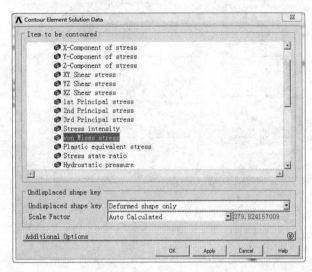

图5–20　选择单元结果

(2)在"Item to be Contoured"列表框中依次选择"Element Solution"→"Stress"→"von Mises stress"命令,其他保持不变,单击"OK"按钮即可绘制出单元Mises应力的等值线图,如图5–21所示。

图5–20中其他选项的意义和图5–18相类似,不再赘述。

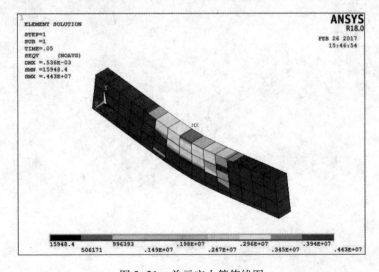

图5–21　单元应力等值线图

5.2.3 绘制矢量图

矢量图是用箭头显示模型中某个结果的大小和方向变化。绘制矢量图可按以下步骤操作。

（1）选择"Main Menu"→"General Postproc"→"Plot Results"→"Vector Plot"→"Predefined"命令，弹出如图5-22所示的"Vector Plot of Predefined Vectors"对话框。

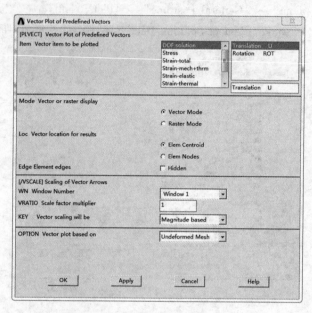

图5-22　矢量图选项

（2）在"Vector item to be plotted"列表框中选择要输出的矢量，如"Translation U"（位移矢量），其他保持不变，单击"OK"按钮即可绘制出位移矢量图，如图5-23所示。

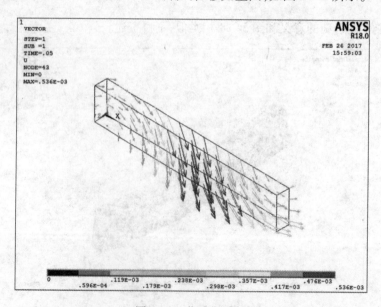

图5-23　位移矢量图

图 5-22 所示的对话框中的其他选项说明如下：

① "Vector or raster display"栏有两个单选按钮。

"Vector Mode"：矢量模式（默认）。

"Raster Mode"：光栅模式。

② "Vector location for result"栏有两个单选按钮。

"Elem Centroid"：箭头位于单元质心（默认）。

"Elem Nodes"：箭头位于节点处。

③ "Element edges"复选框用于设置是否隐藏单元边缘。

④ "Vector scaling will be"下拉列表框有两个选项，用于控制箭头大小。

"Magnitude based"：按矢量的大小显示箭头长度（默认）。

"Uniform"：统一箭头长度。

⑤ "Vector Plot based on"下拉列表有两个选项。

"Undeformed Mesh"：基于未变形的网络（默认）。

"deformed Mesh"：基于变形的网络。

此外，用户还可以生成自定义的矢量图，其操作如下：

（1）选择"Main Menu"→"General Postproc"→"Plot Results"→"Vector Plot"→"User – defined"命令，弹出如图 5-24 所示的对话框。

（2）在"I – component of vector"文本框中输入ANSYS 预定义的矢量（如"U"）或用户自定义的矢量的 I 分量，选择适当的显示模式，然后单击"OK"按钮确认。

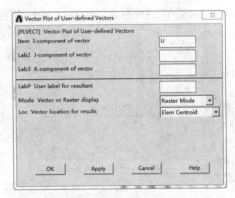

图 5-24　自定义矢量图选项

5.2.4　绘制粒子轨迹图

粒子轨迹图用于显示流体粒子的运行情况。由于流体分析不是本书的重点，在此仅简单介绍绘制粒子轨迹图常用的菜单路径。

（1）在轨迹上定义一点："Main Menu"→"General Postproc"→"Plot Results"→"Defi Trace Pt"。

（2）在单元上显示流动轨迹："Main Menu"→"General Postproc"→"Plot Results"→"Plot Flow Tra"。

（3）列出轨迹点："Main Menu"→"General Postproc"→"Plot Results"→"List Trace Pt"。

（4）生成粒子流动画序列："Main Menu"→"PlotCtrls"→"Animate"→"Particle Flow"。

5.2.5　绘制破裂图和压碎图

破裂图和压碎图是 SQLID65（混凝土）单元专有的。本章课件提供的例子即是用 SQLID65 单元得到的，要绘制破裂图和压碎图，可按以下步骤操作。

（1）选择"Main Menu"→"General Postproc"→"Plot Results"→"Concrete Plot"→"Crack/Crush"命令，弹出如图 5-25 所示的对话框。

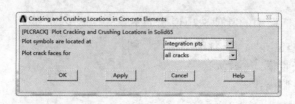

图 5-25　显示混凝土压碎图

（2）在"Plot symbols are located at"下拉列表框中选择"Element centroid"，然后单击"OK"按钮。

（3）此时如看不出压碎情况，可选择"Utility Menu"→"PlotCtrls"→"Device Options"命令，在弹出的"Device Options"对话框中，设置"Vector mode（wireframe）"后面的复选框为"On"，如图 5-26 所示。

（4）设置完成后，单击"OK"按钮即可看到如图 5-27 所示的压碎图，其中小圆圈表示破碎区域。

图 5-26　设置显示模式

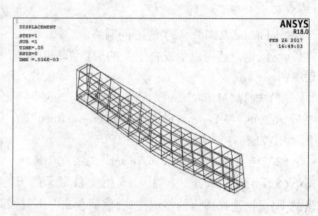

图 5-27　混凝土压碎图

5.3　路　径　操　作

路径（Path）是通用后处理器的又一个强大的功能，它是模型上一系列由节点或坐标位置定义的轨迹。路径操作的意义是将某个结果数据映射到模型中一条由用户指定的路径上。对映射到路径上的数据还可以执行各种数学运算和微积分运算，以获取许多有工程意义的计算结果。另外，通过绘制路径图还可以观察沿路径上某结果项的分布状态，研究结果数据的分布规律等。

5.3.1　定义路径

要查看某结果项沿路径的变化情况，首先要定义路径，可以通过在工作平面上选择节点、位置或填写特定的坐标位置表来定义路径。图 5-28 通过节点定义一条路径 PATH1，其操作步骤如下：

（1）将课件中目录\ch05\ex1\中的文件复制到工作目录，启动 ANSYS，单击工具栏上的 ![img] 按钮，打开数据库文件"beam. db"。

（2）选择"Main Menu"→"General Postproc"→"Read Results"→"First Set"命令，读取第一个子步结果。

（3）选择"Main Menu"→"General Postproc"→"Path Operations"→"Define Path"→"By Nodes"命令，弹出"图形选取"对话框，依次在图形视窗中选择路径经过的节点，然后单击"OK"按钮，弹出如图5-29所示的"By Nodes"对话框。

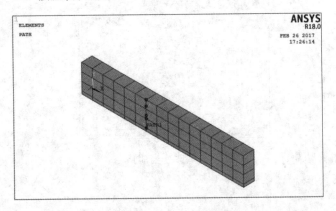
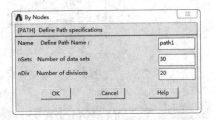

图5-28　定义路径图　　　　　　　　　　　图5-29　按节点定义路径

（4）在"Define Path Name"文本框中输入路径名"path1"，单击"OK"按钮。

说明：在"Number of data sets"文本框中选择要映射到该路径上的数据组数（默认为30，最小为4，无最大值）；在"Number of divisions"文本框中应输入相邻点的子分数（默认为30，无最大值）

（5）选择"Main Menu"→"General Postproc"→"Path Operations"→"Map onto Path"命令，弹出如图5-30所示的"Map Result Items onto Path"对话框。

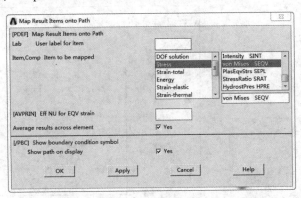

图5-30　映射数据到路径

（6）在"Item to be mapped"列表框中选择要映射的结果项，如"von Mises SEQV"，然后选择"Show path on display"后面的复选框为"Yes"，再单击"OK"按钮即可显示定义的路径。

说明：如果路径不再显示，用户可选择"Main Menu"→"Preprocessor"→"Path Operations"→"Plot Paths"命令重新显示，如图5-28所示。

用户还可以通过工作平面、位置等定义路径，在此不再详述，其菜单位置如图5-31所示。

注意:一个模型中可以定义多个路径,但一次只有一个路径为当前路径,选择"Main Menu"→"Preprocessor"→"Path Operations"→"Recall Paths"命令可以改变当前路径,如图 5-32 所示。

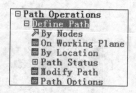

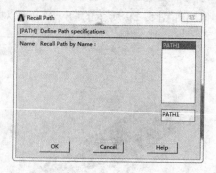

图 5-31　定义路径图　　　　　　　　图 5-32　改变当前路径

5.3.2　观察沿路径的结果

可以通过图形和列表的方式显示沿路径的数据结果。图形显示沿路径结果的操作如下:

(1) 选择"Main Menu"→"General Postproc"→"Path Operations"→"Plot Path Item"→"On Graph"命令,弹出如图 5-33 所示的"Plot of Path Items on Graph"对话框。

(2) 在"Path items to be graphed"列表框中选择 5.3.1 节中定义的"SEQV",然后单击"OK"按钮,得到如图 5-34 所示的曲线图。其中,横坐标为"DIST",也就是距起始路径点的路径长度;纵坐标为"SEQV"结果项。

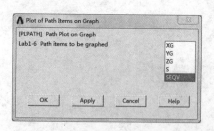

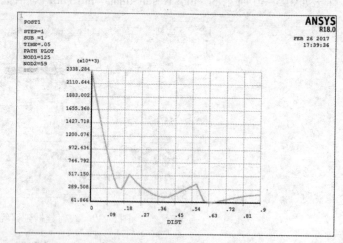

图 5-33　图形显示路径结果　　　　　　图 5-34　图形显示路径数据

说明:"XG""YG""ZG"和"S"为默认定义的四个几何量。

用户还可以改变横坐标的数据项,例如要用[YG]项作为横坐标,其操作步骤如下:

(1) 选择"Main Menu"→"General Postproc"→"Path Operations"→"Plot Path Item"→"Path Range"命令,弹出如图 5-35 所示的"Path Range for Lists and Plots"对话框。

（2）在"X – axis variable"列表框中选择"YG"选项,单击"OK"按钮即可,得到的数据曲线如图 5-36 所示。

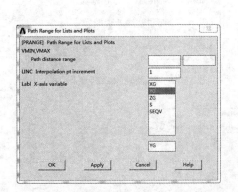

图 5-35　选择横坐标数据项　　　　　　　　图 5-36　改变横坐标数据项

另外,选择"Main Menu"→"General Postproc"→"Path Operations"→"Plot Path Item"→"On Geometry"命令可直接在几何图形上显示路径数据,如图 5-37 所示。

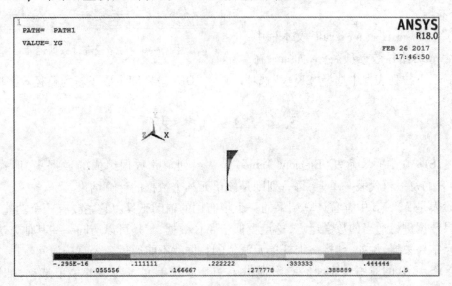

图 5-37　在几何图形上显示路径数据

列表显示路径结果的操作如下:

（1）选择"Main Menu"→"General Postproc"→"Path Operations"→"Plot Path Item"→"List Path Items"命令,弹出如图 5-38 所示的对话框。

（2）在"Path items to be listed"列表框中选择要显示的结果项,如"YG"和"SEQV",然后单击"OK"按钮即可列表显示路径结果,如图 5-39 所示。

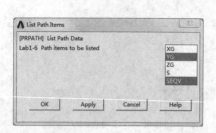

图 5-38　列表显示路径数据

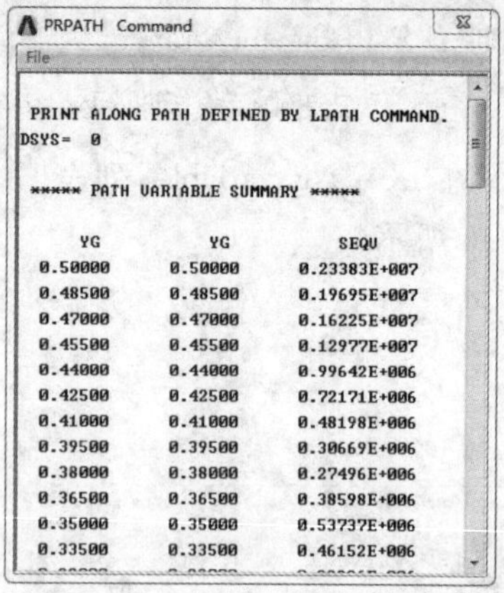

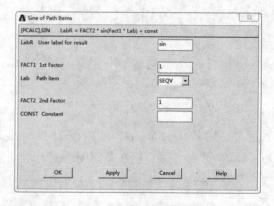

图 5-39　列表显示路径结果

5.3.3　进行沿路径的数学运算

可对路径数据项进行相应的数据运算。下面以求正弦运算为例介绍其操作步骤,其他运算与此类似,不再详述。

(1) 选择"Main Menu"→"General Postproc"→"Path Operations"→"Sine"命令,弹出如图 5-40 所示的"Sine of Path Items"对话框。

(2) 在"User label for result"文本框中输入新生成的路径数据项名称,如 sin;在

图 5-40　对路径进行数据运算

"Path item"下拉列表框中选择"SEQV"选项。单击"OK"按钮即生成了新的路径数据项 SIN。

5.4　单　元　表

ANSYS18.0 中的单元表(Element Table)是一系列单元数据组成的数据集,形式类似数组,其中表的每一行代表一单元,每一列则是该单元某个数据的计算结果。

单元表是 ANSYS 中查看计算结果的一个很有用的辅助工具。它主要有两个功能:一是可以对结果数据进行适当的数学运算,这点类似于路径数据;二是可以访问一些其他方法无法访问的单元结果数据,例如,结构一维杆单元派生的数据就不能通过命令直接访问。

ANSYS 18.0 的通用后处理器专门提供了一个涉及单元表内容的菜单选项,如图 5-41 所示。

5.4.1　创建和修改单元表

下面举例说明如何创建和列表显示单元表。要求创建一个名为 ETBY 的单元表,其内容为 BY 分量,最后列表显示 ETBY 的内容。具体操作步骤如下:

(1) 将课件中目录\ch05\ex2\中的文件复制到工作目录,启动 ANSYS,单击工具栏上的 按钮,将"Direct_CP.db"以及"Direct_CP.rst"读入 ANSYS。

（2）选择"Main Menu"→"General Postproc"→"Element Table"→"Define Table"命令,弹出如图5-42所示的"Element Table Data"对话框,若还未定义单元表,则对话框中的可选单元表中显示为"NONE DEFINED"。

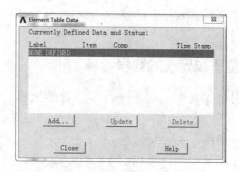

图5-41　单元表菜单选项　　　　　　　图5-42　"单元表定义"对话框

（3）单击"Add"按钮,弹出"Define Additional Element Table Items"对话框,定义新建的单元表名字为ETBY,并输入到"Lab"一栏中。"Results data item"一栏选择"Flux & gradient"和"BY",表明为磁通密度Y分量,如图5-43所示。

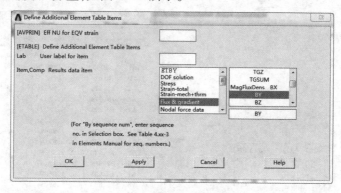

图5-43　定义单元表

说明:"User label for item"列表框中的输出项目很多,而且对于不同的单元输出项目可能会不同,因此建议在定义单元表之前,最好查阅ANSYS的帮助文档确认要定义的单元输出项存在。

（4）单击"OK"按钮,则单元表定义完毕。此时回到单元表选择对话框,其中已经列举出刚定义的单元表ETBY及其相关信息,如图5-44所示。

（5）选择"Main Menu"→"General Postproc"→"Element Table"→"List Elem Table"命令,可查看已经定义的单元表数据内容,选择ETBY,如图5-45所示。

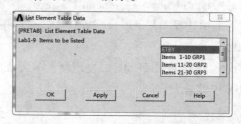

图5-44　已定义的单元表　　　　　　　图5-45　列表显示单元表选择对话框

（6）单击"OK"按钮,弹出如图5-46 所示的"PRETAB Command"对话框,其中列举出 ETBY 中单元及其对应的单元计算数据,此对话框就是单元表最直观的表示方法,左列为单元,右列为单元计算数据。

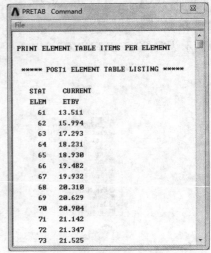

图5-46 列表显示单元表数据

5.4.2 基于单元表的数学运算

可以对单元表中的数据进行多种数学运算,如绝对值、求和、求积、点乘、叉乘等。这些功能对应的菜单项如图5-47 所示。

本节介绍其中的一项内容 Find Maximum,也就是查找两个单元表中对应项的最大数据值,并将该值填充到一个新的单元表中。为此,还需定义一个新的单元表,其单元数据内容为 BX,名称为 ETBX。ETBX 单元表中的部分内容如图5-48 所示。

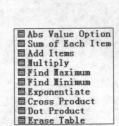

图5-47 单元表的运算功能

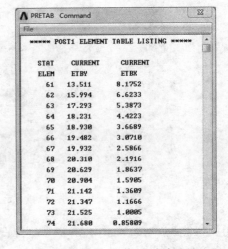

图5-48 ETBX 的内容

选择"Main Menu"→"General Postproc"→"Element Table"→"Find Maximum"命令,弹出"Find Maximum of Element Table Items"对话框,将新的单元表命名为 MAXEB,并将"FACT2"修改为"2",如图5-49 所示。

单击"OK"按钮,则新的单元表 maxEB 定义完毕。

选择"Main Menu"→"General Postproc"→"Element Table"→"List Elem Table"命令,在弹出的对话框中选择 MAXEB 后,单击"OK"确定按钮,查看单元表 MAXEB 中的数据。其结果如图5-50 所示。

对比图5-48 和图5-50,可发现新的单元表 MAXEB 中的各单元数据已经替换成 ETBY 和 2×ETBX 中的最大值。

228

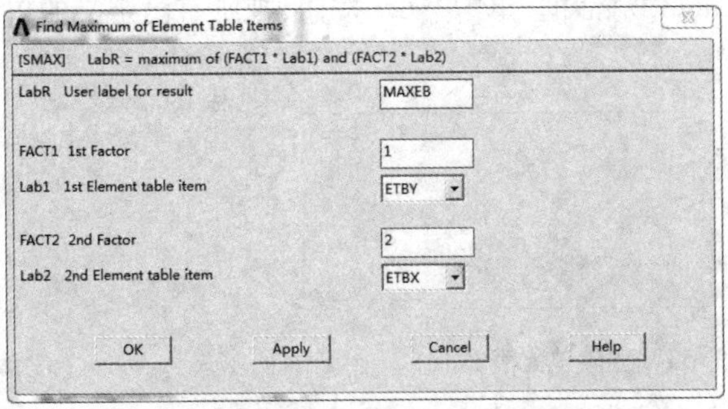

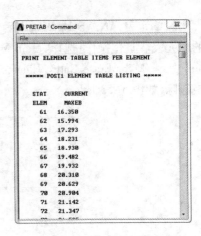

图 5-49 MAX 运算

图 5-50 MAX 运算后的结果

5.4.3 根据单元表绘制结果图形

单元表可以用等值线图的形式显示,也可以列表显示。图形显示的操作如下:

(1) 选择"Main Menu"→"General Postproc"→"Element Table"→"Plot Elem Table"命令,弹出如图 5-51 所示的"Contour Plot of Element Table Data"对话框。

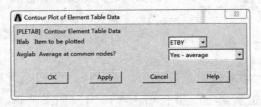

图 5-51 图形显示单元表

(2) 在"Item to be plotted"下拉列表框中选择要显示的单元表名称,如"ETBY";在"Average at common nodes"下拉列表框中选择"Yes - average"选择,表示在公共节点处平均结果。单击"OK"按钮即可图形显示单元表数据,如图 5-52 所示。

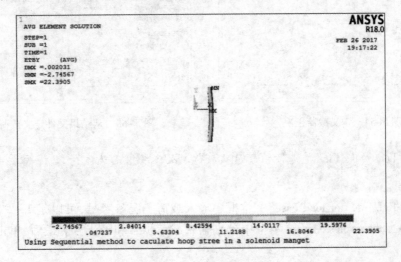

图 5-52 单元表等值线图

229

删除单元表,ANSYS 18.0 通用后处理器提供了一个快捷选项,可以一次性删除所有已定义的单元表。具体操作:选择"Main Menu"→"General Postproc"→"Element Table"→"Erase Table"命令,弹出"Erase Entire Element Table"对话框,单击"OK"按钮,则所有已定义的单元表都被删除,如图 5-53 所示。

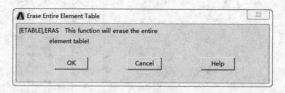

图 5-53　删除单元表

5.5　载荷组合及其运算

在典型的后处理中,每次只能读入一组数据结果(如载荷步 1)进行处理,读入新的数据将更新数据库中原有的数据结果。如果要在两组数据之间执行操作,则需要用到载荷工况功能。

载荷工况是一组赋以任意参考号的结果数据。例如,可以将载荷步 3、子步 4 的一组数据定义为载荷工况 1,将时间为 1.5s 时的一组数据定义为载荷工况 2。ANSYS 18.0 最多可定义 99 个载荷工况,且在数据库中一次只能存储一个载荷工况。

5.5.1　创建载荷工况

创建载荷工况的操作步骤如下:

(1) 选择"Main Menu"→"General Postproc"→"Load Case"→"Create Load Case"命令,弹出如图 5-54 所示的"Create Load Case"对话框。

(2) 选择"Results file"单选按钮,表示从结果文件中定义载荷工况,单击"OK"按钮,弹出如图 5-55 所示的"Create Load Case from Results File"对话框。

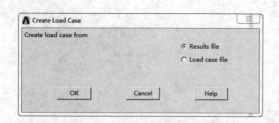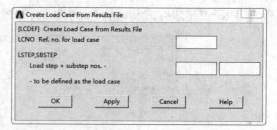

图 5-54　定义载荷工况　　　　　　　　　图 5-55　从结果文件定义载荷工况

说明:"Load case file"单选按钮表示从载荷工况文件中定义载荷工况,需要生成载荷工况文件。

(3) 在"Ref. no. for load case"文本框中输入载荷工况参考号,可以是 1~99 的整数;在"Load step + substep nos. - "文本框中分别输入载荷步号和子步号。最后,单击"OK"按钮即可。

5.5.2 载荷工况的读写

定义了载荷工况后,就可以对载荷工况进行读取操作。读取载荷工况的操作如下:

(1) 选择"Main Menu"→"General Postproc"→"Load Case"→"Read Load Case"命令,弹出如图5-56所示的"Read Load Case"对话框。

(2) 在"Ref. no. of load case"文本框中输入载荷工况的参考号,单击"OK"按钮即可读取相应的载荷工况。

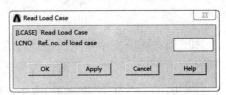

图5-56 读取载荷工况

如果要将当前的载荷工况写入载荷工况文件中,可按以下步骤操作:

(1) 选择"Main Menu"→"General Postproc"→"Load Case"→"Write Load Case"命令,弹出如图5-57所示的"Write Load Case from Database to Load Case File"对话框。

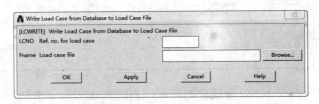

图5-57 写入载荷工况文件

(2) 在"Ref. no. for load case"文本框中输入载荷工况的参考号,在"Load case file"文本框中输入载荷工况文件名。单击"OK"按钮即将当前载荷工况写入到一个新的载荷工况文件中。

5.5.3 载荷工况数学运算

两个载荷工况之间同样可以进行一系列数学运算,从而产生新的数学结果。ANSYS中提供了求和(Add)、求差(Subtract)、求平方(Square)、求平方根(Square Root)等运算操作,下面以求差运算为例,介绍其操作方法,其他不再详述。

(1) 假设已经读入了载荷工况2。选择"Main Menu"→"General Postproc"→"Load Case"→"Subtract"命令,弹出如图5-58所示的"Subtract Load Cases"对话框。

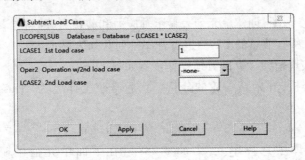

图5-58 载荷工况数学运算

(2) 在"1st Load case"文本框中输入载荷工况参考号"1",其他设置不变,表示从当前数据库中减去载荷工况1的数据。单击"OK"按钮即可。

5.6 综合实例1——桁架计算

本节以结构分析中常见的桁架计算为例,其建模和网格划分较简单,故在此重点介绍如何正确使用通用后处理器进行后处理分析。

桁架的基本尺寸如图 5-59 所示。所有的杆件均为圆柱形钢管,截面为 80mm × 10mm。桁架两端为简支,桁架中间上弦节点作用有 10kN 的集中力。

各弦节点坐标位置如表 5-2 所列。

表 5-2 弦节点坐标位置

弦节点编号	坐标 X	坐标 Y	弦节点编号	坐标 X	坐标 Y
1	0	0	4	1.6	−1
2	3	0	5	4.6	−1
3	6	0			

其中,中间上弦节点的 10KN 是随着时间采用斜坡方式加载上去的,分为 10 个子步,每个子步加载 1KN 的力,到第 10 步(对应时间为 10s)的时候,所有 10KN 的力都加载上去。加载过程如图 5-60 所示,仅列举 $t = 5s$(substep = 5)和 $t = 10s$(substep = 10)的加载情况。

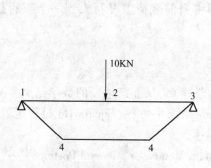

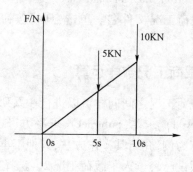

图 5-59 桁架结构示意图   图 5-60 加载过程

目的:绘制位移变形图,创建单元列表显示轴应力和剪切力,并将二者最大值存入 SCMAX 的单元列表中。并对所有节点的 UY 值进行升序排列并列表显示。

使用 GUI 操作实现桁架计算的具体操作步骤如下:

(1)清除当前分析,开始新一轮的分析。然后修改工作名为"Truss",并定义标题名为"Truss"。

(2)选择"Main Menu"→"Preprocessor"→"Element Type"→"Add/Edit/Delete"→"Add"命令,从单元库中选择单元"2 node 288",在下面单元框中输入"16",则得到了"PIPE16"选项,如图 5-61 所示。

(3)选择"Main Menu"→"Preprocessor"→"Real Constants"→"Add/Edit/Delete"命令,为 PIPE16 单元定义实常数。结果如图 5-62 所示。

(4)选择"Main Menu"→"Preprocessor"→"Material Props"→"Material Models"命令,定

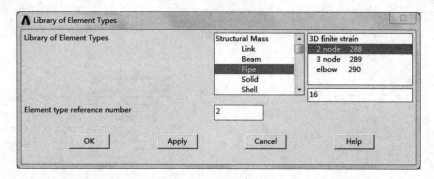

图 5-61　定义单元类型

义材料的杨氏弹性模量和泊松比。结果如图 5-63 所示。

（5）建模。选择"Main Menu"→"Preprocessor"→"Modeling"→"Create"→"Keypoint"→"In Active CS"命令，首先建立关键点，并为每个关键点输入编号以及坐标。其中第 5 个关键点的坐标输入如图 5-64 所示。

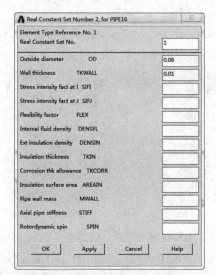

图 5-62　定义实常数

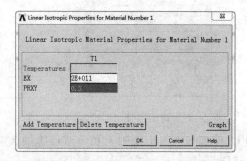

图 5-63　定义材料参数

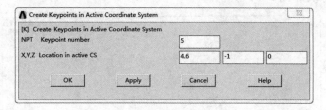

图 5-64　建立关键点

（6）定义杆，即将关键点连接起来。选择"Main Menu"→"Preprocessor"→"Modeling"→"Create"→"Lines"→"Lines"→"In Active Coord"命令，弹出"关键点拾取"对话框，按图 5-59 选择对应关键点以生成线。最终模型如图 5-65 所示。

（7）为实体模型分配单元属性，采用默认方法。选择"Main Menu"→"Preprocessor"→"Meshing"→"Meshing Attributes"→"Default Attributes"命令，结果如图 5-66 所示。

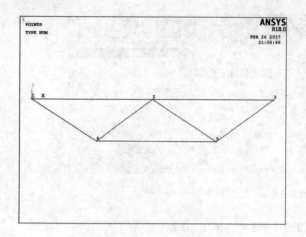

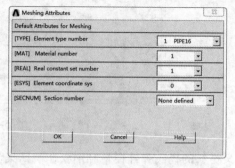

图 5-65　最终模型　　　　　　　　　　　　图 5-66　分配单元属性

（8）设置智能划分水平以及划分网格。选择"Main Menu"→"Preprocessor"→"Meshing"→"Meshing Tool"命令，在弹出的"MeshTool"对话框中将智能划分水平设为"2"，如图 5-67 所示。单击"Mesh"按钮，则实体模型网格划分完毕。

（9）定义分析类型。选择"Main Menu"→"Solution"→"Analysis Type"→"New Analysis"命令，选择"Static"，如图 5-68 所示。单击"OK"按钮，完成分析类型的定义。

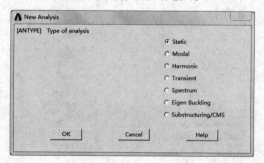

图 5-67　智能划分水平设置　　　　　　　　图 5-68　选择分析类型

（10）施加约束。桁架的 1 和 3 节点施加 X 和 Y 方向的约束，选择"Main Menu"→"Solution"→"DefineLoads"→"Apply"→"Structural"→"Displacement"→"On Keypoints"命令，选择 1 和 3 两个关键点，如图 5-69 所示。

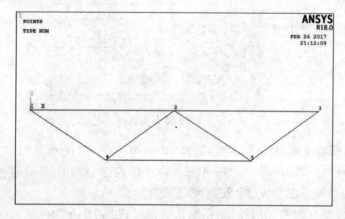

图 5-69　施加约束后示意图

（11）施加载荷。选择"Main Menu"→"Solution"→"Define Loads"→"Apply"→"Structural"→"Force/Moment"→"On Keypoints"命令,弹出"Apply F/M on KPs"对话框,按要求输入参数即可,如图5-70所示。单击"OK"按钮,载荷加载完毕。

（12）设置结果选项。单击"Main Menu"→"Solution"→"Load Step Opts"→"OutputCtrls"→"Solu Printout"命令,弹出"Solution Printout Controls"对话框,选择"Every substep",表示每计算一次子步都保存结果文件,如图5-71所示。单击"OK"按钮,完成设置。

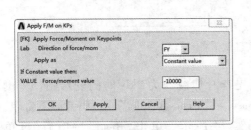

图5-70　施加载荷

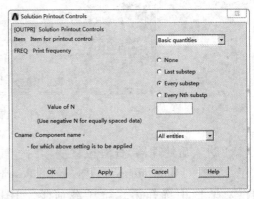

图5-71　设置结果选项

（13）设置结果输出项。选择"Main Menu"→"Solution"→"Analysis Type"→"Sol'n Controls"命令,按图5-72设置,表示每个子步都输出计算结果。单击"OK"按钮,完成设置。

图5-72　结果输出设置

（14）求解。单击"Main Menu"→"Solution"→"Solve"→"Current LS"命令,弹出"Solve Current Load Step"对话框和"STATUS Commend"列表框,如图5-73所示,用于查看设置是否正确。查看文本框中的求解选项,设置正确后,单击"OK"按钮,求解开始。求解完毕后弹出一提示对话框,表示求解完毕。

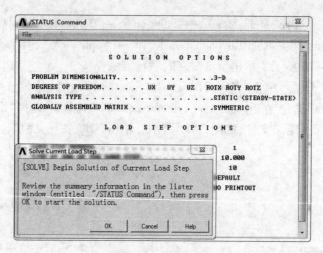

图 5-73　求解确认信息

（15）进入后处理器，查看位移变形图。首先查看加载力为 2kN 时的变形图。先读取结果序列，选择"Main Menu"→"General Postproc"→"Read Results"→"By Pick"命令，在弹出的对话框中选择第二个子载荷步，如图 5-74 所示。单击"Read"按钮后，再单击"Close"按钮。

Set	Time	Load Step	Substep	Cumulati
1	1.0000	1	1	1
2	2.0000	1	2	2
3	3.0000	1	3	3
4	4.0000	1	4	4
5	5.0000	1	5	5
6	6.0000	1	6	6
7	7.0000	1	7	7
8	8.0000	1	8	8
9	9.0000	1	9	9
10	10.000	1	10	10

图 5-74　选择结果序列

（16）选择"Main Menu"→"General Postproc"→"Plot Results"→"Deformed Shape"命令，查看位移变形图，选择显示变形后图形以及未变形的轮廓，结果如图 5-75(a)所示，注意此图左上角的一些信息。

作为对比，读入最后一个载荷步，然后查看其变形图，如图 5-75(b)所示。对比左上角的信息，可发现加载力为 2kN 时的变形值比加载力为 10kN 时的要小。

（17）创建主轴应力和剪切力的单元列表。选择"Main Menu"→"General Postproc"→"Element Table"→"Defines Table"命令，单击"Add"按钮，弹出"Define Additional Element Table Items"对话框，首先为主轴应力创建单元表，其名字为"SMISC1"，选择"By sequence num"，

236

再选择右侧菜单中的"SMISC",如图 5-76 所示。

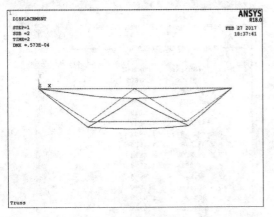
(a) 加载力2kN

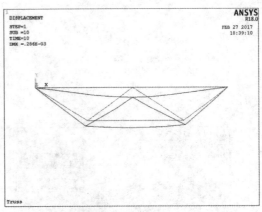
(b) 加载力10kN

图 5-75　变形结果图

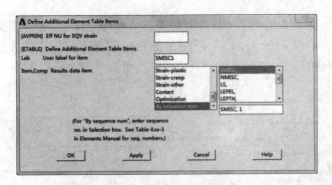

图 5-76　创建单元表

（18）单击"OK"按钮,则主轴应力单元表定义完毕。为剪切应力定义单元表时,只需将名字改为"SMISC2",把"1"改为"2"即可。定义完后的结果如图 5-77 所示。

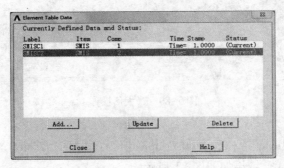

图 5-77　已经定义的单元表

（19）查看单元数据列表内容。选择"Main Menu"→"General Postproc"→"Element Table"→"List Elem Table"命令,在弹出的"List Element Table Data"对话框中选择"SMISC1"和"SMISC2"如图 5-78 所示。

（20）单击"OK"按钮,则列表显示单元表的内容,也就是主轴应力和剪切力,如图 5-79所示。

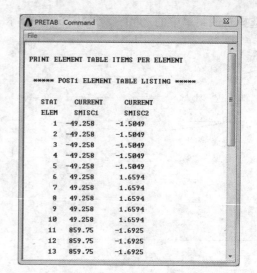

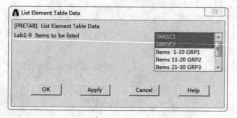

图 5-78　单元表内容　　　　　　　　　图 5-79　单元表结果列表显示

（21）比较两个单元表的内容，取最大值存在一个新的单元表。选择"Main Menu"→
"General Postproc"→"Element Table"→"Find Maximum"命令，弹出"Find Maximum of Element
Table Items"对话框，按图 5-80 所示设置对应内容。单击"OK"按钮，新的单元表 SCMAX 运算
完毕。

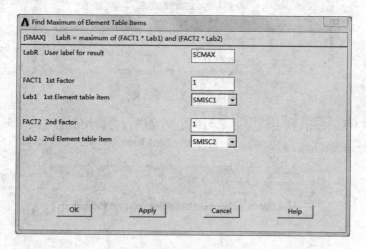

图 5-80　最大值操作

（22）选择"Main Menu"→"General Postproc"→"Element Table"→"List Elem Table"命
令，查看新的单元 SCMAX，结果如图 5-81 所示。

（23）按 UY 升序排列节点值并列表显示。选择"Main Menu"→"General Postproc"→
"List Results"→"Sorted Listing"→"Sort Nodes"命令，设置节点排列顺序。按图 5-82 所示设
置，单击"OK"按钮，则节点排序显示设置完毕。

（24）选择"Main Menu"→"General Postproc"→"List Results"→"Nodal Solution"命令，
显示节点计算内容，其显示顺序为按 UY 大小升序排列。结果如图 5-83 所示。

至此，例题讲述完毕。该实例详细操作过程保存在课件目录\ch05\ex3\中，读者可对照操

作过程仔细体会。

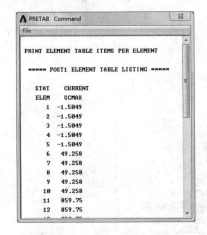

图 5-81 最大值结果列表显示

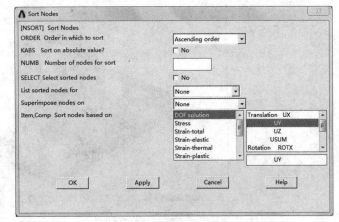

图 5-82 设置节点排序

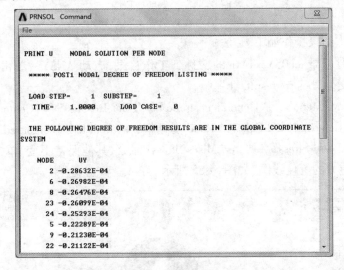

图 5-83 升序列表显示 UY

5.7 综合实例 2——轴承座及汽车连杆后处理分析

5.7.1 轴承座后处理分析

绘制变形图的操作如下:

(1) 复制课件目录\ch05\ex4\中的文件到工作目录,启动 ANSYS,单击工具栏上的 ![btn] 按钮,打开数据库文件"bearingresult. db"。

(2) 选择"Main Menu"→"General Postproc"→"Read Results"→"First Set"命令,读取第一个子步结果。

(3) 选择"Main Menu"→"General Postproc"→"Plot Results"→"Deformed Shape"命令,弹出"Plot Deformed Shape"对话框,选择"Def + undefedge"单元框。单击"OK"按钮,然后单击显示控制工具栏中的 ![btn] 按钮,即可在图形视窗中绘制变形图,如图 5-84 所示。

239

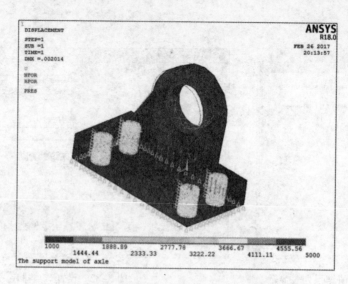

图 5-84　绘制的变形图

图形显示节点结果操作如下：

（1）复制课件目录\ch05\ex4\中的文件到工作目录，启动 ANSYS，单击工具栏上的 按钮，打开数据库文件"bearingresult. db"。

（2）选择"Main Menu"→"General Postproc"→"Plot Results"→"Contour Plot"→"Nodal Solu"命令，弹出"Contour Nodal Solution Data"对话框，在"Item to be contoured"列表框中依次选择"Nodal Solution"→"Stress"→"Von Mises Stress"命令，其他保持不变，单击"OK"按钮即可显示节点 Mises 应力的等值线图，如图 5-85 所示。

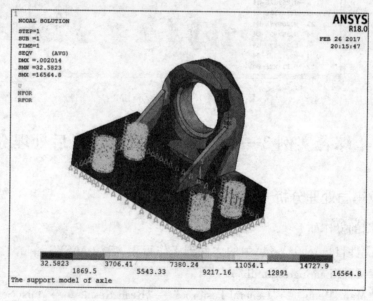

图 5-85　节点应力等值线图

5.7.2　汽车连杆后处理分析

绘制变形图的操作如下：

（1）复制课件目录\ch05\ex5\中的文件到工作目录，启动 ANSYS，单击工具栏上的 按钮打开数据库文件"rodresult. db"。

（2）选择"Main Menu"→"General Postproc"→"Read Results"→"First Set"命令，读取第一个子步结果。

（3）选择"Main Menu"→"General Postproc"→"Plot Results"→"Deformed Shape"命令，弹出"Plot Deformed Shape"对话框，选择"Def + undefedge"单元框。单击"OK"按钮，然后单击显示控制工具栏中的 按钮，即可在图形视窗中绘制变形图，如图 5-86 所示。

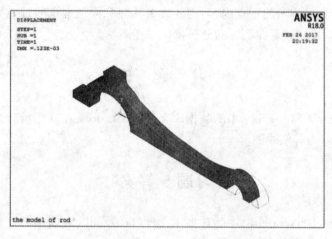

图 5-86 绘制的变形图

图形显示节点结果操作如下：

（1）复制课件目录\ch05\ex5\中的文件到工作目录，启动 ANSYS，单击工具栏上的 按钮，打开数据库文件"rodresult. db"。

（2）选择"Main Menu"→"General Postproc"→"Plot Results"→"Contour Plot"→"Nodal Solu"命令，弹出"Contour Nodal Solution Data"对话框，在"Item to be contoured"列表框中依次选择"Nodal Solution"→"Stress"→"Von Mises Stress"命令，其他保持不变，单击"OK"按钮即可显示节点 Mises 应力的等值线图，如图 5-87 所示。

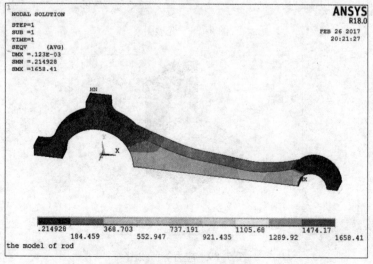

图 5-87 节点应力等值线图

5.8　本章小结

本章主要介绍了通用后处理器(POST1)的使用,包括读取结果数据、图形显示计算结果、路径操作、单元表的使用、载荷工况组合及其运算等基本概念内容;同时通过桁架计算、轴承座及汽车连杆后处理这三个实例详细说明了通用后处理器(POST1)的操作使用过程。该部分内容虽然适用于大部分的有限元分析,但不能分析随时间变化的有限元结果。其中,读取数据结果和等值线图的绘制是本章的重点内容,需要读者熟练掌握。本章的难点是路径操作以及单元表的定义和显示,需要读者在实际的分析操作中逐渐熟悉。

习　题　5

打开课件目录\ch05\exercise\中的数据库文件"hook.db",在通用后处理器中绘制结构变形图和 Mises 等效应力等值线图。

习题 5 答案

打开课件目录\ch05\exercise\中的数据库文件"hook.db",在通用后处理器中绘制结构变形图和 Mises 等效应力等值线图,分别如图 5-88 和图 5-89 所示。

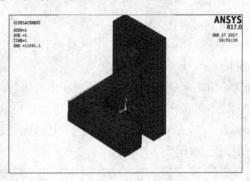

图 5-88　变形图

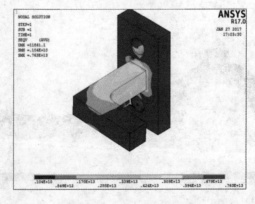

图 5-89　应力等值线图

第6章 时间历程后处理器

本章概要

- 定义和存储变量
- 变量的操作
- 查看变量
- 动画技术
- 综合实例——钢球温度计算

　　时间历程处理器(POST26)可用于查看模型中指定点的分析结果随时间、频率等的变化关系。它可以完成从简单的图形显示和列表到复杂的微分和响应频谱的生成等操作。例如,在瞬态分析中以图形表示产生结果项与时间的关系或在非线性分析中以图形显示载荷和位移的关系。

　　在时间历程后处理器中,用户还可以生成结构随时间的变化动画。本章将从基本的变量定义与操作开始,详细介绍时间历程后处理器的使用。其中,大部分操作都以课件目录 \ch06\ex1\中的混凝土梁分析为基础进行。该分析考虑了混凝土材料的非线性因素,外载荷使用20 个子步逐步施加,使用时间历程后处理器可以得到梁体任何一点的载荷 - 位移曲线等。因此,在学习本章时,最好先将结果文件读入到数据库中。具体操作如下:

　　(1) 将课件目录\ch06\ex1\中的文件复制到用户工作目录。

　　(2) 按用户工作目录启动 ANSYS。

　　(3) 单击工具栏上的🖼按钮,找到数据库文件"beam. db"并打开,得到如图 6-1 所示的有限元模型。

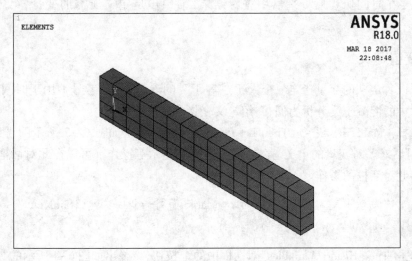

图 6-1　混凝土梁有限元分析模型

（4）选择"Main Menu"→"General Postproc"→"Results Summary"命令,将列表显示非线性分析的结果信息,如图6-2所示。可以看出,在一个载荷步中共分了20个子步进行计算,并迭代了51次。

```
A SET,LIST Command                                          ☒

File

***** INDEX OF DATA SETS ON RESULTS FILE *****

SET    TIME/FREQ    LOAD STEP    SUBSTEP
CUMULATIVE
  1 0.50000E-01        1           1          6
  2 0.10000            1           2         12
  3 0.15000            1           3         14
  4 0.20000            1           4         16
  5 0.25000            1           5         18
  6 0.30000            1           6         20
  7 0.35000            1           7         22
  8 0.40000            1           8         29
  9 0.45000            1           9         31
 10 0.50000            1          10         33
 11 0.55000            1          11         36
 12 0.60000            1          12         45
 13 0.65000            1          13         53
 14 0.70000            1          14         56
 15 0.75000            1          15         59
 16 0.80000            1          16         72
 17 0.85000            1          17         79
 18 0.90000            1          18         87
 19 0.95000            1          19         90
 20 1.0000             1          20         94
```

图6-2　混凝土梁有限元分析结果信息

6.1　定义和存储变量

时间历程后处理器的大部分操作都是对变量而言的,变量是结果数据与时间(或频率)一一对应的简表。这些结果数据可以是某节点处的位移、力、单元应力或单元热流量等。因此,要在时间历程后处理器中查看结果,第一步是定义所需的变量,第二步是存储变量。

6.1.1　变量定义

用户可以对定期的变量指定一个大于或等于2的参考号,参考号1用于时间(或频率)。下面以课件中的混凝土梁分析为例,介绍定义变量的基本操作。

（1）选择"Main Menu"→"TimeHist Postpro"命令,弹出如图6-3所示的"Time History Variables"对话框。对变量的定义、存储、数学运算及显示等操作都可以在此对话框中操作,因此最好熟悉此对话框的操作。

> **说明：**如果无意中关闭"Time History Variables"对话框,选择"MainMenu"→"TimeHist Postpro"→"Variable Viewer"命令可重新打开。

（2）单击"Time History Variables"对话框中的➕按钮,将弹出如图6-4所示的"Add Time - History Variable"对话框。

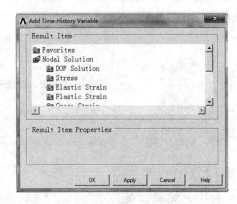

图 6-3 "变量查看"对话框   图 6-4 选择结果项目

（3）在"Result Item"列表框中选择要查看的结果项目，如"Nodal Solution"→"DOF Solution"→"Y – Component of displacement"。接着在"Result Item Properties"选项组中将出现一个文本框，其中程序已自动为变量定义了一个名字"UY_2"，如无需修改，单击"OK"按钮即可。

（4）弹出如图 6-5 所示的图形选取对话框。在文本框中输入要查看的节点编号或者直接用鼠标在图形视窗中选择节点，然后单击"OK"按钮确认。

> **注意**：当用鼠标选取节点时，"Time History Variables"对话框可能会挡住图形视窗中的模型，这时把"Time History Variables"移开即可，不要关闭次对话框，否则定义对话框将会失败。

（5）回到如图 6-6 所示的"Time History Variables"对话框。从"Variable List"可以看到已经定义了一个新的变量 UY_2，其中存储的是节点 41 的 Y 方向位移。重复以上步骤可以继续定义变量，默认情况下可定义 10 个变量。

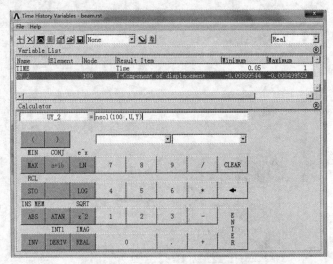

图 6-5 "图形选取"对话框   图 6-6 定义生成的变量

245

用户还可以选择"Main Menu" → "TimeHistPostpro" → "Define Variables"命令来定义变量，如图6-7所示，在此不再详述。

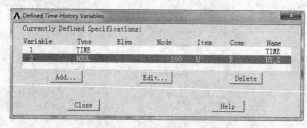

图6-7　"定义变量"对话框

6.1.2　变量存储

定义完变量后，有时为了对变量数据进行进一步的处理，需要将变量数据存储为一个单独的文件或者数组。接6.1.1节中的操作，可对6.1.1节中定义的变量"UY_2"进行如下的存储操作。

（1）在图6-6所示的"Time History Variables"对话框中，选中变量"UY_2"，然后单击 按钮，弹出如图6-8所示的对话框。

（2）在"Export Variables"对话框中有三种存储变量的方式。

① 存储为文件。选中"Export to file"选项，然后在文本框中输入要保存的文件名，文件的扩展名可以是 *.csv（可用 EXCEL 打开）或 *.prn（可用记事本打开），单击"OK"按钮即可。

② 存储为APDL。选中"Export to APDL table"选项，然后在文本框中输入表名，单击"OK"按钮即可。

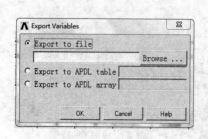

图6-8　存储变量

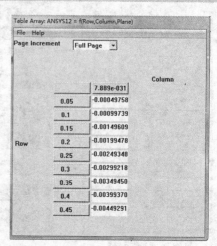

图6-9　生成的 APDL 表

246

③ 存储为 APDL 数组。选中"Export to APDL array"选项,然后在文本框中输入数组名,单击"OK"按钮即可。

> 说明:存储完成后选择"Utility Menu"→"Parameters"→"Array Parameters"→"Define/Edit"命令,选中生成的数组,单击"Edit..."按钮,可查看存储的 APDL 表,它以 1、2、3 等为索引,如图 6-10 所示。

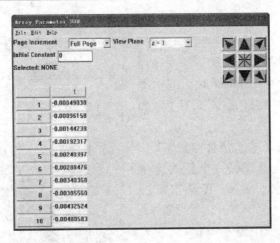

图 6-10　生成的 APDL 数组

6.1.3　变量的导入

变量的导入功能使用户可以从结果文件读取数据集到时间历程变量中。如果用户导入了试验结果数据,就可以显示和比较试验数据与相应的 ANSYS 分析结果数据之间的差异。可以通过以下操作实现变量的导入。

(1) 在"Time History Variables"对话框中单击 ☞ 按钮,弹出如图 6-11 所示的"Import Data"对话框。

(2) 单击"Browse..."按钮,选择变量文件(*.csv 或 *.prn)路径,然后单击"OK"按钮即可。

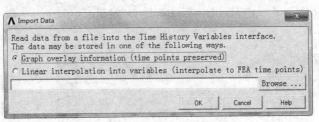

图 6-11　"导入变量"对话框

> 说明:在导入变量文件时,选择"Linear interpolation into variables",则程序会对文件中的数据进行线性插值,从而计算得到在 ANSYS 时间或频率点上的结果数据,然后把该结果数据作为一个时间历程变量存储,并添加到时间变量列表框中。

6.2　变量的操作

时间历程后处理器还可以对定义好的变量进行一系列的操作，主要包括数据运算、变量与数组的相互赋值、数据平滑及生成响应频谱等。

6.2.1　数学运算

有时，对定义的变量进行适当的数学运算是必要的。例如，在瞬态分析时定义了位移变量后，可以对该变量进行时间求导，得到速度和加速度等。"Time History Variablesw 对话框中提供了一个非常方便的数据运算工具集，如图 6-12 所示。

下面假设已经定义了两个位移变量 UY_2 和 UY_3，要通过数学运算得到一个新的变量 alpha =（UY_3 - UY_2)/1.5。其操作步骤如下：

（1）在变量名输入框中输入"alpha"，在表达式输入框中输入"(-)/1.5"。

（2）把活动光标移到" - "前面，然后下拉列表框中选择"UY_3"选项，再把光标移到" - "后面，在变量下拉列表中选择"UY_2"选项，最后得到的表达式如图 6-13 所示。

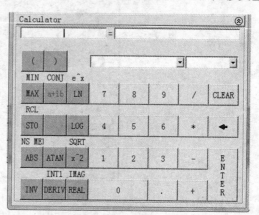

图 6-12　数学运算工具

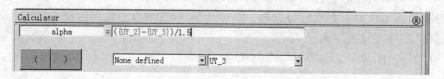

图 6-13　数学运算表达式

（3）单击"ENTER"按钮或直接按回车键即可生产新的变量"alpha"，如图 6-14 所示，此外，还可以选择 Main Menu"→"TimeHistPostpro"→"Math Operations"命令，完成同样的数学运算，该菜单如图 6-15 所示，此处不再详述。

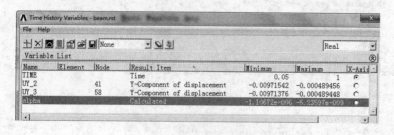

图 6-14　数学运算生成变量

图 6-15　数学运算菜单

6.2.2　变量与数组相互赋值

在时间历程后处理器中，变量可以保存到数组中，也可以将数组中的数据输入到变量中，将变量保存到数组中的操作如下：

（1）首先定义一个空的数组。选择"Utility Menu"→"Parameters"→"Array Parameters"→"Define/Edit"命令，弹出如图 6-16 所示的对话框。

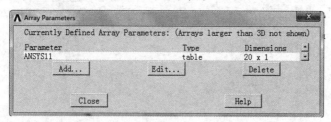

图 6-16 "定义数组"对话框

（2）单击"Add…"按钮，弹出如图 6-17 所示的对话框。在"Parameters name"文本框中输入数组名"arr1"，在"No. of rows,cols,planes"文本框中分别输入"50""1"和"1"，然后单击"OK"按钮。至此已经定义了一名为"arr1"的空数组。

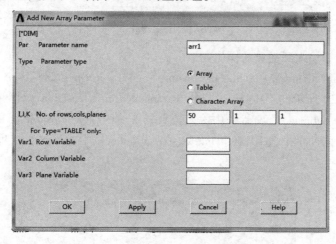

图 6-17 设置数组

（3）选择"Main Menu"→"TimeHistPostpro"→"Table Operations"→"Variable to Par"命令，弹出如图 6-18 所示的"Move a Variable into an Array Parameter"对话框。

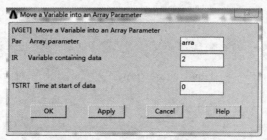

图 6-18 将变量赋给数组

（4）在"Array parameter"文本框中输入刚才定义的数组名"arr1"；在"Variable containing data"文本框中输入变量的参考号"2"（即"Time History Variables"对话框中变量列表框中的第二个变量）；在"Main Menu"→"TimeHist Postpro"→"Table Operations"→"Variable to Par"命令文本框中输入变量的起始时间"0"。然后单击"OK"按钮。

（5）再次选择"Utility Menu"→"Parameters"→"Array Parameters"→"Define/Edit"命令，选中"arrl"数组并单击"Edit…"按钮，即可查看数组中的数据，如图6-19所示。

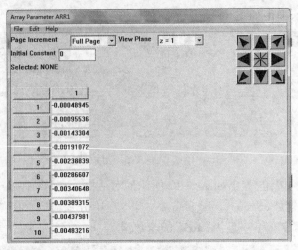

图6-19　arrl数组

将数组中的数据输入到变量的操作如下：

（1）选中"Main Menu"→"TimeHist Postpro"→"Table Operations"→"Parameter to Var"命令，弹出如图6-20所示的"Move an Array Parameter into a Variable"对话框。

（2）在"Array parameter"文本框中输入数组名"arr1"；在"Variable containing data"文本框中输入数组包含的变量个数10，在"Time at start of data"框中输入起始时间点"0"，然后单击"OK"按钮。

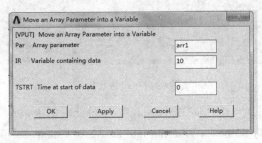

图6-20　arrl数组转化为变量

注意：如果变量参考号与已定义的变量重复，则原来的变量数据将被覆盖。

（3）选择"Main Menu"→"TimeHist Postpro"→"Variable Viewer"命令，即可查看新生成的变量，如图6-21所示。

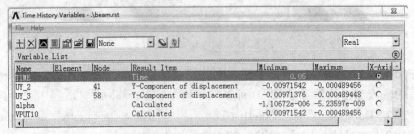

图6-21　生成的VPUT10变量

6.2.3 数据平滑

若进行一个会产生很多噪声数据的分析,如动态分析,则通常需要平滑响应数据。通过消除一些局部的波动,保持响应的整体特征使得用户更好地理解和观察响应。具体操作步骤如下:

(1)选择"Main Menu"→"TimeHist Postpro"→"Smooth Data"命令,弹出如图6-22所示的"Smoothing of Noisy Data"对话框。

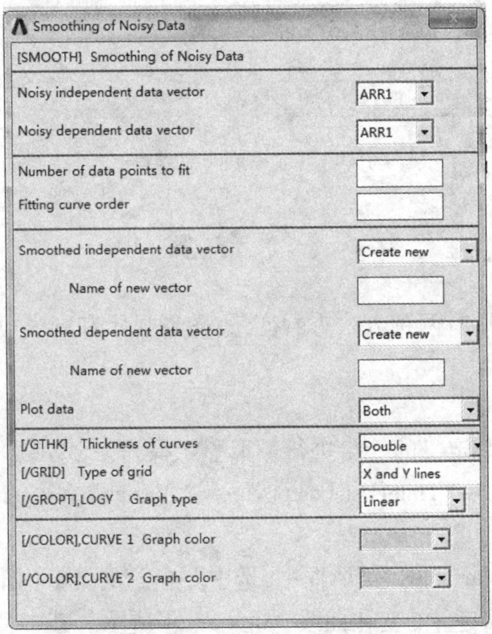

图6-22 "数据平滑"对话框

(2)在"Noisy independent data vector"和"Noisy dependent data vector"下拉列表框中分别选择独立变量(数组);"Number of data points to fit"文本框中输入平滑数据点的数目,留空表示平滑所有数据点;"在Fitting curve order"文本框中输入平滑函数的最高阶数,默认的阶数为数据点数目的1/2,然后单击"OK"按钮即可。

说明:该操作仅适合静态或瞬态分析的结构数据,并不适合对复变量进行操作。

6.2.4 生成响应频谱

生成响应频谱的功能允许用户在给定的时间历程中生成位移、速度、加速度响应谱。频谱分析中的响应谱可用于计算结构的整个响应。操作步骤如下:

(1)选择"Main Menu"→"TimeHist Postpro"→"Generate Spectrm"命令,弹出如图6-23所示的"Generate a Response Spectrum"对话框。

(2)在"Reference number for result"文本框中输入结构的参考号;在"Freq table variable no."文本框中输入响应频谱变量编号;在"Displ time - hist var. no"文本框中输入位移时间历程变量编号;在"Type of response spectrum"下拉列表中选择响应谱的类型;在"Range of time - history"文本框中输入时间历程的范围。然后单击"OK"按钮即可。

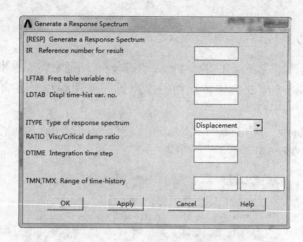

图 6-23　生成响应频谱

6.3　查看变量

时间历程处理器中同样有两种方式查看变量:图形显示和列表显示。

6.3.1　图形显示

下面对 6.1 节和 6.2 中定义的变量进行图形显示操作。显示操作步骤如下。

(1) 选择"Main Men"→"TimeHist Postpro"→" Variable Viewer"命令,弹出"Time History Variables" 对话框。

(2) 在"Time History Variables"对话框中,选中要显示的变量(如"UY_2"),然后单击▲按钮,即可在图形视窗中显示变量的变化曲线,如图 6-24 所示。其中,X 轴为时间变量"TIME",Y 轴为显示的变量数据。

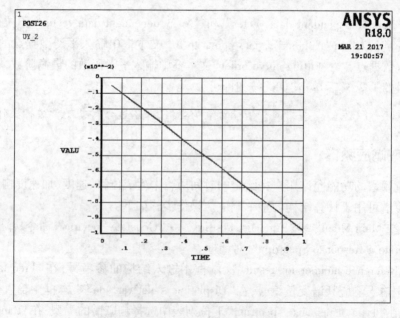

图 6-24　绘制时间历程曲线

说明: 在"Time History Variables"对话框中按住 Ctrl 键可同时选中多个变量,单击 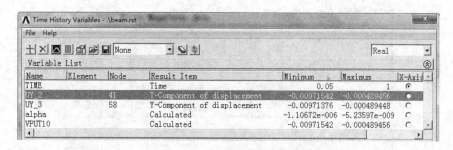 按钮即在图形视窗中同时显示多条曲线。

如果想以定义的变量为 X 轴,可按以下步骤操作。

(1) 选择"Main Menu"→"TimeHistPostpro"→"Variable Viewer"命令,弹出如图 6-25 所示的"Time History Variables"对话框。

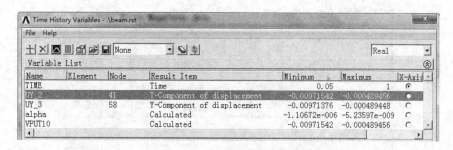

图 6-25　"变量管理"对话框

(2) 在"Variable List"列表框中,选中变量"UY_3"中"X – Axis"列的单选按钮,接着选中[alpha]变量,并单击 按钮,将得到如图 6-26 所示的关系曲线。可以看出,坐标轴标签并没有改变。下面的操作将修改坐标轴标签。

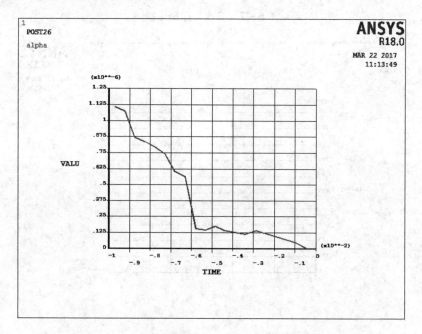

图 6-26　ALPHA 与 UY_3 的关系曲线

(3) 选择"Utility Menu"→"PlotCtris"→"Style"→"Graphs"→"Modify Axes"命令,弹出如图 6-27 所示的"Axes Modifications for Graph Plots"对话框。

(4) 选择"X – axis label",然后单击"OK"按钮关闭对话框。

(5) 在图形视窗中单击鼠标右键,选择"Replot"菜单,将重新绘制关系曲线,如图 6-28 所示。可以看出,此时坐标轴标签已经修改过来了。

253

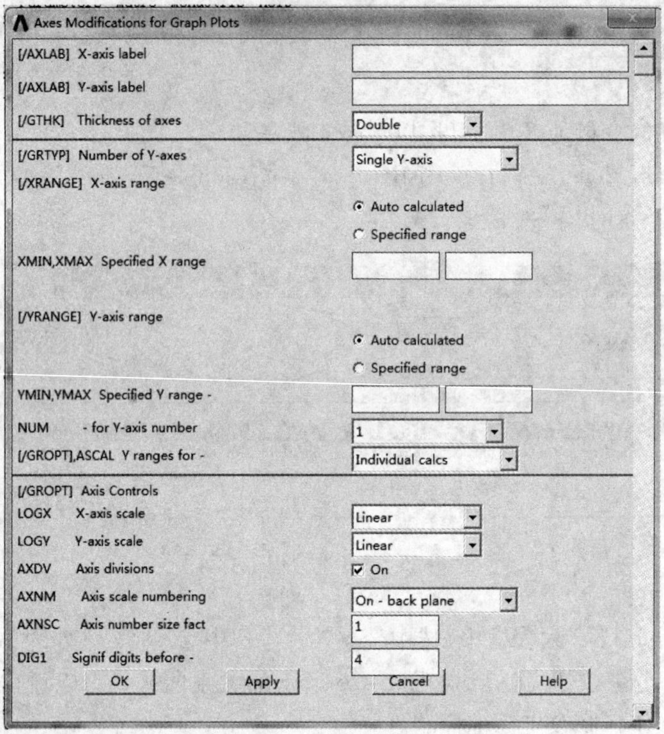

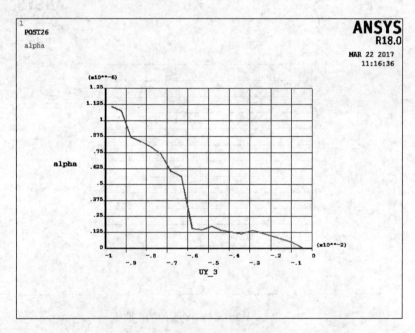

图 6-27　修改坐标轴标签

图 6-28　修改后的坐标轴标签

此外,还可以选择"Main Menu"→"TimeHistPostpro"→"Graph Variables"命令以图形显示变量。单击该菜单,弹出如图 6-29 所示的对话框。在文本框中输入变量,单击"OK"按钮即可。一次最多输出 10 个变量。

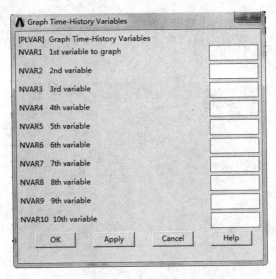

图 6-29　图形显示变量对话框

6.3.2　列表显示

变量的列表显示操作如下：

（1）选择"Main Menu"→"TimeHist Postpro"→" Variable Viewer"命令，弹出"Time His-toryVariables" 对话框。

（2）在"Time History Variables"对话框中，选中要显示的变量，然后单击▥按钮，即可列表显示相应变量，如图6-30所示。

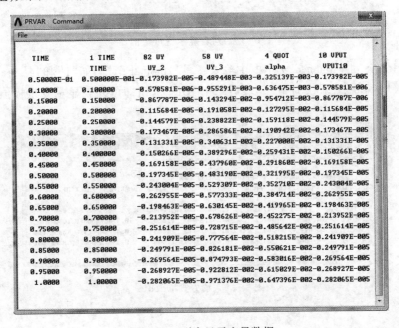

图 6-30　列表显示变量数据

说明：在"Time History Variables"对话框中按住 Ctrl 键可同时选中多个变量，单击▥按钮可同时显示多个变量。

选择"Main Menu"→"TimeHistPostpro"→"List Variables"命令可以列表显示变量。单击该菜单,将弹出如图6-31所示的对话框。在文本框中输入变量,单击"OK"按钮即可。一次最多可输出6个变量。

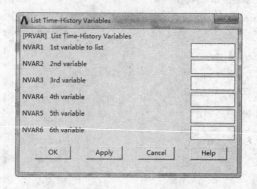

图6-31 列表显示变量

此外,还可以列表显示变量的极值。操作如下:

(1)选择"Main Menu"→"TimeHist Postpro"→"List Extremes"命令,弹出如图6-32所示的"List Extremes Values"对话框。

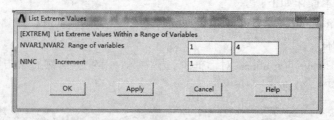

图6-32 列表显示变量极值

(2)在"Range of variables"文本框中输入变量号的起止范围,如"1"和"4";在"Increment"文本框中输入增量步长,默认为"1"。然后单击"OK"按钮即可列表显示变量极值,如图6-33所示。

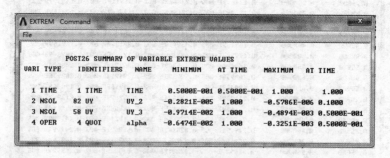

图6-33 显示变量极值

6.4 动 画 技 术

ANSYS后处理的另一个强大功能就是动画技术,它可以动态地显示模型随时间的变化情况,多用于非线性或与时间有关的分析中。

6.4.1 直接生成动画

(1)选择"Utility Menu"→"PlotCtrls"→"Redirect Plots"→"To Segment Memory"命令,弹出如图 6-34 的"Redirect Plots to Animation File"对话框。

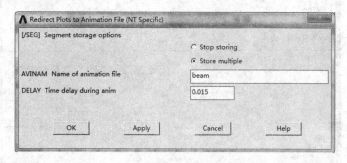

图 6-34 直接生成动画

(2)选择"Store multiple"选项,然后在"Name of animation file"文本框中输入动画文件的名称(默认为工作文件名,扩展名为 *.avi),在"Time delay during anim"文本框中输入时间间隔(默认为 0.015s)。单击"OK"按钮后,ANSYS 会自动记录用户在通用后处理器(POST1)和时间历程处理器(POST26)中的图形操作,并保存在动画文件中。

(3)要停止动画录制,再次选择"Utility Menu"→"PlotCtrls"→"Redirect Plots"→"To Segment Memory"命令,在图 6-34 所示的对话框中选择"Stop storing"选项即可。

6.4.2 通过动画帧显示动画

ANSYS 还提供了一个专门在图形显示动画的菜单,它的路径是"Utility Menu"→"PlotCtrls"→"Animate"。下面以结果等值线动画为例介绍显示动画的操作,子菜单如图 6-35 所示。

(1)选择"Main Menu"→"General Postproc"→"Read Results"→"First Set"命令,读入结果数据文件。在显示动画之前,必须先读入结果数据文件。如果不进行此步操作,可能会弹出如图 6-36 所示的提示对话框。

图 6-35 Animate 子菜单

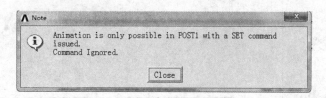

图 6-36 读取数据提示

(2)选择"Utility Menu"→"PlotCtrls"→"Animate"→"Over Time"命令,弹出如图 6-37 所示的对话框。

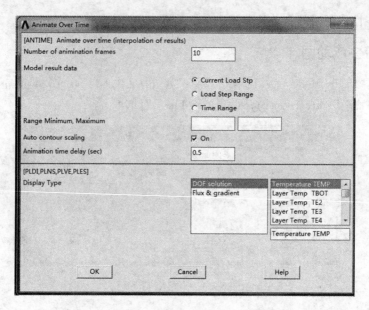

图6-37 通过控制帧显示动画

（3）在"Number of animation frames"文本框中输入动画帧数"10"；在"Model result data"单项列表中选择"Current Load Step"选项，表示显示当前载荷步动画；在"Animation time delay（sec）"文本框中输入帧时间间隔"0.5"；在"Display Type"列表框中选择要图形显示的结果项"Temperature TEMP"。单击"OK"按钮，即可在图形窗口中显示动画，如图6-38和图6-39所示。

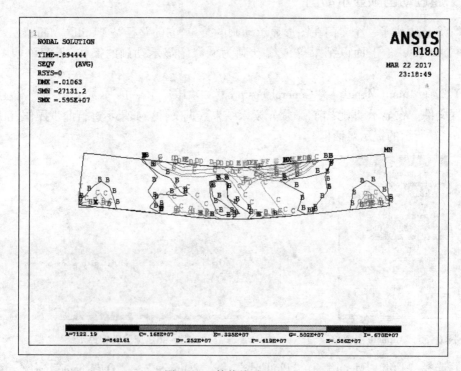

图6-38 等值线动画(一)

其他 Animate 子菜单的功能如下:

"Mode Shape":显示变形模式下动画。

" Cyc Traveling Wave":显示循环动画。

" Deformed Shape ":显示模型变形动画。

"Time – harmornic":显示谐波分析动画。

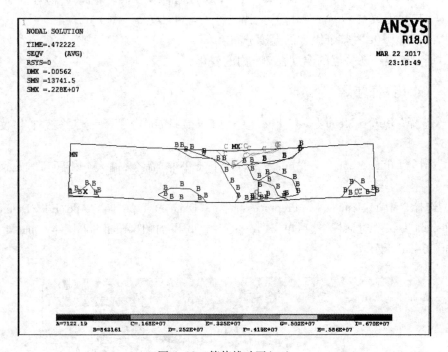

图 6-39　等值线动画(二)

"OverResults":显示结果数据的等值线动画。

"Q – Slice Contours"和"Q – Slice Vector":显示模型剖切面等值线或矢量图动画。

"Isosurfaces":显示模型的变形等值面动画。

"Particle Flow"显示粒子流或者带电粒子运动动画。

6.4.3　动画播放

再次播放动画,可按以下步骤操作:

(1) 选择 "Utility Menu" → "PlotCtrls" → "Animate" → "ReplayAnimation"命令,显示动画的同时会打开一个控制窗口,如图 6-40 所示。

图 6-40　"动画控制"窗口

(2) 单击"Stop"按钮停止动画播放,单击"Close"按钮关闭对话框。

259

6.5 综合实例——钢球温度计算

6.5.1 问题描述

有一个钢球,其半径为 0.15m,球的初始温度为 900℃,将其突然置于温度为 20℃且对流换热系数为 100W/(m² · ℃)的流体介质中,放置时间为 50s。钢球热物理属性为:密度 7800kg/m²,导热系数 $k=70$W/(m · ℃),比热容 $C=448$J/(kg · ℃)。

计算:(1)第 10s 时整个钢球的温度分布。

(2)钢球外表任意一点的温度在 20s 内的变化。

6.5.2 GUI 操作步骤

(1)选择"Utility Menu"→"File"→"Change Jobname"命令,修改工作文件名为"POST26"。

(2)选择"Utility Menu"→"File"→"Change Title"命令,输入分析题目"Transient thermal analyse"。

(3)选择"Main Menu"→"Preprocessor"→"Element Type"→"Add/Edit/Delete"命令,打开"Element Types"对话框,然后单击"Add…"按钮,添加"Thermal Solid"→"Quad 4 node 55"单元,如图 6-41 所示。

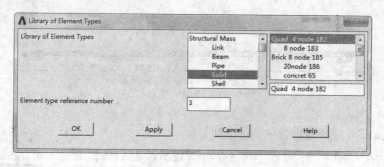

图 6-41 设置的单元类型

(4)选择"Main Menu"→"Preprocessor"→"Material Props"→"Temperature Units"命令,在弹出的对话框中选择"Cesius",表明以摄氏零度作为温度起点,如图 6-42 所示。

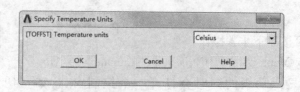

图 6-42 设置温度单位

(5)选择"Main Menu"→"Preprocessor"→"Material Props"→"Material Models"命令,打开"Define Material Model Behavior"对话框,如图 6-43 所示,设置钢的密度(Density)为"7800",热容(Specific Heat)为"448",热传导(Conductivity)为"70"。

260

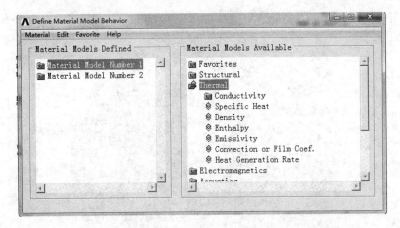

图 6-43　定义材料参数

（6）建立钢球的二维圆模型。选择"Main Menu"→"Preprocessor"→"Modeling"→"Create"→"Areas"→"Circle"→"By Dimensions"命令，弹出如图 6-44 所示的对话框，按图中数据输入尺寸。

（7）单击"OK"按钮，生成如图 6-45 所示的钢球模型二维图形。

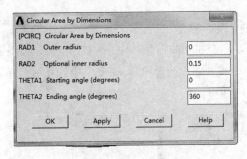

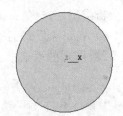

图 6-44　模型几何参数　　　　　　　图 6-45　建立钢球模型

（8）为面对象分配单元属性。选择"Main Menu"→"Preprocessor"→"Meshing"→"Mesh Attributes"→"All Areas"命令，在弹出的对话框中，单击"OK"按钮，即完成单元属性分配。

（9）设置智能网格划分水平。选择"Main Menu"→"Preprocessor"→"Meshing"→"MeshTool"命令，激活网格划分工具，选中"Smart Size"复选框，并将智能划分水平调节为 1，如图 6-46 所示。

（10）在网格划分工具中选择网格划分器为"Free（自由网格划分）"，如图 6-47 所示。

（11）单击图 6-46 所示的"Mesh"按钮，弹出面对象拾取对话框，单击对话框中的"Pick All"按钮。网格划分结果如图 6-47 所示。

图 6-46　设置智能网格划分水平　　　　图 6-47　选择自由划分方式

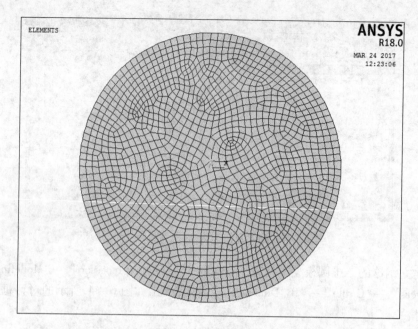

图 6-48　有限元模型

（12）单击工具栏中的"SAVE + DB"按钮,保存模型。

（13）设置分析类型。选择"Main Menu" → "Solution" → "Analysis Type" → "New Analysis"命令,弹出"New Analysis" 对话框,如图 6-49 所示,选择 "Transient"单选按钮,单击"OK"按钮,弹出如图 6-50 所示的对话框,保持默认即可。

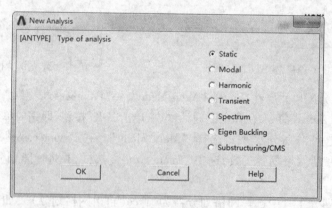

图 6-49　选择分析类型

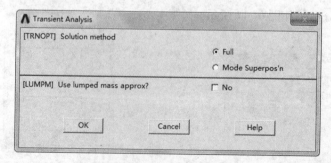

图 6-50　瞬态分析相关设置

（14）设置钢球的初始温度。选择"Main Menu"→"Solution"→"Define Loads"→"Apply"→"Initial Condition"→"Define"命令，弹出"图形选取"对话框，单击"Pick ALL"按钮，弹出如图 6-51 所示的"Define Initial Conditions"对话框，在对话框中设置初始温度为"900"，单击"OK"按钮。

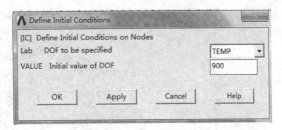

图 6-51　设置初始温度

（15）为钢球施加边界条件。选择"Main Menu"→"Solution"→"Define Loads"→"Apply"→"Thermal"→"Convection"→"On Lines"命令，弹出图形选取对话框，选择钢球外部边界后，单击"OK"按钮，弹出"Apply CONV on lines"对话框，如图 6-52 所示，在"Film cofficient"文本框中输入"100"，在"Bulk temperture"文本框中输入"20"，然后单击"OK"按钮，对流边界条件施加于外部，如图 6-53 所示。

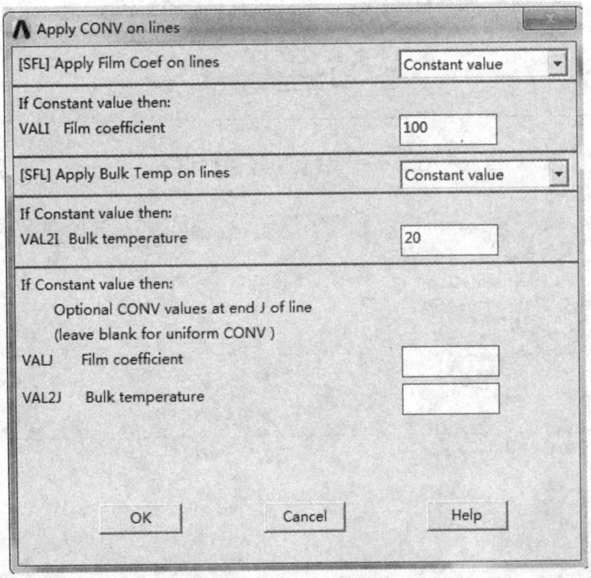

图 6-52　对流条件设置

（16）设置时间和载荷步。选择"Main Menu"→"Solution"→"Load Step Opts"→"Time/Frequenc"→"Time - Time Step"→"Time and Time Step Options"对话框，如图 6-54 所示。在"Time at end of load step"文本框中输入"50"，"Time step size"文本框中输入"1"，选择"Stepped"单元按钮，然后单击"OK"按钮。

（17）设置结果输出项。选择"Main Menu"→"Preprocessor"→"Loads"→"Load Step Opts"→"Output Ctrls"→"DB/Results File"命令，弹出如图 6-55 所示的对话框。选择"Every substep"单选按钮，然后单击"OK"按钮。

（18）求解。选择"Main Menu"→"Solution"→"Solve"→"Current LS"命令，进行求解。

（19）进入通用后处理器，选择第 10 秒的计算结果。选择"Main Menu"→"General Postproc"→"Read Results"→" By Pick"命令，弹出如图 6-56 所示的对话框，选择时间为"10"的一项，单击"Read"按钮，则第 10 秒的结果被读入通用后处理器，单击"Close"按钮关闭对话框。

（20）绘制第 10 秒时的钢球温度分布。选择"Main Menu"→"General Postproc"→"Plot

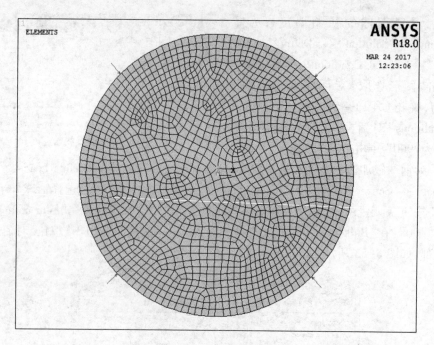

图 6-53　对流边界条件设置

Time and Time Step Options

Time and Time Step Options

[TIME]　Time at end of load step　　　　　　50

[DELTIM]　Time step size　　　　　　　　1

[KBC]　　Stepped or ramped b.c.

　　　　　　　　　　　　　　　　C Ramped

　　　　　　　　　　　　　　　　⊙ Stepped

[AUTOTS] Automatic time stepping

　　　　　　　　　　　　　　　　C ON

　　　　　　　　　　　　　　　　C OFF

　　　　　　　　　　　　　　　　⊙ Prog Chosen

[DELTIM] Minimum time step size

　　　　Maximum time step size

　　　　Use previous step size?　　　　　☑ Yes

[TSRES]　Time step reset based on specific time points

　　　　Time points from :

　　　　　　　　　　　　　　　　⊙ No reset

　　　　　　　　　　　　　　　　C Existing array

　　　　　　　　　　　　　　　　C New array

Note: TSRES command is valid for thermal elements, thermal-electric
　　elements, thermal surface effect elements and FLUID116,
　　or any combination thereof.

　　　　OK　　　　　　　Cancel　　　　　　　Help

图 6-54　时间和载荷步设置

Results"→" Contour Plot"→"Nodal Solu"命令,弹出"Contour Nodal Solution Data"对话框,如
图 6-57 所示。

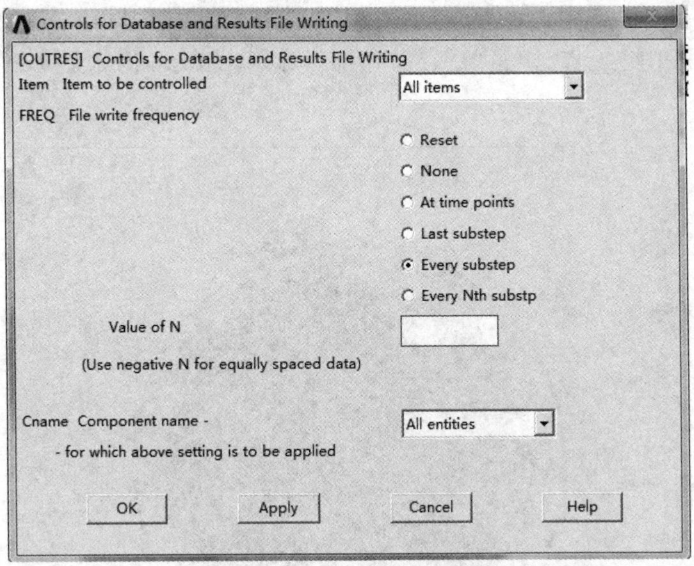

图 6-55 结果输出设置

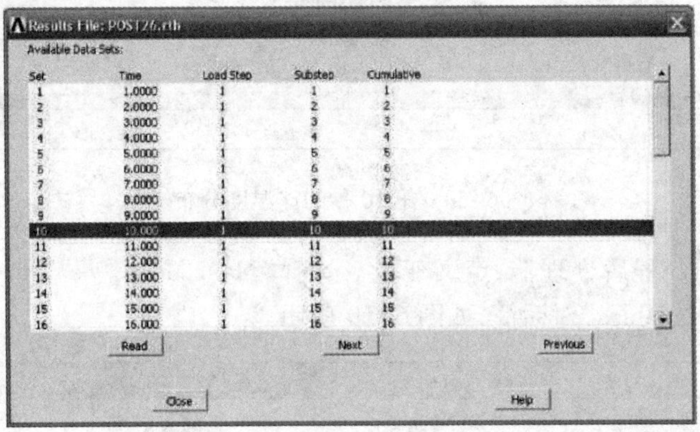

图 6-56 选择结果

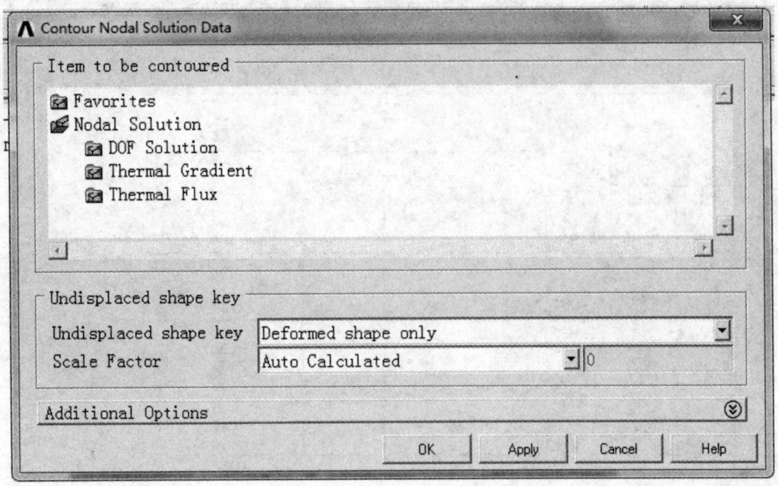

图 6-57 选择结果类型

（21）在"Item to be contoured"列表框中依次选择"Nodal Solution"→"DOF Solution"→"Nodal Temperature OK"命令,单击"OK"按钮即可显示第10秒钢球温度分布图,如图6-58所示。

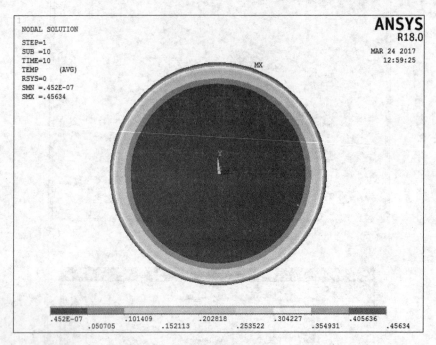

图6-58　第10秒的球温度分布

（22）进入时间历程后处理器,定义变量。选择"Main Menu"→"TimeHist Postpro"命令,弹出"Time History Variables"对话框,如图6-59所示。

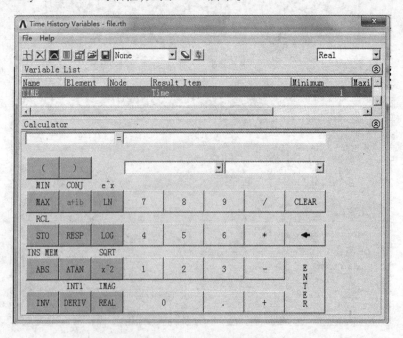

图6-59　变量查看对话框

（23）单击"Time History Variables"对话框中的"⊞"按钮，弹出如图6-60所示的"Add Time - History Variable"对话框。在"Result Item"列表框中依次选择"Nodal Solution"→"DOF Solution"→"Nodal Temperature"命令，其他保持不变，单击"OK"按钮，弹出"节点拾取"对话框，移开"Time History Variables"对话框，此时显示出已经定义的变量 TEMP_2 和 TIME 的信息，如图6-61所示，单击"Close"按钮关闭对话框。

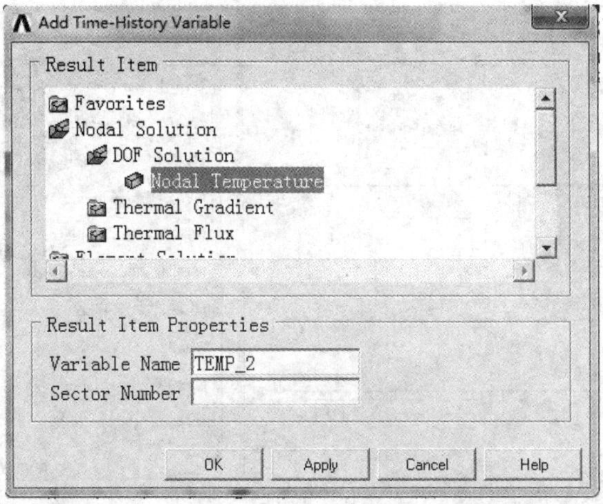

图6-60　选择结果项目

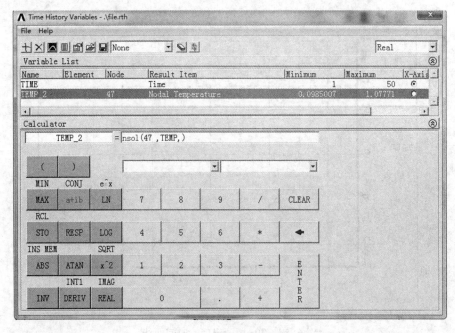

图6-61　变量定义结果

（24）设置显示时间为 0～20s。选择"Main Menu"→"TimeHist Postpro"→"Settings"→"Graph"命令，弹出"Graph Settings"对话框，将"TMAX"一栏改为"20"，表明时间坐标轴最大值为20，如图6-62所示。

（25）显示 0～20s 内，钢球外部边界温度随时间变化图形。选择"Main Menu"→"Time Hist Postpro"→"Graph Variables"命令，弹出"变量"对话框，如图6-62所示，在第一栏中输入变量 TEMP_2 的编号"2",如图 6-63 所示。单击"OK"按钮,则屏幕显示该变量随时间变化的温度曲线。

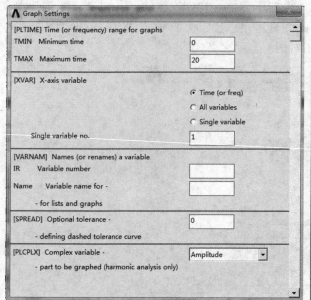

图 6-62　Graph Settings 对话框

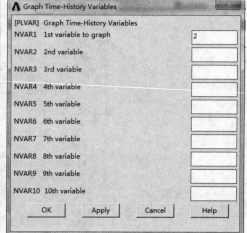

图 6-63　选择变量

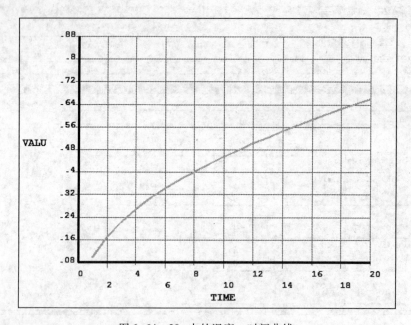

图 6-64　20s 内的温度 – 时间曲线

(26)修改坐标轴标签。选择"Utility Menu"→"PlotCtrls"→"Style"→"Graphs"→"Modify Axes"命令,弹出如图 6-65 所示的"Axes Modifications for Graph Plots"对话框。在"Y – axis label"文本框输入"TEMPERATURE"后单击"OK"按钮,关闭对话框。在图形视窗中单击鼠标右键,选择"Replot"菜单,将重新绘制关系曲线,如图 6-66 所示。可以看出,此时坐标轴标签已经修改过来了。

说明：该实例保存在课件目录\ch06\ex2\中，读者可对照实例操作仔细体会。

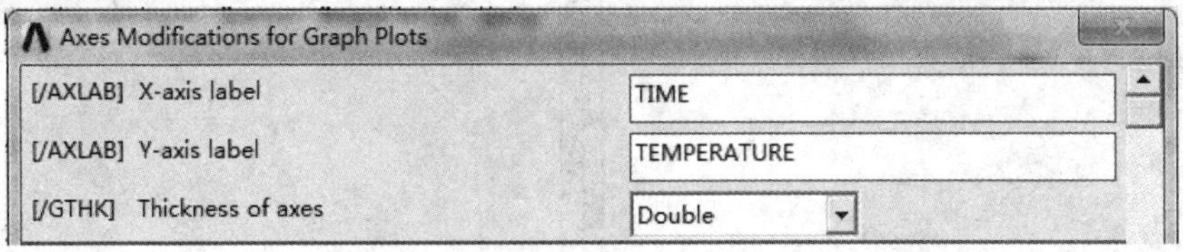

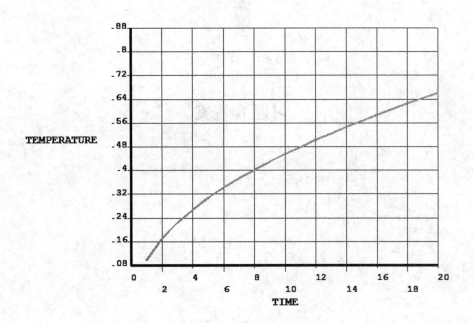

图 6-65　修改坐标轴标签

图 6-66　修改后的坐标轴标签

6.6　本 章 小 结

本章主要介绍了时间历程后处理器的使用，包括变量的定义和存储、变量的操作运算、变量的图形显示、列表显示和变形过程的动画显示等内容。本章同时通过钢球温度计算这个典型实例详细说明了时间历程后处理的相关操作过程。该部分内容主要用于处理和时间有关的结果数据，如多步载荷分析、瞬态动力分析等。其中，变量的定义、运算和显示操作是本章的重点和难点，需要读者熟练掌握。

习　题　6

如图 6-67 所示，一立柱上端受一荷载 *P* 作用，其有限元分析数据文件位于课件目录\ch06\exercise\中，打开数据库文件“pillar. db”，绘制模型的上端竖向位移随底端反力的变化曲线。

图 6-67　立柱示意图

习题 6 答案

略。

第7章 ANSYS 结构分析及应用

本章概要

- 结构分析概述
- 结构静力分析
- 结构非线性分析
- 模态分析
- 谐波响应分析
- 屈曲分析

7.1 结构分析概述

7.1.1 结构分析定义

结构分析是有限元分析中最常用的一个应用领域。在这里,"结构(structural or structure)"是一个广义的概念,它不仅包含桥梁、建筑物等土木工程结构,而且包括车身骨架等汽车结构、船舶等海洋结构、飞机机身等航空结构,以及机械零部件,如活塞、传动轴等。

7.1.2 结构分析的类型

在 ANSYS 产品家族中有 7 种结构分析。结构分析中计算得出的基本未知量(节点自由度)是位移,其他的一些未知量,如应变、应力和反力可通过节点位移导出。

包含结构分析功能的 ANSYS 产品有 ANSYS Multiphysics、ANSYS Mechanical、ANSYS Structural 和 ANSYS Professional。下面简单列出这 6 种类型的结构分析。

结构静力分析(Structural Static Analysis):用于求解静力载荷作用下结构的位移和应力等,包括线性分析和非线性分析。其中,非线性分析涉及塑性、应力刚化、大变形、大应变、超弹性、接触面和蠕变等。

模态分析(Modal Analysis):用于计算结构的固有频率和模态,提供了不同的模态提取方法。

谐波响应分析(Harmonic Response Analysis):用于确定结构在随时间正弦变化的载荷作用下的响应。

瞬态动力学分析(Transient Dynamic Analysis):用于计算结构在随时间任意变化的载荷作用下的响应,并且可以涉及上述静力分析中所有的非线性性质。

屈曲分析(Buckling Analysis):用于计算屈曲载荷和确定屈曲模态。ANSYS 可进行线性(特征值)屈曲和非线性曲屈分析。

显式动力学分析(Explicit Dynamic Analysis):这种类型的结构分析包含在 ANSYS 的 LS-

DYNA 程序中,ANSYS LS – DYNA 提供了一个到 LS – DYNA 显式有限元程序的接口。显式动力学分析可用于计算大变形动力学和复杂接触问题的快速解。

此外,除前面提到的 6 种分析类型外,还可以进行如下的特殊分析:

(1) 断裂力学(Fracture mechanics)。

(2) 复合材料(Composites)。

(3) 疲劳分析(Fatigue)。

(4) p 方法(p – method)。

(5) 梁分析(Beam Analysis)。

7.1.3 结构分析所使用的单元

绝大多数的 ANSYS 单元类型都可用于结构分析。单元类型从简单的杆单元和梁单元,一直到较为复杂的层壳(Layered Shells)单元和大应变实体单元。表 7-1 为常用的结构单元类型。

> **说明:** 显式动力学分析只能采用显式动力单元,包括 LINK160、BEAM161、PLANE162、SHELL163、SOLID164、COMBI165、MASS166、LINK167 和 SOLID168。

表 7-1　结构单元类型

分　类	单 元 名
杆	LINK180
梁	BEAM188,BEAM189
管	PIPE288,P1PE289,ELBOW290
二维实体	PLANE25,PLANE83,PLANE182,PLANE183
三维实体	SOLID65,SOLID185,SOLID186,SOLID187,SOLID272,SOLID273,SOLID285
壳	SHELL28,SHELL41,SHELL61,SHELL181.　SHELL208,SHELL281
实体 – 壳	SOLSH190
界面	INTER192,INTER193,1NTER194,INTER195
接触	TARGE169,TARGE170,CONTA171,CONTA172,CONTA173,CONTA174,CONTA175,CONTA176,CON-TA177,CONTA178
藕合场	SOLID5,PLANE13,FLUID29,FLUID30,FLUID38,SOLID62,FLUID79,FLUID80,FLUID81,SOLID98,FLU-ID129,INFIN110,INFIN111,FLUID116,FLUID130
特殊	LINK11,COMBIN14,MASS21,MATRIX27,COMBIN37,COMBIN39,COMBIN40,SURF153,SURF154,SURF156,SURF159,REINF264,REINF265
显式动力学	LINK160,BEAM161,PLANE162,SHELL163,SOLID164,COMBI165,MASS166,LINK167,SOLID168

7.1.4 材料模式界面

对于本书中的分析,如果采用 GUI 交互式操作,用户可以通过直观的"材料模式交互界面"来定义材料特性。这种方法采用树状结构的材料分类,使用户在分析中选择合适的材料模式变得更加简单。具体方法见 ANSYS18.0 的帮助命令《ANSYS Basic Analysis Guide》。对于显式动力分析(ANSYS/LS – DYNA),材料定义见 ANSYS 18.0 的帮助命令《ANSYS /LS – DYNA User's Guide》。

272

7.1.5　阻尼

大多数系统中均有阻尼,特别是在动力学分析中更应指定阻尼。在 ANSYS 中有下面几种形式的阻尼:

α 和 β 阻尼(瑞利阻尼)(Alpha and Beta Damping, Rayleigh Damping):通过两个命令"ALPHAD""BETAD"输入值。

材料阻尼(Material – Dependent Damping):通过命令"MP,DAMP"输入值。

材料常数阻尼系数(Constant Material Damping Coefficient):通过命令"P,DMPR"输入值。

常数阻尼比(Constant Damping Ratio):通过命令"DMPRAT"输入值。

模态阻尼(Modal Damping):通过命令"MDAMP"输入值。

单元阻尼(Element Damping):在具体的单元中输入,如"COMBIN14"等。

材料结构阻尼系数(Material Structural Damping Coefficient)。

ANSYS Professional 程序中只有常数阻尼比和模态阻尼。另外,可以在模型中指定多种形式的阻尼,程序会把指定的各种阻尼加起来形成阻尼矩阵[C]。材料常数阻尼系数只适用于 Full 分析和模态谐波分析中。表 7-2 列出了在不同结构分析中可用的阻尼类型。

表 7-2　不同分析类型中的阻尼

分析类型	α 和 β 阻尼 (ALPHAD, BETAD)	材料阻尼 (MP,DAMP)	常数阻尼比 (DMPRAT)	模态阻尼 (MDAMP)	单元阻尼[1] (COMBIN14, 等)	材料常数阻尼 系数(MP, DMPR)	结构材料阻尼 系数(TB, SDAMP)
静力学分析	N/A	N/A	N/A	N/A	N/A	N/A	N/A
模态分析							
无阻尼	No	No[2]	No	No	No	No	N/A
有阻尼	Yes	Yes	No	No	Yes	No	N/A
谐响应分析							
完全法	Yes	Yes	Yes[4]	No	Yes	Yes[4]	Yes
缩减法	Yes	Yes	Yes[4]	No	Yes	No	N/A
模态叠加法	Yes	Yes[2]	Yes	Yes	No	No	N/A
QR 阻尼模态叠加	Yes[3]	Yes[3]	Yes	Yes	Yes	Yes[4]	N/A
瞬态分析							
完全法	Yes	Yes	No	No	Yes	No	N/A
缩减法	Yes	Yes	No	No	Yes	No	N/A
模态叠加法	Yes	Yes[2]	Yes	Yes	No	No	N/A
QR 阻尼模态叠加	Yes[3]	Yes[3]	Yes	Yes	Yes	No	N/A
屈曲分析	N/A	N/A	N/A	N/A	N/A	N/A	N/A
子结构	Yes	Yes	No	No	Yes	No	N/A

[1] 表示包括超单元阻尼矩阵;

[2] MP DAMP 指定一个有效的材料阻尼比,在模态分析中指定它,并用在随后的模态叠加分析;

[3] 在 QR 模态阻尼分析中必须指定 α 阻尼、β 阻尼和 MP DAMP 阻尼;

[4] 谐响应分析中,DMPRAT 和 MP DAMP 是结构阻尼比,不是模态阻尼比

注意:(1) 当使用"TB,SDAMP"命令指定频域阻尼时,必须使用"TB,ELAS"指定材料特性。

(2) N/A 表示不能使用。

(3) Ansys18.0 已经不再支持瞬态动力学分析 Reduced 方法。

1. α 阻尼和 β 阻尼

α 阻尼和 β 阻尼用于定义瑞利(Rayleigh)阻尼常数 α 和 β。阻尼矩阵 $[C]$ 是用这些常数分别乘以质量矩阵 $[M]$ 和刚度矩阵 $[K]$ 后计算出来的,即

$$[C] = \alpha[M] + \beta[K]$$

命令"ALPHAD"和"BETAD"分别用于确定瑞利(Rayleigh)阻尼常数 α 和 β。通常 α 和 β 的值不是直接得到的,而是用模态阻尼比 ξ_i 计算出来的。ξ_i 是某个模态 i 的实际阻尼和临界阻尼之比。如果 ω_i 是模态 i 的固有角频率,则 α 和 β 满足

$$\xi_i = \alpha/2\omega_i + \beta\omega_i/2$$

在许多实际结构分析问题中,α 阻尼(或称质量阻尼)可以忽略(α = 0)。这种情形下,可以由已知的 ξ_i 和 ω_i 计算出 β,即

$$\beta = 2\xi_i/\omega_i$$

由于在一个载荷步中只能输入一个 β 值,因此应该选取该载荷步中最主要的被激活频率来计算 β 值。

为了确定对应给定阻尼比的 α 和 β 值,通常假定 α 和 β 之和在某个频率范围内近似为恒定值(图 7-1)。这样,在给定阻尼比 ξ 和一个频率范围 $\omega_i \sim \omega_j$ 后。解两个并列方程组便可求得 α 和 β。

α 阻尼在模型中引入任意大质量时会导致不理想的结果。一个常见的例子是在结构的基础上加一个任意大质量以方便施加加速度谱(用大质量可将加速度谱转化为力谱)。α 阻尼系数乘以质量矩阵后会产生非常大的阻尼力,这将导致谱输入的不精确,以及系统响应的不精确。

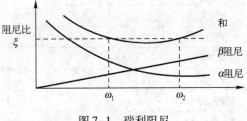

图 7-1 瑞利阻尼

β 阻尼和材料阻尼在非线性分析中会导致不理想的结果。这两种阻尼要和刚度矩阵相乘,而刚度矩阵在非线性分析中是不断变化的。β 阻尼不适用于由接触单元产生的刚度矩阵。由此所引起的阻尼变化有时会和物理结构的实际阻尼变化相反。例如,存在由塑性响应引起的软化的物理结构通常相应地会呈现出阻尼的增加,而存在 β 阻尼的 ANSYS 模型在出现塑性软化响应时则会呈现出阻尼的降低。

2. 材料阻尼

材料阻尼允许将 β 阻尼做为材料性质来指定"MP,DAMP"。注意:对于多材料单元,如SOLID65,只能对单元整体指定一个值,而不能对单元中的每一种材料都指定。在这些情形下,β 是由单元的材料指针(用 MAT 命令设置)决定的,而不是由单元实常数 MAT 指向的材料决定的。"MP,DAMP"假定与温度无关,并且总是从 $T = 0$ 开始计算的。

3. 常数阻尼比

常数阻尼比是在结构中指定阻尼的最简单的方法。它表示实际阻尼和临界阻尼之比,是

用"DMPRAT"命令指定的小数值。"DMPRAT"命令只可用于谐响应分析和模态叠加法瞬态动力学分析。

4. 模态阻尼

模态阻尼可用于对不同的振动模态指定不同的阻尼比。它用"MDAMP"命令指定,且只能用于模态叠加法瞬态动力学分析、谐响应分析。

5. 材料常数阻尼系数

材料常数阻尼系数通过命令"MP,DMPR"输入值,适用于完全分析、VT分析和模态叠加谐响应分析。

6. 单元阻尼

在用到有黏性阻尼特征的单元类型时,会涉及单元阻尼,如单元 COMBIN14、COMBIN37及 COMBIN40 等。关于阻尼的更详细描述请参考 ANSYS18.0 的帮助命令。

7.1.6 求解方法

在 ANSYS 产品中,求解结构问题有两种方法:h 方法和 p 方法。h 方法可用于任何类型的结构分析,而 p 方法只能用于线性结构静力分析。根据所求的问题,h 方法通常需要比 p 方法更密的网格。p 方法在应用较粗糙的网格时,提供了求得适当精度的一种很好的途径。

h 方法和 p 方法是两种处理有限元单元的方法,p 是英文 polynomial 的简称,即多项式。h 的含义有不同的说法,因为它不是从某个英文单词来的,一般认为 h 指的是单元的大小(尺寸)。简单地说,它们之间的区别主要反映在提高计算精度的办法上,h 方法是用简单的单元,但减小单元尺寸,即增加单元数(细化网格来实现,而 p 方法则采用复杂的单元,如增加个体单元的节点,形成非线性单元,但保持单元尺寸不变(即不用细化)来提高计算精度。

p 方法是通过提高形函数阶次来提高计算精度的,h 方法则通过减小单元尺寸来提高精度。两种方法都可以达到根据计算误差调整单元阶次或网格尺寸,实现自适应分析的目的。目前,h 方法相对成熟一些。

7.2　结构静力分析

静力分析计算在固定不变载荷作用下结构的响应,它不考虑惯性和阻尼的影响,如结构受随时间变化的载荷时的情况。但是,静力分析可以计算那些固定不变的惯性载荷对结构的影响(如重力和离心力),以及那些可以近似为等价静力的随时间变化载荷(如通常在许多建筑规范中所定义的等价静力风载荷和地震载荷)的作用。

静力分析用于计算那些不包括惯性和阻尼效应的载荷作用于结构或部件上引起的位移、应力、应变和力。这里,固定不变的载荷和响应只是一种假设,即假设载荷和结构响应随时间的变化非常缓慢。静力分析中所施加的载荷主要包括:

(1)外部施加的作用力或压力。

(2)稳态的惯性力(如重力和离心力)。

(3)强迫位移。

(4)温度载荷(对于热应变)。

(5)能流(对于核能膨胀)。

关于所施加的载荷,可以参考第 4 章的相关内容。

7.2.1 结构静力分析求解步骤

求解结构静力分析的主要步骤如下:

(1) 建立有限元模型。

(2) 设置求解控制。

(3) 设置其他求解选项。

(4) 施加载荷和边界条件并求解。

(5) 结果分析和评价。

> 说明:对于线性静力分析,只要模型合理并施加边界条件正确,一般都可以得到计算结果;而非线性分析则不一定能够得到结果,使一个非线性分析迭代收敛有时需要花费大量的时间。

7.2.2 实例 1——钢支架结构静力分析

在这个实例分析中,将对一个钢支架进行线性静力分析。

1. 问题提出

如图 7-2 所示,对一个书架上常用的钢支架进行结构静力分析。假定支架在厚度方向上无应力(即平面应力问题),选用四节点的平面应力单元;支架厚度为 3.125mm;材料为普通钢材,弹性模量取 $E = 200\text{GPa}$;支架左边界固定;顶面上作用一个 2.625kN/m 的均布载荷。

2. 问题解决

具体求解步骤(GUI 方式)如下:

(1) 定义单元类型。选择"Main Menu"→"Preprocessor"→"Element Type"→"Add/Edit/Delete"命令,弹出如图 7-3 所示的"Element Types"对话框。

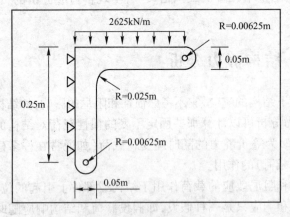

图 7-2　钢支架示意图

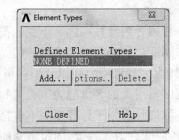

图 7-3　单元类型管理

(2) 单击"Add"按钮,按如图 7-4 所示选中四节点平面应力单元 PLANE182(Quad 4node 182),然后单击"OK"按钮,关闭对话框。

(3) 回到如图 7-3 所示的"单元类型管理"对话框,选中定义的单元,单击"Options"按钮,弹出如图 7-5 所示的对话框。在"K3"下拉列表框中选择"Plane strs w/thk"选项,然后单击"OK"按钮。

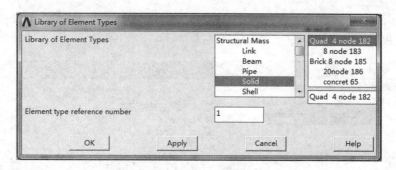

图 7-4　定义单元类型

（4）定义实常数。选择"Main Menu"→"Preprocessor"→"Real Constants"→"Add/Edit/Delete"命令,弹出如图 7-6 所示的"Real Constants"对话框。

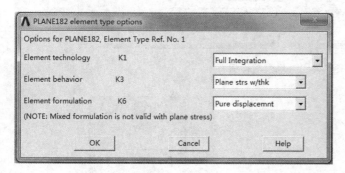

图 7-5　单元选项

图 7-6　"实常数"对话框

（5）单击"Add"按钮,选中"Plane82"单元,单击"OK"按钮,然后按图 7-7 所示在"THK"文本框中输入实数值"3.125E-3",单击"OK"按钮确认。

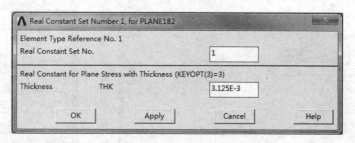

图 7-7　定义实常数

（6）输入材料参数,选择"Main Menu"→"Preprocessor"→"Material Props"→"Material Models"命令,弹出如图 7-8 所示的"Define Material Model Behavior"对话框。

（7）选择"Structural"→"Linear"→"Elastic"→"Isotropic"命令,弹出如图 7-9 所示的对话框。在"EX"文本框中输入弹性模量"2E11",在"PRXY"文本框中输入泊松比"0.3",然后单击"OK"按钮。

　　说明:这是在定义材料序号为 1 的参数,完成后将在"Define Material Model Behavior"对话框中左侧显示材料序号。

（8）建立几何模型。选择"Utilyty Menu"→"Workplane"→"WP Settings"命令,按如图 7-10

277

所示进行工作平面设置,然后单击"OK"按钮。接着选择"Utility Menu"→"Workplane"→"Display Working Plane"命令,显示工作平面栅格。

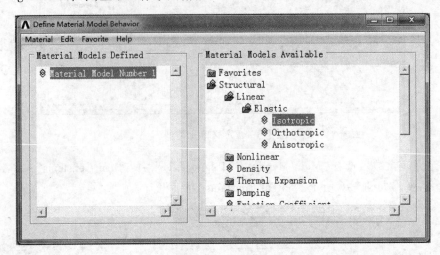

图7-8　选择参数性质

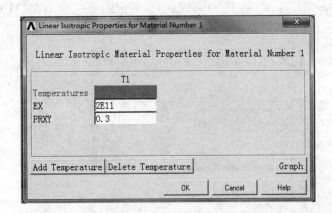

图7-9　定义材料参数

图7-10　设置工作平面

　　(9)选择"Main Menu"→"Preprocessor"→"Modeling"→"Create"→"Keypoints"→"On Working Plane"命令,用鼠标在图形视窗中按图7-11的位置定义6个关键点,勾出支架的轮廓,然后单击"OK"按钮。

　　说明:打开工作平面栅格的目的是为了能用鼠标在图形视窗中准备定义关键点。工作平面栅格具有自动吸附功能,读者可以自己体会。

　　(10)选择"Utility Menu"→"Workplane"→"Display Working Plane"命令,关闭工作平面栅

278

格。然后选择"Main Menu"→"Preprocessor"→"Modeling"→"Create"→"Areas"→"Arbitrary"→"TroughKPS"命令,依次在图中选择关键点 1、2、3、6、5 和 4,单击"OK"按钮,即生成直角形的面,打开线编号显示,如图 7-12 所示。

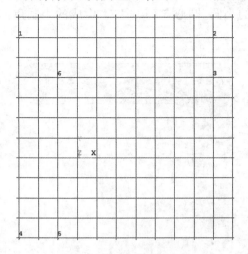

图 7-11　生成关键点

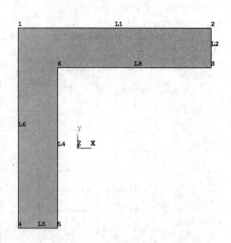

图 7-12　由关键点生成面

（11）选择"Main Menu"→"Preprocessor"→"Modeling"→"Create"→"Lines"→"Line Fillet"命令,然后在图形视窗中选择 L3 和 L4,单击"OK"按钮,弹出如图 7-13 所示的对话框,在"Fillet radius"文本框中输入倒角半径"0.025",单击"OK"按钮。

（12）选择"Main Menu"→"Preprocessor"→"Modeling"→"Create"→"Areas"→"Arbitrary"→"ByLines"命令,选择倒角位置边线 ,单击"OK"按钮,把倒角填充成面,如图 7-14 所示。

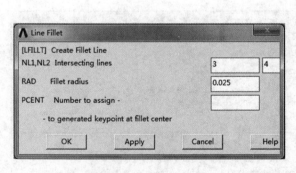

图 7-13　对线进行倒角

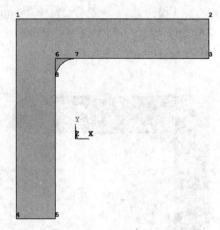

图 7-14　倒角后的模型

（13）选择"Main Menu"→"Preprocessor"→"Modeling"→"Create"→"Areas"→"Circle"→"Partial Annulus"命令,在模型中画两个半圆,圆心位于支持边中点,直径等于支持边长,如图 7-15 所示。

> **说明:**可以打开工作平面栅格辅助操作。

（14）选择"Main Menu"→"Preprocessor"→"Modeling"→"Operate"→"Booleans"→"Add"

→"Areas"命令,在弹出的对话框中单击"Pick AU"按钮,所有的面将通过布尔加运算变为一个面。

(15)选择"Main Menu"→"Preprocessor"→"Modeling"→"Create"→"Areas"→"Circle"→"Annulus"命令,在模型中生成两个半径为0.00625的小圆,圆心与(13)步中生成的半圆重合,如图7-16所示。

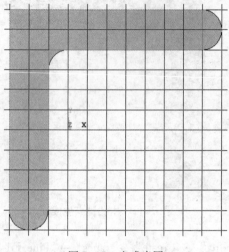

图7-15 生成半圆

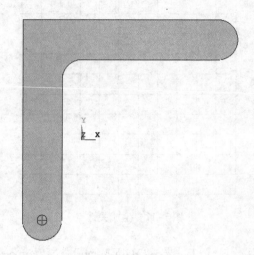

图7-16 生成内接圆

(16)选择"Main Menu"→"Preprocessor"→"Modeling"→"Operate"→"Booleans"→"Subtract"→"Areas"命令,弹出"图形选取"对话框,选择A5,单击"OK"按钮,接着选择A1和A2,然后单击"OK"按钮,即可得到如图7-17所示的最终几何模型。

(17)进入网络划分,选择"Main Menu"→"Preprocessor"→"Meshing"→"Size Cntrls"→"Manual Size"→"Lines"→"Picked Lines"命令,选择模型的外边线,单击"OK"按钮,弹出如图7-18所示对话框。

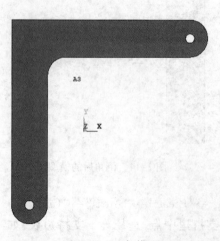

图7-17 几何模型

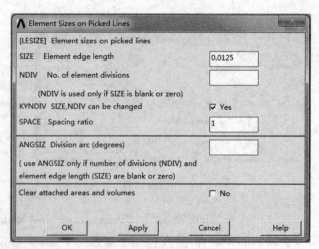

图7-18 设置线的网络尺寸

(18)在"Element edge length"文本框中输入"0.0125",单击"OK"按钮。再次选择"Main Menu"→"Preprocessor"→"Meshing"→"Size Cntrls"→"Manual Size"→"Lines"→"Picked

Lines"命令,选择模型的小圆内边线,单击"OK"按钮,设置"Element edge length"文本框为"0.001",然后单击"OK"按钮。

（19）选择"Main Menu"→"Preprocessor"→"Meshing"→"Mesh"→"Areas"→"Free"命令,弹出"图形选取"对话框,单击"Pick All"按钮,即可完成模型的网络划分,得到的网络如图7-19所示。

（20）施加边界条件,选择"Main Menu"→"Preprocessor"→"Loads"→"Define Loads"→"Apply"→"Structural"→"Displacement"→"On Lines"命令,选择模型的左边线,单击"OK"按钮,弹出如图7-20所示的对话框。在"DOFs to be constrained"列表框中选择"ALL DOF"选项,然后单击"OK"按钮。

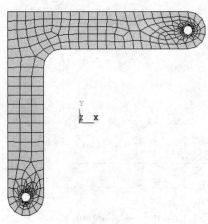

图7-19　网络划分结果

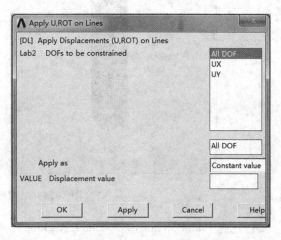

图7-20　定义边界条件

（21）选择"Main Menu"→"Preprocessor"→"Loads"→"Define Loads"→"Apply"→"Structural"→"Pressure"→"On Lines"命令,选择模型顶边线,单击"OK"按钮,弹出如图7-21所示的对话框。在"Load PRES value"文本框中输入压力值"2625",单击"OK"按钮。

（22）进行求解。选择"Main Menu"→"Solution"→"Solve"→"Current LS"命令,弹出如图7-22所示的对话框。单击"OK"按钮。即开始求解。求解结束后,会弹出提示对话框。接下来就可进行后处理了。

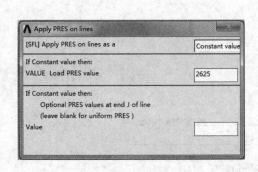

图7-21　施加载荷

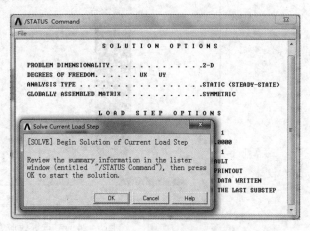

图7-22　"求解确认"对话框

（23）选择"Main Menu"→"General Postproc"→"Plot Results"→"Deformed Shape"命令,弹出"Plot Deformed Shape"对话框,单击"Def + undef edge",然后单击"OK"按钮,结果如图7-23所示。

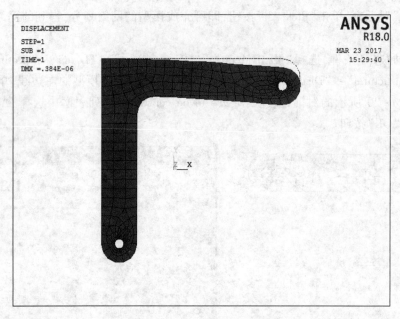

图7-23　结构变形图

（24）选择"Main Menu"→"General Postproc"→"Plot Results"→"Contour Plot"→"Nodal Solu 命令",弹出"Contour Nodal Solution Data"对话框。选择"Nodal Solution"→"Stress"→"Von Mises Stress 命令",单击"OK"按钮,结果如图7-24所示(详细 GUI 操作及命令流见课件目录中\ch07\gangjia)。

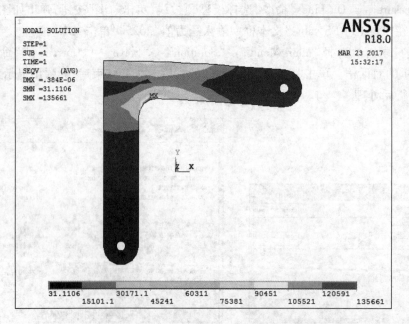

图7-24　节点等效应力等值线图

7.2.3 实例2——六角扳手结构静力分析

1. 问题提出

如图 7-25 所示,对一个六方孔螺钉头用六角扳手(截面高度 10mm)进行结构静力分析。弹性模量取 $E = 2.07 \times 10^{11}$ Pa,泊松比 $\mu = 0.3$,在端部作用 100N 的力,同时还作用 20N 的向下的力。分析扳手在这两种载荷作用下的应力密度。

2. 问题解决

具体求解步骤(GUI 方式)如下:

1)设置文件名和分析标题

选择"Utility Menu"→"File"→"Change Jobname"命令,弹出"Change Jobname"对话框,在"Enter new jobname"文本框中输入文字"Allen Wrench"作为本分析实例的数据序文件名。单击"OK"按钮,完成文件名的修改,如图 7-26 所示。

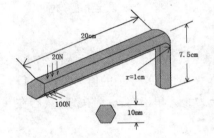

图 7-25 六角扳手示意图

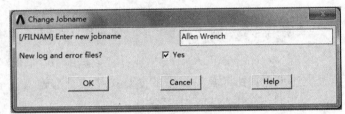

图 7-26 设定分析文件名

选择"Utility Menu"→"File"→"Change Title"命令,弹出"Cliange Title"对话框,如图 7-27 所示。在"Enter new title"文本框中输入文字"Static Analysis of an Allen Wrench",并单击"OK"按钮。

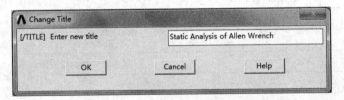

图 7-27 设定分析标题

选取"Utility Menu"→"Plot"→"Replot"命令,指定的标题"static analysis of an Allen Wrench"将显示在图形窗口的左下角。

2)设置单位

单击 ANSYS Input window 右下角,输入"/UNITS,SI"后回车。注意:在"ANSYS Input window"的输入行上方出现了这个命令。

选择"Utility Menu"→"Parameters"→"Angular Units"命令,出现"Angular Units for Parametric Functions"对话框。在"Units for angular parametric functions"下拉菜单中选择"Degrees DEG",然后单击"OK"按钮,如图 7-28 所示。

3)定义参数

选择"Utility Menu"→"Parameters"→"Scalar Parameters"命令,弹出"Scalar Parameters"

对话框。如图 7-29 所示,在"Selection"文本框中输入"EXX = 2.07E11"。

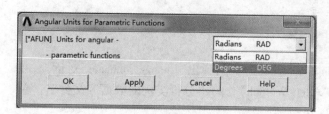

图 7-28　设定角度单位　　　　　　　　　　　图 7-29　设定角度单位

说明:不管输入时字母是大写还是小写,ANSYS 会将输入字母全部转换为大写。

单击"Accept"按钮,ANSYS 生成并在数据库中存储 EXX 变量,EXX 变量的值为 2.07E11。重复上述步骤直到将表 7-3 中的变量按格式全部输入完毕为止。单击"Close"按钮,然后在 ANSYS 工具条单击"SAVE_DB"按钮。

表 7-3　定义的参变量

参数变量名	数　值	参 数 描 述
EXX	2.07E11	弹性模具的值为 2.07×10^{11} Pa
W_HEX	0.01	正六边形截面的高度为 0.01m
W_FLAT	W_HEX * TAN(30)	正六边形的边长为 0.0058m
L_SHANK	0.075	扳手杆的长度(短端)为 0.075m
L_HANDLE	0.2	扳手柄的长度(长端)为 0.2m
BENDRAD	0.01	扳手柄与杆的过渡圆角半径为 0.01m
L_ELEM	0.0075	单元边长为 0.0075m
NO_D_HEX	2	截面每边的单元分划数为 2
TOL	25E - 6	所选节点误差精度为 25E - 6m

4)定义单元类型

选择"Main Menu"→"Preprocessor"→"Element Type"→"Add/Edit/Delete"命令,弹出如图 7-30 所示的"Element Types"对话框。单击"Add"按钮,出现"Library of Element Types"对话框,如图 7-31 所示,在左边选择"Structural Solid",在右边选择"Brick 8 node 185",单击"Apply"按钮把它定义为单元类型 1,在对话框右边选择"Quad 4 node 182"。单击"OK"按钮把它定义为单元类型 2,并关闭对话框。在"Element Types"对话框中单击"Close"按钮。同时返回到第一步弹出的"单元类型"对话框,如图 7-32 所示。

5)定义材料特性

选择"Main Menu"→"Preprocessor"→"Material Props"→"Material Models"命令,弹出如

图 7-33 所示的"Define Material Model Behavior"对话框。

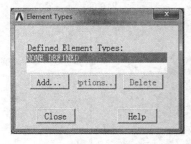

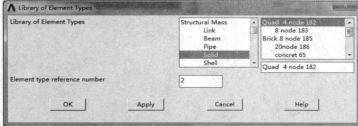

图 7-30　单元类型管理　　　　　　　　　　　图 7-31　定义单元类型

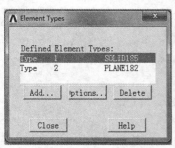

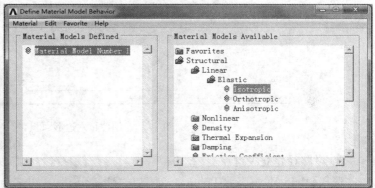

图 7-32　"单元类型"对话框　　　　　　　　　图 7-33　选参数性质

在右侧"Material Models Available"栏中选择"Structural"→"Linear"→"Elastic"→"Isotropic"命令,弹出如图 7-34 所示的对话框。在"EX"文本框中输入字符"EXX",在"PRXY"文本框中输入泊松比"0.3",然后单击"OK"按钮。此时,"Material Model Defined"对话框左侧出现"Material Model Number 1"。如图 7-33 所示,选择"Material"→"Exit"命令,退出"Define Material Model Behavior"对话框。

6)建立六角形截面

选择"Main Menu"→"Preprocessor"→"Modeling"→"Create"→"Areas"→"Polygon"→"By Side Legth"命令,出现如图 7-35 所示的"Polygon by Side Length"对话框,在"Number of sides"中输入"6",在"Length of each side"文本框中输入正六边形的边长变量"W_FLAT",单击"OK"按钮,出现如图 7-36 所示的六角形。

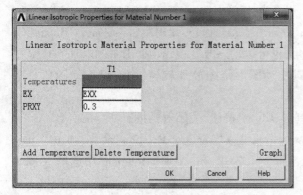

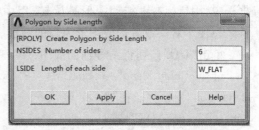

图 7-34　定义材料参数　　　　　　　　　　　图 7-35　根据边长定义多边形

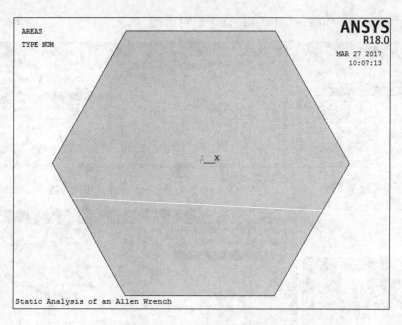

图 7-36　创建正六边形面积

7）沿路径建立关键点

选择"Main Menu"→"Preprocessor"→"Modeling"→"Create"→"Keypoints"→"In Active CS"命令,弹出"Create Keypoint in Active Coordinate System"对话框,按表 7-4 输入相应关键点的坐标值。

表 7-4　创建的关键点

Keypoint number	X, Y, Z Location in active CS		
	X	Y	Z
7	0	0	0
8	0	0	– L_SHANK
9	0	L_HANDLE	– L_SHANK

8）沿路径建立线

选择"Utility Menu"→"PlotCtrls"→"Window Controls"→"Window Options"命令,出现"Window Options"对话框。在"Location of triad"下拉菜单中选"At top left"后单击"OK"按钮。

选择"Utility Menu"→"PlotCtrls"→"Pan Room Rotate"命令,弹出"Pan – Zoom – Rotate"对话框,在此对话框中可以指定图形窗口的视角,也可以动态改变视角(将"Dynamic Model"复选框选中,用鼠标右键拖动图形是旋转,用中键拖动图形是缩放和旋转,用左键拖动图形是平移),以便于观察或者选取图形窗口的图形。

单击"ISO"按钮得到等轴侧视图,然后单击"Close"按钮,关闭对话框。

选择"Utility Menu"→"PlotCtrls"→"View Settings"→"Angle of Rotation"命令,弹出"Angle of Rotation"对话框。在"Angle in degrees"文本框输入"90",在"Axis of rotation"中选择"Global Cartes X",单击"OK"按钮。

选择"Utility Menu"→"PlotCtrls"→"Numbering"命令,弹出"Plot Numbering Controls"对话

框,单击"Keypoint numbers"(关键点编号)复选框,打开关键点编号显示控制开关。单击"Line numbers"(线编号)复选框,打开线编号显示控制开关。单击"OK"按钮,关闭对话框。这时,图形窗口将显示线和关键点的编号连同相应的线及关键点。

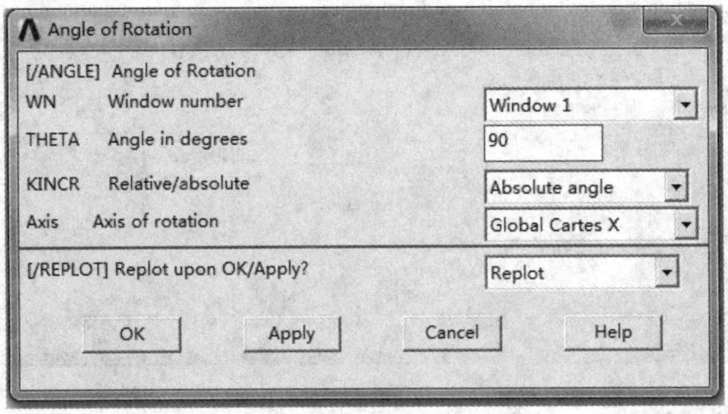

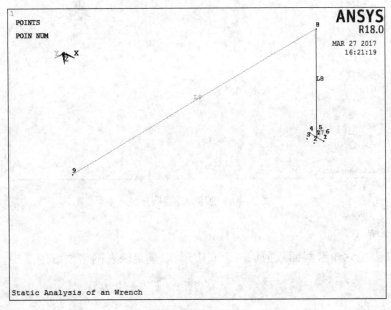

图7-37 "角度旋转"对话框

选择"Main Menu"→"Preprocessor"→"Modeling"→"Create"→"Lines"→"Straight Line"命令,出现"Create Straight Line"拾取菜单,选择欲创建线的端点。此对话框要求通过指定线的两个端点创建线,可以通过输入两个端点的编号来创建线,也可以用鼠标在图形窗口中点取。

拾取关键点4和1,在这两点间创建一条直线。

拾取关键点7和8,在这两点间创建一条直线。

拾取关键点8和9,这两点间创建一条直线。

单击"OK"按钮,所创建的直线如图7-38所示。

图7-38 创建的直线

> **说明**:拾取关键点时,可能需要通过"Pan‑Zoom‑Rotate"对话框改变视角以方便取点。

9）创建从扳手杆到扳手柄的圆弧线。

选择"Main Menu"→"Preprocessor"→"Modeling"→"Create"→"Lines"→"Line Fillet"命

令,弹出"Line Fillet"拾取菜单。

拾取线 L8 和 L9,单击"OK"按钮。关闭"选择"对话框,弹出"Line Fillet"对话框,在"Fillet radius"文本框中输入圆角半径"BENDRAD",如图7-39所示。

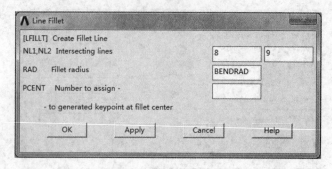

图7-39 "圆角线"对话框

单击"OK"按钮,关闭"选择"对话框,创建出 L8 和 L9 之间的圆角线,如图7-40所示。在工具条中单击"SAVE_DB"保存所创建的轨迹线。

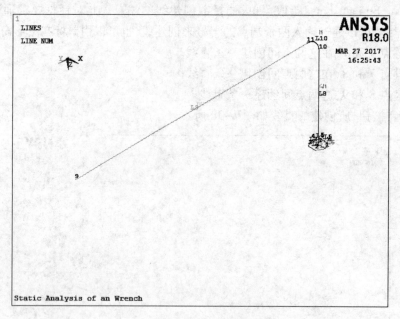

图7-40 创建的过渡圆角线

10)剪裁六角形截面

在这一步,要把六角形截面裁剪成两个四边形,以满足映射网格划分的需要。

> **说明:**这一步也可以省略,但需注意六角形面的网格划分方法。

选择"Utility Menu"→"PlotCtrls"→"Numbering"命令,弹出"Plot Numbering Controls"对话框,关闭"Key point numbers"方框后单击"OK"按钮。

选择"Utility Menu"→"Plot"→"Areas"命令。

选择"Main Menu"→"Preprocessor"→"Modeling"→"Operate"→"Booleans"→"Divide"→"With Options"→"Area by Line"命令,弹出"Divide Area by Line"拾取菜单,拾取阴影的面,单

击"OK"按钮,弹出"Divide Area by Line"拾取菜单,拾取线 L7,单击"OK"按钮,弹出"Divide Area by Line with Options"对话框,在"Subtracted lines will be drop down"菜单中选择"Kept",单击"OK"按钮。

选择"Utility Menu"→"Select"→"Comp/Assembly"→"Create Component"命令,出现"Create Component"对话框,输入"BOTAREA"作为组件名。在"Component is made of"菜单中选择"Areas",单击"OK"按钮。裁剪的六角形截面如图 7-41 所示。

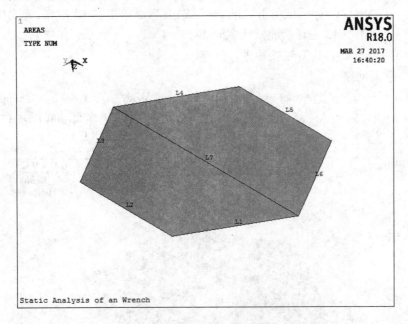

图 7-41　裁剪的六角形截面

11）设置网格密度

选择"Main Menu"→"Preprocessor"→"Meshing"→"Size Cntrls"→"Manual Size"→"Lines"→"Picked Lines"命令,弹出"Element Size on Picked Lines"(在选定线上设置单元分划数)拾取菜单,在输入窗口输入"1,2,6"后单击"OK"按钮,弹出"Element Sizes on Picked Lines"对话框,如图 7-42 所示,在"No. of dement divisions"中输入"NO_D_HEX",单击"OK"按钮。

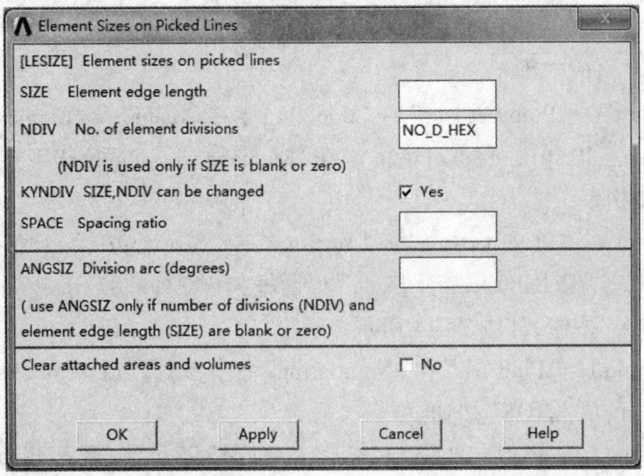

图 7-42　设定单元分划数

12）设置截面网格的单元类型

在这一步，设置单元类型为PLANE182，全部采用映射网格。

选择"Main Menu"→"reprocessor"→"Modeling"→"Create"→"Elements"→"Elem Attributes"按钮，弹出"Element Attributes"对话框，在"Element type number"下拉菜单中选择"2 PLANE 182"，单击"OK"按钮。

选择"Main Menu"→"Preprocessor"→"Meshing"→"Mesher Opts"命令，弹出"Mesher Options"对话框，在"Mesher Type"域单击"Mapped"按钮，然后单击"OK"按钮，弹出"Set Element Shape"对话框。单击"OK"按钮接收默认"Quad"。

在工具条中单击"SAVE_DB"按钮进行保存。

13）建立截面网格

选择"Main Menu"→"Preprocessor"→"Meshing"→"Mesh"→"Areas"→"Mapped"→"3 or 4 sided"命令，出现"Mesh Areas"拾取框，单击"Pick All"按钮，选择"Utility Menu"→"Plot"→"Elements"命令，如图7-43所示。

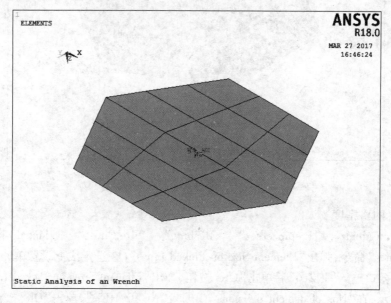

图7-43 划分好的截面网格单元

14）拖拉二维网格成三维单元

选择"Main Menu"→"Preprocessor"→"Modeling"→"Create"→"Elements"→"Elem Attributes"命令，弹出"Element Attributes"对话框。在"Element type number"下拉框中选 择"1 SOLIDI85"，单击"OK"按钮。

选择"Main Menu"→"Preprocessor"→"Meshing"→"Size Cntrls"→"ManualSize"→"Global"→"Size"命令，弹出"Global Element Sizes"对话框，在"Element edge length"对话框中输入"L_ELEM"，单击"OK"按钮，如图7-44所示。

选择"Utility Menu"→"PlotCtrls"→"Numbering"命令，勾选"Line numbers"方框（如果已经勾选，则此步骤省略），单击"OK"按钮。

选择"Utility Menu"→"Plot"→"Lines"命令。如果看不见线，需要滑动鼠标中间键，直到线出现。

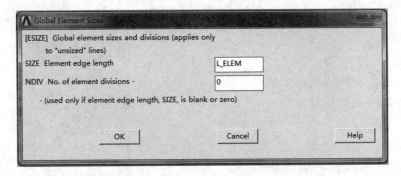

图 7-44　全局单元尺寸设置对话框

选择"Main Menu"→"Preprocessor"→"Modeling"→"Operate"→"Extrude"→"Areas"→"Along Lines"命令,出现"Sweep Areas along Lines"拾取框,单击"Pick All"按钮,出现第二个拾取框,按照顺序拾取线 L8,L10 和 L9。单击"OK"按钮,在图形窗口出现如图 7-45 所示的扳手三维实体模型。

选择"Utility Menu"→"Plot"→"Elements"命令,出现如图 7-46 所示的扳手三维单元。在工具条中单击"SAVE_DB"按钮进行保存。

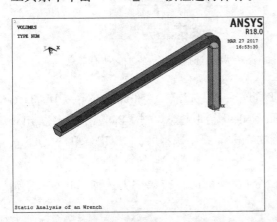

图 7-45　创建的扳手三维实体模型

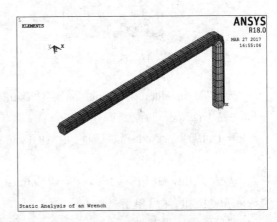

图 7-46　生成的扳手三维单元

15) 选择 BOTAREA 组元和删除二维单元

选择"Utility Menu"→"Select"→"Comp/Assembly"→"Select Comp/Assembly"命令,弹出"Select Component or Assembly"对话框,单击"OK"按钮接受默认选择的 BOTAREA 组元。

选择"Main Menu"→"Preprocessor"→"Meshing"→"Clear"→"Areas"命令,弹出"Clear Areas"拾取菜单,单击"Pick All"按钮。选择"Utility Menu"→"Select"→"Everything"命令。再选择"Utility Menu"→"Plot"→"Elements"命令。

16) 在扳手端部施加边界条件

选择"Utility Menu"→"Select"→"Comp/Assembly"→"Select Comp/Assembly"命令,出现"Select Component or Assembly"对话框,单击"OK"按钮接受默认选择的 BOTAREA 组元。

选择"Utility Menu"→"Select"→"Entities"命令,弹出"Select Entities"对话框。在顶部的下拉菜单中选择"Lines",在第二个下拉菜单中选择"Exterior",如图 7-47 所示,单击"Apply"按钮。在顶部的下拉菜单中选择"Nodes",在第二个下拉菜单中选择"Attached to",选中

"Lines,all"选项,如图7-48所示。

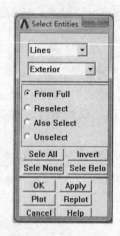

图7-47 选择底面边界线

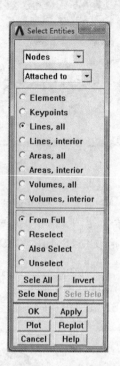

图7-48 选择底面边界上的所有节点

选择"Main Menu"→"Solution"→"Define Loads"→"Apply"→"Structural"→"Displacement"→"On Nodes"命令,弹出"Apply U,ROT on Nodes"拾取框。单击"Pick All"按钮,出现"Apply U,ROT on Nodes"对话框,在"DOFs to be constrained"中选择"ALL DOF",单击"OK"按钮。

选择"Utility Menu"→"Select"→"Entities"命令,在顶部的下拉菜举中选择"Lines",单击"Sele All"按钮,然后单击"Cancel"按钮。

17)显示边界条件

选择"Utility Menu"→"PlotCtrls"→"Symbols"命令,弹出"Symbols"(符号)设定对话框,如图7-49所示。

单击"All Applied BCs"(所有施加的边界)按钮,在"Surface Load Symbols"(面力符号)下拉框中选"Pressures",在"Show pres and convect as"(显示压力和热流力)下拉框中选"Arrows"。

单击"OK"按钮,结束设定,关闭对话框,此对话框下部还有一些选项,需拖动对话框右侧的滚动条才能看到,有兴趣的读者可以自行研究。

显示的位移边界条件如图7-50所示。

18)在把手上施加扭转载荷

在这一步,在把手上施加100 N的力,代表手指施加的力。

选择"Utility Menu"→"Select"→"Entities"命令,弹出"Select Entities"对话框。在顶部的下拉框中选"Areas",在第二个下拉菜单中选择"By Location",选中"Y coordinates"选项。在"Min,Max"域输入"BENDRAD,L_HANDLE",然后单击"Apply"按钮。选中"X coordinates"选

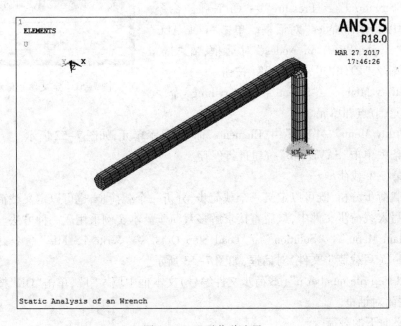

図 7-49 符号設定

图 7-50 显示位移边界

项,单击"Reselect"按钮,在"Min,Max"域,输入"W_FLAT/2,W_FLAT",然后单击"Apply"按钮。

在顶部的下拉框中选"Nodes",在第二个下拉菜单中选择"Attached to",选中"Areas,all"

选项和"From Full"选项。然后单击"Apply"按钮。

在第二个下拉菜单中选择"By Location",选中"Y coordinates"选项。单击"Reselect"按钮,在"Min,Max"域输入"L_HANDLE + TOL,L_HANDLE - (3.0 * L_ELEM) - TOL",然后单击"OK"按钮。

单击"Utility Menu"→"Plot"→"Nodes"命令,显示当前可操作的节点,即定义的选择集中的节点。

选择"Utility Menu"→"Parameters"→"Get Scalar Data"命令,弹出"Get Scalar Data"对话框,在左侧选"Model Data",在右侧选"Forselected set",单击"OK"按钮,弹出"Get Data for Selected Entity Set"对话框,输入"minyval"作为定义的参数名,在左侧选"Current node set",在右侧选"Min Y coordinate",单击"Apply"按钮。

再一次单击"OK"按钮选择默认设置,弹出"Get Data for Selected Entity Set"对话框,输入"maxyval"作为定义的参数名,在左侧选"Current node set",在右侧选"Max Y coordinate",单击"OK"按钮。

选择"Utility Menu"→"Parameters"→"Scalar Parameters"命令,弹出"Scalar Parameters"对话框,如图 7-51所示。在对话框中可以看到刚刚提取的变量 MINYVAL 和 MAXYVAL。在"Selection"文本框中输入" PTORQ = 100/(W_HEX * 、MAXYVAL - MINYVAL))",单击"Accept"按钮,然后单击"Close"按钮。

选择"Main Menu"→"Solution"→"Define Loads"→"Apply"→"Structural"→"Pressure"→"On Nodes"命令,弹出"Apply PRES on Nodes"对话框。单击"Pick ALL"按钮,出现"Apply PRES on Nodes"对话框,在"Load PRES value"输入"PTORQ",单击"OK"按钮。

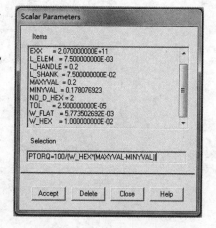

图 7-51 定义参变量对话框

选择"Utility Menu"→"Select"→"Everything"命令,选择所有图元、节点和单元。

选择"Utility Menu"→"Plot"→"Elements"命令,显示单元,如图 7-52 所示。

在工具条中单击"SAVE_DB"按钮进行保存。

19）写第一个载荷步

对于多载荷步分析,既可以定义一个载荷步,分析一个载荷步,也可以定义载荷步之后,将载荷步配置写入载荷步文件中,最后直接求解多载荷步。本实例采用后一种方法。

选择"Main Menu"→"Solution"→"Load Step Opts"→"Write LS File"命令,弹出"Write Load Step File"（写载荷步文件）对话框,如图 7-53 所示。

在"Load step file number n"（载荷步文件编号）文本框中填入"1",单击"OK"按钮,写入载荷步文件,关闭对话框。

20）定义向下的载荷

在这一步,将要在扳手手柄的端部再施加 20N 的向下的力,以模拟扳手在使用中的另一种状态。

选择"Utility Menu"→"Parameters"→"Scalar Parameters"命令,弹出"Scalar Parameters"对话框。在"Selection"文本框中输入"PDOWN = 20/(W_FLAT * (MAXYVAL - MINYVAL))",

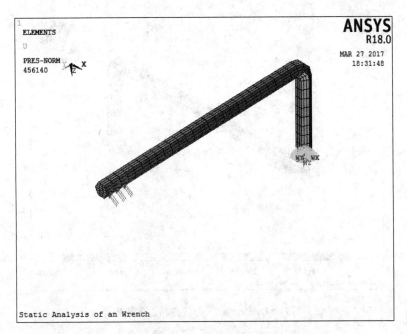

图 7-52　把手上施加的压力载荷和边界约束

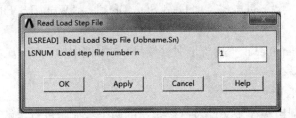

图 7-53　写载荷步文件对话框

定义变量"PRESDOWN",并单击"Accept"按钮,再单击"Close"按钮关闭对话框。

选择"Utility Menu"→"Select"→"Entities"命令,弹出"Select Entities"对话框。在最上方的下拉列表中选择"Areas",在第二个下拉列表中选择"By Location(通过位置选取)",选中"Z coordinates"选项和"From Full"选项。在"Min Max"输入框中输入"– (L_SHANK + (W_HEX/ 2))",表示选取 Z 坐标位于此位置的节点。

单击"Apply"按钮,将符合条件的节点构造成选择集,在顶部的下拉框中选"Nodes",在第二个下拉框中选择"Attached to",选中"Areas,all"选项,然后单击"Apply"按钮,在第二个下拉框中选择"By Location",选中"Y coordinates"选项和"Reselect"选项,从当前选择集中进一步选取。

在"Min,Max"域输入"L_HANDLE + TOL,L_HANDLE – (3.0 ∗ L_ELEM) – TOL",然后单击"OK"按钮。

选择"Main Menu"→"Solution"→"Defme Loads"→"Apply"→"Structura"→"Pressure"→"On Nodes"命令,弹出"Apply PRES on Nodes"拾取框,单击"Pick ALL"按钮,出现"Apply PRES on Nodes"对话框,在"Load PRES value"输入"PDOWN"后单击"OK"按钮。

单击"Utility Menu"→"Select"→"Everything"命令,选择所有图元、节点和单元。

单击"Utility Menu"→"Plot"→"Elements"命令,显示单元如图 7-54 所示。

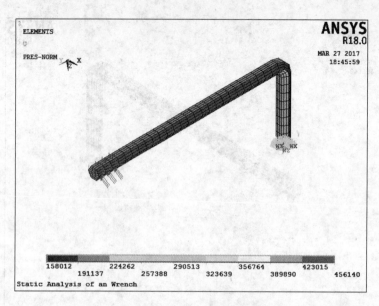

图 7-54　施加的压力载荷和边界约束

21）写第二个载荷步

选择"Main Menu"→"Solution"→"Load Step Opts"→"Write LS File"命令,弹出"Write Load Step File"（写载荷步文件）对话框。

在"Load step file number n"（载荷步文件编号）文本框中输入"2"。单击"OK"按钮,写入载荷步文件,关闭对话框。

22）从载荷步文件求解

在这一步将开始利用载荷步文件对已经定义的两个载荷步进行求解。

单击"Main Menu"→"Solution"→"Solve"→"From LS Files"命令,弹出"Solve Load Step files"（求解载荷步文件）对话框,如图 7-55 所示。在"Starting LS file number"（开始载荷步文件编号）文本框中填入"1",在"Ending LS file number"（结束载荷文件编号）文本框中填入"2"。单击"OK"按钮,ANSYS 将开始从编号为 1 的载荷步文件开始读入然后进行求解,直到读入指定结束编号的载荷步文件被读入并求解时完成求解。

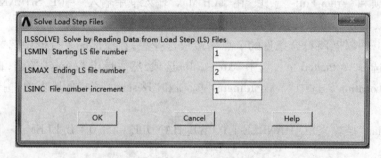

图 7-55　求解载荷步文件对话框

23）读入第一个载荷步并检查结果

选择"Main Menu"→"General Postproc"→"Read Results"→"First Set"命令。再选择"Main Menu"→"General Postproc"→"List Results"→"Reaction Solu"命令,弹出"List Reaction Solution"对话框。单击"OK"按钮接受默认的所有项目。检查状态窗口的信息,然后单击"Close"按钮。

296

选择"Utility Menu"→"PlotCtrls"→"Symbols"命令,弹出"Symbols"对话框,从"Boundary condition symbol"中选择"None"按钮,单击"OK"按钮。

选择"Utility Menu"→"PlotCtrls"→"Style"→"Edge Options"命令,弹出"Edge Options"对话框。在" Element outlines for non - contour/contour plots"下拉框中选择"Edge Only/All",单击"OK"按钮。

选择"Main Menu"→"General Postproc"→"Plot Results"→"Deformed Shape"命令,弹出"Plot Deformed Shape"对话框。单击"Def + undeformed",然后单击"OK"按钮,如图 7-56 所示。

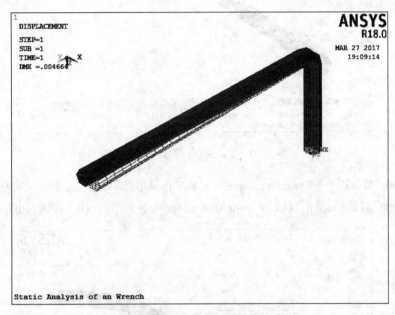

图 7-56　第一组载荷下的结构变形图

选择"Utility Menu"→"PlotCtrls"→"Save Plot Ctrls"命令,弹出"Save Plot Controls"对话框。在选择框中输入"pldisp. gsa",然后单击"OK"按钮。

选择"Utility Menu"→"PlotCtrls"→"View Settings"→"Angle of Rotation"命令,弹 出"Angle of Rotation"对话框。在选择框中输入"120",在"Relative / absolute"下拉框中选择"Relative angle",在"Axis of rotation"下拉框中选择"Global Cartes Y",然后单击"OK"按钮。

选择"Main Menu"→"General Postproc"→"Plot Results"→"Contour Plot"→"Nodal Solu"命令,弹出"Contour Nodal Solution Data"对话框。选择"Nodal Solution"→"Stress"→"Von Mises Stress"命令,单击"OK"按钮,如图 7-57 所示。

选择"Utility Menu"→"PlotCtrls"→"Save Plot Ctrls"命令,弹出"Save Plot Controls"对话框,在选择框中输入"plnsol. gsa",单击"OK"按钮。

24）读入下一个载荷步并检查结果

选择"Choose Main Menu"→"General Postproc"→"Read Results"→"Next Set"命令。再选择"Choose Main Menu"→"General Postproc"→"List Results"→"Reaction Solu"命令,弹出"List Reaction Solution"对话框。单击"OK"按钮接受默认的所有项目。检查状态窗口的信息,然后单击"Close"按钮。

选择"Utility Menu"→"PlotCtrls"→"Restore Plot Ctrls"命令,在选择框中输入"plnsol. gsa"后单击"OK"按钮。

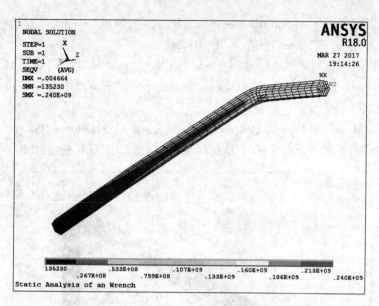

图 7-57　Von Mises 等效应力分布图

选择"Main Menu"→"General Postproc"→"Plot Results"→"Deformed Shape"命令,弹出"Plot Deformed Shape"对话框,单击"Def ＋ undeformed"命令,然后单击"OK"按钮,如图7-58 所示。

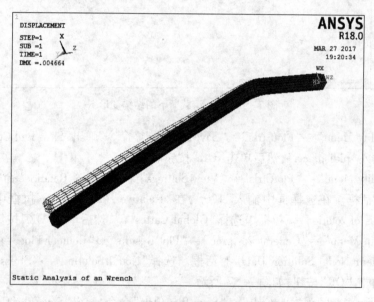

图 7-58　第二组载荷下的结构变形图

选择"Utility Menu"→"PlotCtrls"→"Save Plot Ctrls"命令,弹出"Save Plot Controls"对话框。在选择框中输入"pldisp. gsa",然后单击"OK"按钮。

选择"Utility Menu"→"PlotCtrls"→"Restore Plot Ctrls"命令,在选择框中输入"plnsol. gsa"后单击"OK"按钮。

选择"Main Menu"→"General Postproc"→"Plot Results"→"Contour Plot"→"Nodal Solu 命令,弹出"Contour Nodal Solution Data"对话框。选择"Nodal Solution"→"Stress"→"Von Mises Stress"命令,单击"OK"按钮,如图7-59 所示。

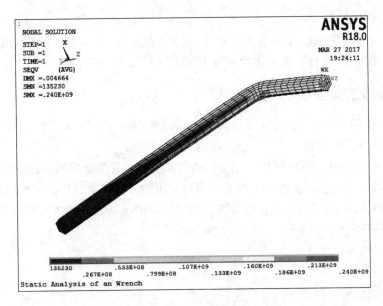

图 7-59　von Mises 等效应力分布图

25）放大横截面

选择"Utility Menu"→"WorkPlane"→"Offset WP by Increments"命令，弹出"Offset WP tool"对话框。在"X,Y,Z Offsets"中输入"0,0,-0.067"，单击"OK"按钮。

选择"Utility Menu"→"PlotCtrls"→"Style"→"Hidden Line Options"命令，弹出"The Hidden - Line Options"对话框。在"Type of Plot"下拉框中选择"Capped hidden"，在"Cutting plane"下拉框中选择"Working plane"，单击"OK"按钮。

选择"Utility Menu"→"PlotCtrls"→"Pan - Zoom - Rolate"命令，弹出"Pan - Zoom - Rolate"对话框。单击"WP"，把滑块拖到"10"。在"Pan - Zoom - Rotate"对话框中，放大横截面，如图 7-60 所示。

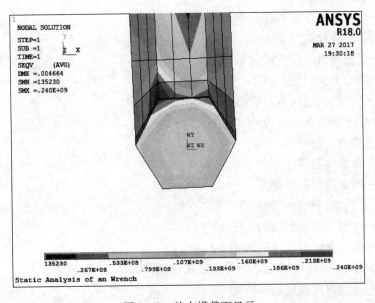

图 7-60　放大横截面显示

26）退出 ANSYS 18.0

从工具条中选择"QUIT"命令退出主程序,选择"Save everything",单击"OK"按钮完成本次操作(详细 GUI 操作及命令流见课件回录中\ch07\Allen Wrench\)。

7.2.4 更多的结构静力分析实例

ANSYS 18.0 帮助命令中的《Verfication Manual》和《Mechanical APDL Tutorials》还论述了其他一些结构静力分析实例。

《Verfication Manual》中有一些用于说明 ANSYS 系列产品功能的例子,这些例子说明如何求解真实的工程实际问题。虽然该手册并不提供分析的详细步骤,但 ANSYS 用户只要具备基础的有限元分析知识,就可以完成这些分析计算。该手册包括如下的结构静力分析实例。

VM1——静不定反力分析

VM2——梁的应力和挠度

VM4——铰支承的挠度

VM11——残留应力问题

VM12——弯扭组合

VM13——受压圆柱壳

VM16——实体梁的弯曲

VM18——曲杆的面外弯曲

VM20——受压圆柱膜壳

VM25——长圆柱的应力

VM29——支承块上的摩擦

VM31——悬挂缆索

VM36——极限弯矩分析

VM39——有中心圆孔的圆板的弯曲

VM41——刚性梁的小饶

VM44——自重作用下轴对称薄管的弯曲

VM53——受扭弹簧的振动

VM59——受轴向力的杆的横向振动

VM63——静力 Hertz 接触问题

VM78——悬臂梁的横向剪切应力

VM82——受压的简支多层板

VM127——铰支杆的屈曲

VM135——弹性地基梁的弯曲

VM141——圆盘的径向压缩

VM148——抛物线曲梁的弯曲

VM183——弹簧一质量系统的简谐响应

VM199——剪切变形时实体的黏塑性分析

VM201,VM211——两块平板之间受压的橡胶圆柱

VM206——受到电压激励的铰线圈

VM216——直角刚架的横向屈曲

7.3 结构非线性分析

7.3.1 结构非线性分析概述

在日常生活中,会经常遇到结构非线性。例如,无论何时用订书钉订书,金属订书钉将永久地弯曲成一个不同的形状,如图7-61(a)所示,如果在一个木制书架上放置重物,那么随着时间的迁移,它将越来越下垂,如图7-61(b)所示,当在汽车或卡车上装货时,它的轮胎和下面路面间接触将随货物质量的变化时变化,如图l7-61(c)所示。将上面例子的所载荷变形曲线画出来,就会发现它们都显示了非线性结构的基本特征——结构刚性改变。

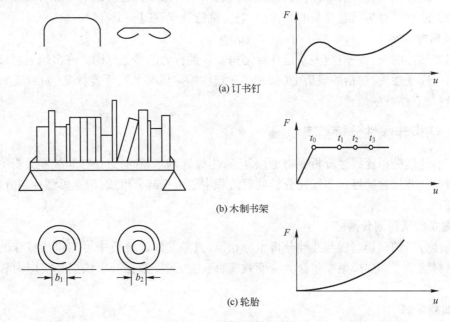

(a) 订书钉

(b) 木制书架

(c) 轮胎

图 7-61 非线性结构示例

引起结构非线性的原因很多,它可以被分成三种主要类型:状态变化、几何非线性和材料非线性。

1. 状态变化(包括接触)

许多普通结构表现出一种与状态相关的非线性行为。例如,一根只能拉伸的电缆可能是松的,也可能是绷紧的。轴承套可能是接触的,也可能是不接触的。冻土可能是冻结的,也可能是融化的。这些系统的刚度由于系统状态的改变而变化。状态改变也许和载荷直接相关(如在电缆情况中),也可能由某种外部原因引起(在冻土中的紊乱热力学条件)。

接触是一种很普遍的非线性行为。接触是状态变化非线性中一个特殊而重要的子集。

2. 几何非线性

如果结构经受大变形,它几何形状的变化可能会引起结构的非线性响应,如图7-62所示的钓鱼杆。随着垂向载荷的增加,杆不断弯曲以至于力臂明显地减少,导致杆端显示出在较高载荷下不断增长的刚性。几何非线性的特点是大位移、大转动。

几何非线性问题是实际工程和生活中经常遇到一种问题,构件变化的集合形状一般会引

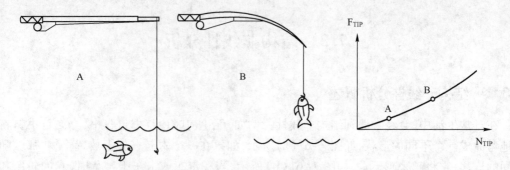

图 7-62 钓鱼杆体现的几何非线性

起结构的非线性响应。一般来说,随着位移增长,一个有限单元已移动的坐标可以以多种方式改变结构的刚度。这类问题总是非线性的,需要进行迭代获得一个有效的解。

3. 材料非线性

材料非线性的应力—应变关系是导致结构非线性行为的常见原因。许多因素可以影响材料的应力—应变性质,包括加载历史(如在弹—塑性响应情况下)、环境状况(如温度)、加载的时间总量(如在蠕变响应情况下)。

7.3.2 结构非线性分析基本步骤

尽管非线性分析比线性分析变得更加复杂,但处理基本相同,只是在非线性分析的过程中添加了需要的非线性特性。非线性分析处理流程主要由三部分组成:建立模型和划分网格;加载求解;后处理。

1. 建立模型和划分网格

非线性分析的建模过程与线性分析十分相似,只是非线性分析中可能包括特殊的单元或非线性材料性质。如果模型中包含大应变效应,应力—应变数据必须依据真实应力和真实应变表示。

2. 加载求解

此步操作需要定义分析类型和分析选项,指定载荷步选项并开始有限元分解。但是非线性求解经常需要求解多个载荷增量,且总是需要平衡迭代,因此它不同于线性求解。

3. 后处理

非线性分析的结果主要包括位移、应力、应变和反作用力。可以用通用后处理器 POST1 和时间历程后处理器 POST26 来查看这些结果。

7.3.3 实例 1——悬臂梁几何非线性分析

在这个实例分析中,对一个悬臂梁进行几何非线性分析。

1. 问题提出

如图 7-63 所示,一个矩形截面悬臂梁端部受一集中弯矩作用,梁的几何特性以及弯矩大小已经在图中标出(1in(英寸)=2.54cm)。显然,这是一个几何非线性问题,要得到精确的解,必须使用 ANSYS 的大变形选项,载荷要逐步施加。

悬臂梁的材料性质参数:弹性模量 EX $= 30 \times 10^6$ Pa,泊松比 NUXY $= 0.3$。

2. 问题解决

具体求解步骤(GUI 方式)如下:

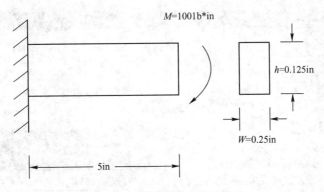

图 7-63　悬臂梁受力作用简图

（1）建立模型，给定边界条件。建立所要分析的模型，定义单元类型、材料性质、划分网络，给定边界条件，并将数据库文件保存（见课件目录中\ch07\cantilever beam\中的 cantilever-mesh）。

命令流指令如下：

```
/prep7
/title,NonLinear Analysis of Cantilever Beam
! 建模
K,1,0,0,0
K,2,5,0,0
l,1,2
et,1,beam 188                    ! 定义梁单元
! *
SECTYPE,1,BEAM,RECT,,0           ! 设置梁参数
SECOFFSET,CENT
SECDATA,0.25,0.125,0,0,0,0,0,0,0,0,0,0    ! 设置弹性模量
mp,ex,1,30.0e6
! 网格划分
esize,0.1
lmesh,all
finish
```

（2）选择"Utility Menu"→"File"→"Resume from"命令，恢复数据文件。

（3）选择"Main Menu"→"Solution"命令，进入求解器。

（4）选择"Main Menu"→"Solution"→"Analysis Type"→"New Analysis"命令，选择"Static"命令，然后单击"OK"按钮。

（5）选择"Main Menu"→"Solution"→"AnalysisType"→"Sol'n Controls"命令，弹出"Solution Controls"对话框，如图 7-64 所示。参数详细设置如表 7-5 所列。

说明：假定要计算的最终载荷是 100 lb * in，如果自动载荷步选项关闭，那么 ANSYS 将按照 100 个载荷子步进行加载，每个子步的步长都是总载荷的 1/100。在本例中已经把自动载荷步选项打开了，所以初始载荷子步将设为 1 lb * in，而以后的子步的步长将根据前一个载荷增量响应自动调节。显然，这样能够得到更高的计算精度。

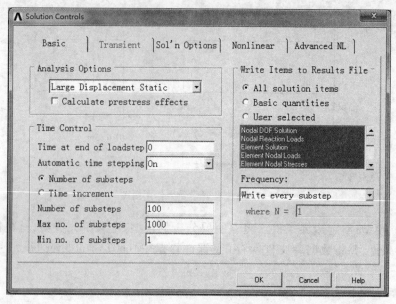

图 7-64　求解控制对话框

表 7-5　"Solution Controls"设置项

选 项	值	说 明
Analysis Option	Large Displacement Static	打开大变形选项。在结果中产生大变形效果
Automatic Time Stepping	On	打开自动时间步长
Number of Substeps	100	定义载荷子步数为100
Max no Substeps	1000	定义最大载荷子步长为1000
Min no of Substeps	1	定义最小载荷子步数为1
Write Items to Result File	All solution items	所有结果项目输入到结构文件中

(6) 施加外载荷。选择"Main Menu"→"Solution"→"Define Loads"→"Apply"→"Structural"→"Force/Moment"→"On Keypoints"命令,进行施加外载荷,并捕捉关键点 2(即悬臂梁右端点),按图 7-65 所示输入载荷。

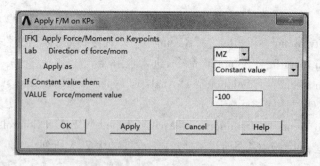

图 7-65　弯矩载荷输入

(7)选择"Main Menu"→"Solution"→"Solve"→"Current LS"命令,检查状态窗口中的信息,然后单击"Close"按钮,再单击"Solve Current Load Step"对话框中的"OK"按钮开始求解。最终得出的结果显示如图 7-66 和图 7-67 所示(详细 GUI 操作及命令流见课件目录 中 \ch07 \cantilever beam\)。

304

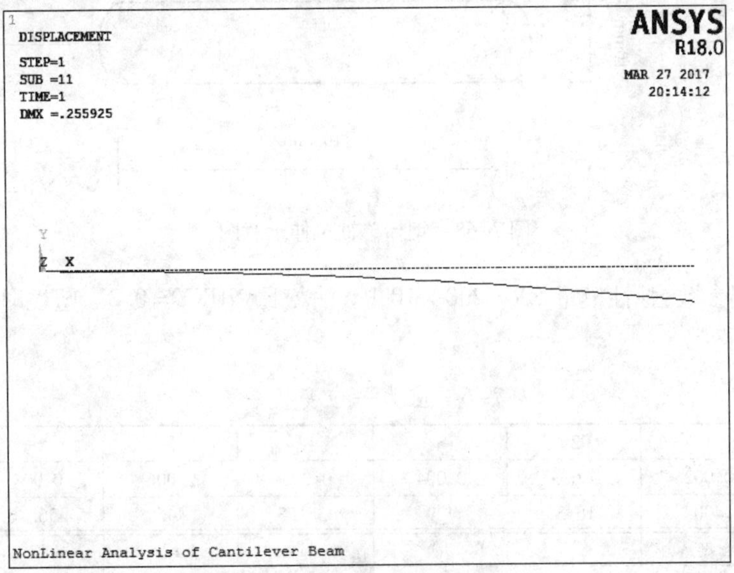

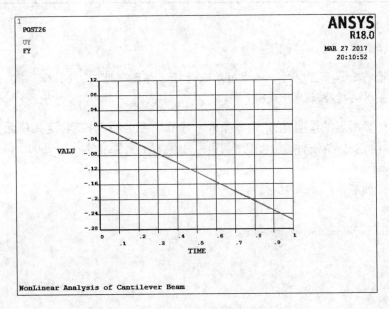

图 7-66　悬臂梁最终变形图

图 7-67　相关参数曲线

7.3.4　实例2——钢棒单轴拉伸非线性分析

在这个实例分析中,将进行一个钢棒单轴拉伸的塑性分析。

1. 问题提出

如图 7-68 所示,一直径为 10mm、长为 100mm 的钢棒,将其沿轴向拉伸 20mm,求其最后的变形情况和应力分布。

由于模型和载荷都是轴对称的,因此建模时可以只取钢棒轴向截面的 1/4,用平面轴对称单元来实现。而且为了产生颈缩现象,在建模时把钢棒端部和中部截面作了 5% 的误差,使其诱导出颈缩变形。

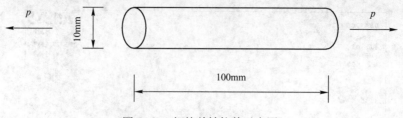

图 7-68　钢棒单轴拉伸示意图

问题的详细参数：弹性模量 $EX = 200 \times 10^3 Pa$，泊松比 $NUXY = 0.3$。塑性时的应力—应变关系如表 7-6 所列。

表 7-6　应力—应变关系表

数据点	1	2	3	4	5	6	7
应变	0.002	0.003	0.004	0.005	0.006	0.008	0.01
应力	400	416.32	429	438.23	445	456.76	465.33
数据点	8	9	10	11	12	13	14
应变	0.015	0.02	0.03	0.05	0.1	0.2	0.3
应力	480.8	491.79	507.42	527.5	555.68	585	603

2. 问题解决

具体求解步骤（GUI 方式）如下：

说明：由于前面章节已经对一些常用步骤进行了详细说明，因此，此节将忽略一般步骤的阐述，只对一些关键步骤进行说明。

（1）建立计算所需的模型，给定边界条件。建立所要分析的模型，定义单元类型、材料性质，划分网络，给定边界条件，并将数据库文件保存（见课件目录 \ ch07 \ steel rod \ 中的 steelrod. db）。

命令流指令如下：

```
/prep7
/title,Material nonlinear analysis of steel rod
/units,si

r1 = 5.05
r0 = 5
! 轴对称平面单元
ET,1,PLANE183,,,1
mp,ex,1,200e3
mp,prxy,1,0.3

! 建立模型
k,1
k,2,r0
k,3,r1,50
k,4,,50
a,1,2,3,4
```

306

! 网络划分（网格划分前参考下面的 GUI 操作先定义好材料本构关系）

```
Lesize,1,,,2
Lesize,2,,,10
Lesize,3,,,2
Lesize,4,,,10
allsel,all
amesh,all
```

! 设定边界条件

```
nsel,s,loc,y,0
d,all,uy
nsel,s,loc,x,0
d,all,ux
nsel,s,loc,y,50
cp,1,uy,all
```

（2）选择"Utility Menu"→"File"→"Resume from"命令，恢复数据文件。

（3）选择"Main Menu"→"Preprocessor"→"Material Props"→"Material Models"命 令，弹出"Define Material Models Behavior"对话框。在"Material Models Available"窗口中选择"Structural"→"Linear"→"Elastic"→"Isotropic"选项，打开另一对话框。在"EX"文本框中输入弹性模量"200E3"，在"PRXY"文本栏中输入泊松比"0.3"。

（4）在"Define Material Models Behavior"对话框的右侧栏双击"Structural"→"Nonlinear"→"Inelastic"→"Rate Independent"→"Isotropic Hardening Plasticity"→"Mises Plasticity"→"Multilinear"选项。

（5）在弹出的"Multilinear Isotropic Hardening for Material Numberl"对话框中输入应力—应变数据，如图 7-69 所示。

（6）单击对话框中的"Graph"按钮，则一个完整的应力—应变关系曲线出现在 ANSYS 图形窗口中，如图 7-70 所示。

	STRAIN	STRESS
1	0.002	400
2	0.003	416.32
3	0.004	429
4	0.005	438.23
5	0.006	445
6	0.008	456.76
7	0.01	465.33
8	0.015	480.8
9	0.02	491.79
10	0.03	507.42
11	0.05	527.5
12	0.1	555.68
13	0.2	585
14	0.3	603

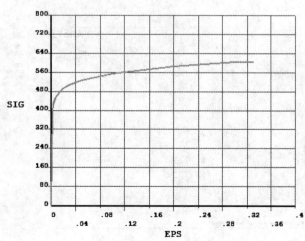

图 7-69　弹塑性应力—应变数据表　　　　图 7-70　应力—应变曲线图示

（7）选择"Main Menu"→"Solution"命令，进入求解器。

（8）选择"Main Menu"→"Solution"→"Analysis Type"→"New Analysis"命令，选 择"Static"命令,然后单击"OK"按钮。

（9）选择"Main Menu"→"Solution"→"Analysis Type"→"Sol'n Controls"命令,弹出"Solution Controls"对话框。选项设置如表7-7所列。

表7-7 "Solulion Controls"设置项

选 项	值	说 明
Number of Substeps	100	定义载荷子步数为100
Max no. Substeps	200	定义最大载荷子步长为200
Min no. of Substeps	10	定义最小载荷子步数为10
Write Items to Result File	All solution items	所有结果项目输入到结构文件中
Frequency	Write every Nth substep	

（10）选择"Main Menu"→"Solution"→"Analysis Type"→"Analysis Options"命令,弹出"Static or Steady–State Analysis"对话框。

> **注意**:如果找不到"Analysis Options"菜单,则选择"Main Menu"→"Solution"→"Unabridged Menu"命令,然后再按第(10)步进行操作。

（11）在"Nolinear Options"中,选择"Large deform effects"选项为"On",并在"Newton–Raphson option"下拉列表中选择"Full NR"选项,然后单击"OK"按钮。

（12）选择"Main Menu"→"Solution"→"Define Loads"→"Apply"→"Structural"→"Displacement"→"On Lines"命令,选择编号为3的线,然后单击"OK"按钮。

（13）在弹出的"Apply U Rot on Lines"对话框中,选择"UY"选项,在"Value"输入框中输入"10",单击"OK"按钮。

（14）选择"Main Menu"→"Solution"→"Solve"→"Current LS"命令,检查状态窗口中的信息,然后单击"Close"按钮。选择"Solve Current Load Step"对话框中的"OK"按钮开始求解,最终得出的结果显示如图7-71和图7-72所示(详细GUI操作及命令流见课件目录中\ch07\steel rod\)。

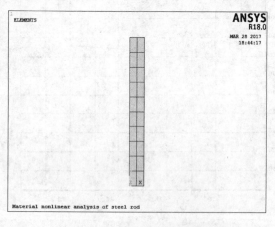

图7-71 钢棒单轴拉伸变形图

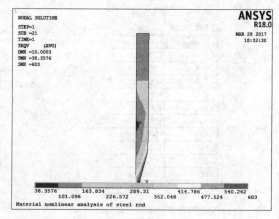

图7-72 钢棒单轴拉伸等效应力分布

7.3.5 其他例子

ANSYS 18.0帮助命令中的"Verfication Manual"描述了另外一些非线性分析实例。该手册包括如下的非线性分析例子：

VM7 ——管组装的塑性压缩

VM11——残余应力问题

VM24——矩形梁的塑性

VM38——受压厚壁柱体的塑性加载

VM56——内部受压的超弹性厚柱体

VM78——悬臂梁中的横向剪切应力

VM80——对突然施加恒力的塑性响应

VM104——液—固相变

VM124——蓄水池中水的排出

VM126——流动流体的热传导

VM132——由于蠕变螺栓的应力消除

VM133——由于辐射感应蠕变的棒的运动

VM134——一端固定梁的塑性弯曲

VM146——钢筋混凝土梁的弯曲

VM185——铁性导体的载流

VM198——面内扭转实验的大应变

VM199——承受剪切变形的物体的粘弹性分析

VM200——黏弹性的叠层密封分析

VM218——超弹性圆板的分析

VM220——厚钢板中涡流损失

7.4　模态分析

模态分析可以确定一个结构的固有频率和振型,同时也可以作为其他更详细的动态分析的起点,如瞬时动态分析、谐波响应分析和谱分析等。

7.4.1　模态分析简介

模态分析是用来确定结构的振动特性的一种技术,这些振动特性包括固有频率、振型、振型参与系数(即在特定方向上某个振型在多大程度上参与了振动)等。模态分析是所有动态分析类型的最基础的内容。如果要进行谐波响应分析或瞬时动态分析,固有频率和振型也是必要的。

模态分析假定结构是线性的。任何非线性特性(如塑性单元)即使定义了也将被忽略。模态提取是用来描述特征值和特征矢量计算的术语,在 ANSYS 中模态提取的方法有 6 种：Block Lanczos 法(分块兰索斯法)、Subspace 法(子空间法)、PCG Lanczos 法(条件共轭梯度兰索斯法)、Reduced 法(缩减法)、Unsymmetric 法(不对称法)和 Damped 法(阻尼法)。使用何种模态提取方法主要取决于模型大小(相对于计算机的计算能力而言)和具体的应用场合。

7.4.2　模态分析步骤

模态分析的过程由以下 4 个主要步骤组成。

1. 建模

这一步的操作主要在预处理器(PREP7)中进行,包括定义单元类型、单元实常数、材料参数及几何模型。建模过程中需要注意以下两点:

(1)必须定义密度(DENS)。

(2)只能使用线性单元和线性材料,非线性性质将被忽略。

建模过程的典型命令流如下:

/PREP7

ET,…

MP,EX,…

MP,DENS,…

! 建立几何模型

…

! 划分网格

…

2. 选择分析类型和分析选项

这一步要选择模态分析类型、选择模态提取选项和模态扩展选项等。选择模态分析类型,可选择"Main Menu"→"Solution"→"AnalysisType"→"New Analysis"命令,在弹出的"New Analysis"对话框中选择"Modal"选项即可,如图7-73所示。

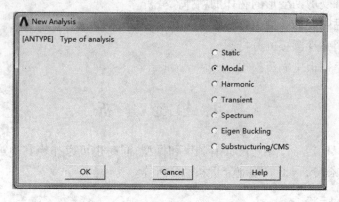

图7-73 选择模态分析类型

选择模态提取选项的步骤如下:

(1)选择"Main Menu"→"Solution"→"AnalysisType"→"Analysis Options"命令,弹出如图7-74所示的"Modal Analysis"对话框。

(2)在"Mode extraction method"单选列表框中选择适当的模型提取方法,建议大多数情况下选择"Block Lanczos"法。在"No. of modes to extract"文本框中输入模态(振动)提取数目,选择"Reduced"法时不需要指定。设置好后单击"OK"按钮即可。

进行模态扩展的操作:选择"Main Menu"→"Solution"→"Analysis Type"→"Analysis Options"命令,在"Modal Analysis"对话框中,勾选"Expand mode shapes"后面的"Yes"复选框,在"No. of modes to expand"文本框中输入扩展模态的数目(建议和模态提取数目相等)即可。

说明:模态扩展在下列几种情况下是必需的:要在后处理中观察振型;计算单元应力;进行后继的频谱分析。

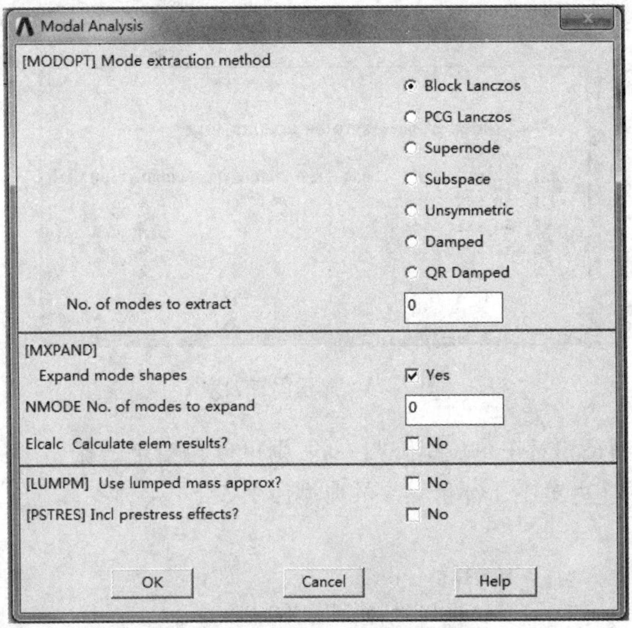

图 7-74　选择模态提取选项

图 7-74 所示"Modal Analysis"对话框中的其他选项还有：

"Use lumped mass approx?"：是否使用集中质量矩阵。

"lncl prestress effects?"：预应力效应。

选择分析类型的典型命令流如下：

```
MODOPT,…          ! 选择分析类型
MXPAND,…          ! 模态扩展
LUMPM,OFF or ON
PSTRES,OFF or ON
```

3. 施加边界条件并求解

这一步主要是施加边界条件(包括位移约束和外部体载荷)并求解计算。

施加边界条件的操作基本上和静力分析相同。需要注意的是，因为振动被假定为自由振动，所以外部载荷将被忽略，ANSYS 程序形成的载荷矢量可以在随后的模态叠加分析中使用。

求解时通常采用一个载荷步，有时为了研究不同位移约束的效果，可以采用多步载荷。例如，对称边界条件采用一个载荷步，反对称边界条件采用另一个载荷步。选择"Main Menu"→"Solution"→"Solve"→"Current LS"命令或输入命令"SOLVE"即可开始求解。

4. 评价结果

这一步的操作主要在通用后处理器中进行。可以列表显示结构的固有频率、图形显示振型、显示模态应力等，显示固有频率可选择"Main Menu"→"General Postproc"→"Reults Summary"命令，将列表显示各个模态，每个模态都保存在单独的子步中，如图 7-75 所示。

观察振型可先选择"Main Menu"→"General Postproc"→"Read Results"→"First Set"或者"Main Menu"→"General Postproc"→"Plot Results"→"Deformed Shape"命令。

选择"Utility Menu"→"PlotCtrls"→"Animate"→"Mode Shape"命令，可显示振型动画。

如果在选择分析选项时激活了单元应力计算选项，则可以得到模态应力。应力值并没有

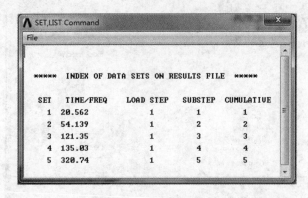

图 7-75 显示固有频率

实际意义,但如果振型是相对于单位矩阵归一的,则可以在给定的振型中比较不同点的应力,从而发现可能存在的应力集中。评价结果的典型命令如下:

```
/POST1
SET,1,1                    ! 选择第一模态
ANMODE,10,.05              ! 动画 10 帧,帧间间隔 0.05s

SET,1,2                    ! 第二模态
ANMODE,10,.05
  SET,1,3                  ! 第三模态
  ANMODE,10,.05
…
PLNSOL,S,EQV               ! 显示 Mises 应力
```

7.4.3　实例——飞机机翼模态分析

本节将通过一个实例具体介绍 ANSYS 进行模态分析的步骤。

1. 问题描述

对一个飞机机翼进行模态分析。机翼沿长度方向的轮廓是一致的,横截面由直线的样条曲线定义,机翼的一端固定在机体上,另一端悬空,要求分析得到机翼的模态自由度。机翼几何模型如图 7-76 所示,弹性模具取 $38 \times 10^3 \text{PA}$,泊松比取 0.3,密度为 $8.3 \times 10^{-5} \text{kg/m}^3$。

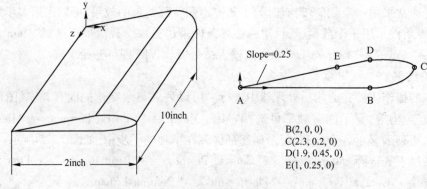

B(2, 0, 0)
C(2.3, 0.2, 0)
D(1.9, 0.45, 0)
E(1, 0.25, 0)

图 7-76　机翼模型示意图

2. GUI 操作步骤

（1）定义单元类型。选择"Main Menu"→"Preprocessor"→"Element Type"→"Add/Edit/Delete"命令，定义两种单元类型 PLANE182 和 SOLID185，如图 7-77 所示。

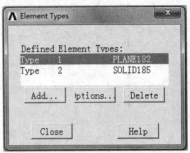

（2）定义材料参数。选择"Main Menu"→"Preprocessor"→"Material Props"→"Material Models"命令，依次双击"Structural"→"Linear"→"Isotropic"命令，弹出如图 7-78 所示的对话框。在"EX"文本框中输入"38000"，在"PRXY"文本框中输入"0.3"，然后单击"OK"按钮。

（3）选择"Main Menu"→"Preprocessor"→"Material Props"→"Material Models"命令，依次选择"Structural"→"Density"命令，弹出如图 7-79 所示的对话框。在"DENS"文本框中输入材料密度值"8.3E-5"，然后单击"OK"按钮。

图 7-77　定义单元类型

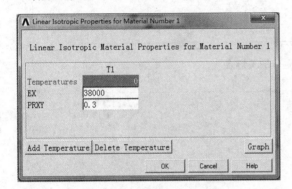

图 7-78　定义弹性模量和泊松比

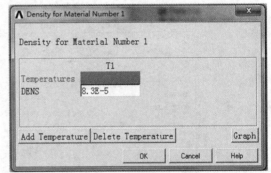

图 7-79　定义材料密度

（4）建立几何模型。选择"Main Menu"→"Preprocessor"→"Modeling"→"Create"→"Keypionts"→"In Active CS"命令，弹出如图 7-80 所示的对话框。

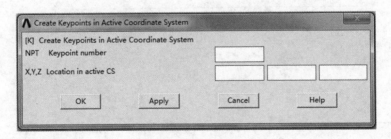

图 7-80　定义关键点

（5）重复（4）的操作，共定义 5 个关键点：$(0,0,0)$、$(2,0,0)$、$(2.3,0.2,0)$、$(1.9,0.45,0)$ 和 $(1,0.25,0)$，得到如图 7-81 所示的模型。

（6）选择"Main Menu"→"Preprocessor"→"Modeling"→"Create"→"Lines"→"Lines"→"Straight Line"命令，用鼠标在图形视窗中依次选择关键点 1 和 2，连接成直线。用同样的方法连接关键点 1 和 5，生成另一条直线，如图 7-82 所示。

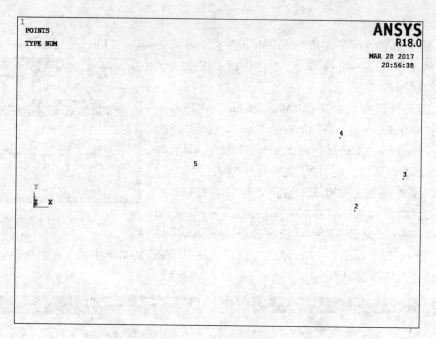

图 7-81　生成的关键点

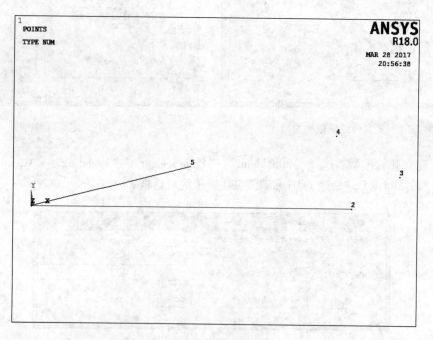

图 7-82　生成直线

（7）选择"Main Menu"→"Preprocessor"→"Modeling"→"Create"→"Lines"→"Splines"→"With Options"→"Spline thru KPs"命令,依次选择关键点 2、3、4 和 5,然后单击"OK"按钮,弹出如图 7-83 所示的对话框。

（8）在"Start tangent"文本框中输入起点的切线方向矢量"-1""0""0",在"Ending tangent"文本框中输入终点的切线方向矢量"-1""-0.25""0"。单击"OK"按钮,得到如图 7-84 所示的曲线。

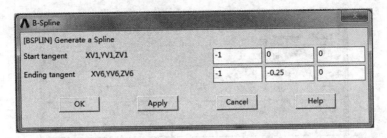

图7-83 设置样条曲线

（9）选择"Main Menu"→"Preprocessor"→"Modeling"→"Create"→"Areas"→"Arbitrary"→"By Lines"命令，然后选中机翼的边线，单击"OK"按钮，即可生成机翼的截面，如图7-85所示。

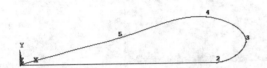

图7-84 生成的样条曲线

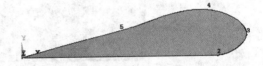

图7-85 生成截面

（10）网格划分。选择"Main Menu"→"Preprocessor"→"Meshing"→"Mesh Tool"命令，接着选择"Mesh Tool"窗口中"Size Controls"栏里"Global"旁边上的"Set"按钮，弹出"单元尺寸设置"对话框，如图7-86所示，在"Element edge length"文本框中输入"0.25"，并单击"OK"按钮。

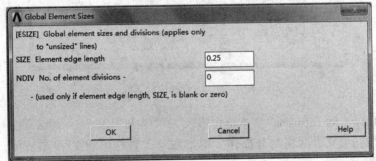

图7-86 总体单元尺寸设置

（11）单击"Mesh Tool"窗口中的"Mesh"按钮，选择图形视窗中生成的机翼截面。单击"OK"按钮，可对面进行网格划分，如图7-87所示。

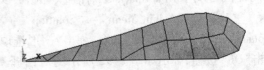

图7-87 截面网格划分结果

（12）选择"Main Menu"→"Preprocessor"→"Modeling"→"Operate"→"Extrude"→"Elem Ext Opts"命令，弹出如图7-88所示的对话框。在"Element type number"下拉列表框中选择"2 SOLID185"，在"NO. Elem divs"文本框中输入"10"后单击"OK"按钮确认。

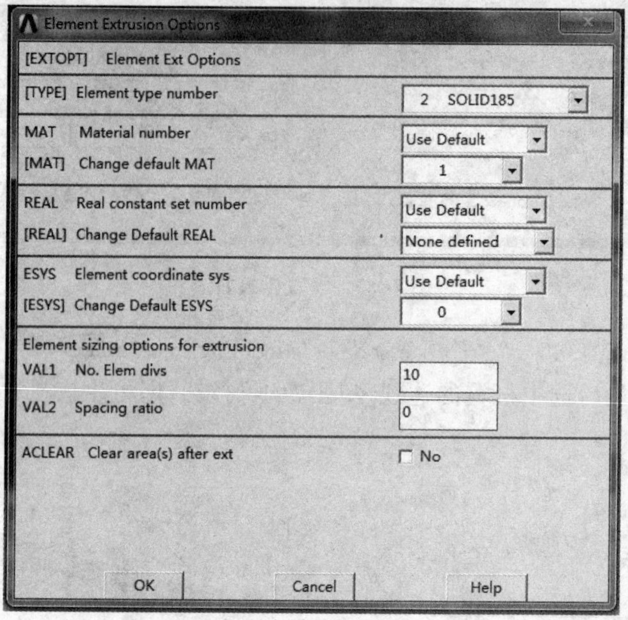

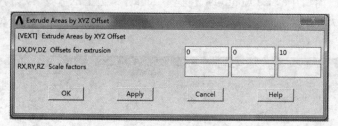

图 7-88 单元延伸设置

（13）选择"Main Menu"→"Preprocessor"→"Modeling"→"Operate"→"Extrude"→"Areas"→"By XYZ Offset"命令,弹出"图形选取"对话框,用鼠标选中刚才划分好的机翼截面,单击"OK"接钮,弹出如图 7-89 所示的对话框。

图 7-89 单元延伸对话框

（14）在"Offsets for extrusion"文本框中输入"0""0"和"10",表示沿 Z 轴方向延伸 10 个单位,单击"OK"按钮可完成网格划分操作。单击右侧工具栏中的和按钮,切换到三维视角,如图 7-90 所示。

（15）求解的相关设置。选择" Main Menu"→"Solution "→"Analysis Type"→" New Analysis"命令,弹出"New Analysis"对话框,如图 7-91 所示。选择"Modal"选项,然后单击"OK"按钮。

（16）选择"Main Menu"→"Solution"→"Define Loads"→"Apply"→"Structural"→"Displacement"→"On Areas"命令,弹出"图形选取"对话框,然后用鼠标选择机翼任一个端面,单击"OK"按钮,弹出如图 7-92 所示的对话框。在"DOFs to be contrained"列表框中选择"ALL DOF"选项,然后单击"OK"按钮。

（17）选择"Main Menu"→"Solution"→"Analysis Type"→"Analysis Options"命令,弹出"Modal Ansys"对话框,如图 7-93 所示。在"Mode extraction method"单选列表框中选择"Block Lanczos"选项,在"No. of modes to extract"文本框中输入"5",在"No. of modes to expand"文本框中输入"5",单击"OK"按钮。

316

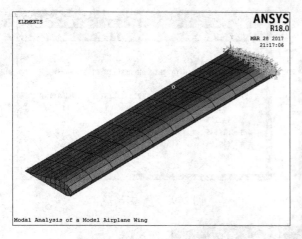

图 7-90　机翼三维网格模型

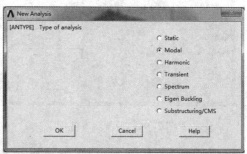

图 7-91　选择分析类型

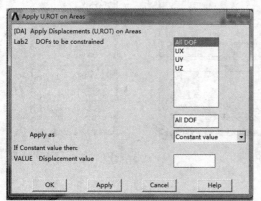

图 7-92　施加面约束

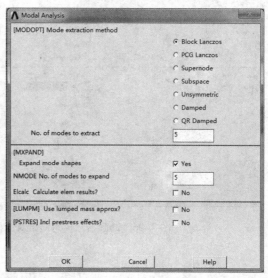

图 7-93　模态分析选项设置

（18）弹出如图 7-94 所示的对话框。该对话框的功能是设定起止频率，此例中保持默认，单击"OK "按钮即可。

（19）求解。选择"Main Menu"→"Solution"→"Solve"→"Current LS"命令，开始计算。计算结束后会弹出一个确认对话框，单击"Close"按钮即可。

（20）后处理。选择"Main Menu"→"General Postproc"→"Results Summary"命令，弹出列表显示模态计算结果对话框，如图 7-95 所示。

（21）选择"Main Menu"→"General Postproc"→"Read Results"→"First Set"命令，读取第一模态的结果，然后选择"Utility Menu"→"PlotCtrls"→"Mode Shape"命令，弹出如图 7-96 所示的对话框。保持默认设置，单击"OK"按钮即可显示一阶模态的响应动画。

（22）单击"Close"按钮关闭如图 7-97 所示的动画控制对话框。接着选择"Main Menu"→"General Postproc"→"Read Results"→"Next Set"命令，读取下一阶模态数据，重复上一步操作可显示模态动画。如此继续，可查看生成 5 个模态的响应动画（详细操作及命令流见课件目录\ch07\Model Airplane Wing\）。

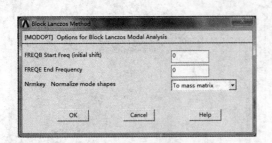

图 7-94　设置频率范围

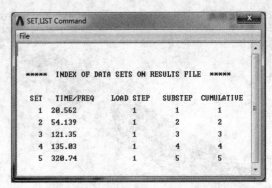

图 7-95　模态计算结果

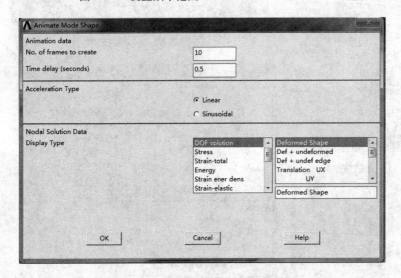

图 7-96　动画显示模态结果对话框

图 7-97　动画控制对话框

7.5　谐波响应分析

为了确保结构能够经受各种不同频率的正弦体载荷(如以不同速度运行的发动机等),探测共振响应,并在必要时避免其发生,需要进行谐波响应分析。

7.5.1　谐波响应分析简介

谐波响应分析主要是用于分析持续的周期体载荷在结构系统中产生持续的周期响应,以及确定线性结构承受随时间按正弦规律变化的体载荷时的模态响应。谐波响应分析是一种线性技术,但是也可以对有预应力的结构进行分析计算。

在 ANSYS 中进行谐波响应分析主要可采用三种方法进行求解计算:Full 法(完全法)、Reduced 法(缩减法)和 Mode Superposition 法(模态叠加法)。

以上三种方法各有优缺点,但是在进行谐波响应分析时,它们存在着共同的使用局限,即所有施加的体载荷必须随着时间按正弦规律变化,且必须有相同的频率。另外,三种方法均不适合用于计算瞬态效应,不允许有非线性特性存在。这些局限可以通过进行瞬态动力分析来克服,这时应将简谐体载荷表示为有时间历程的体载荷函数。

318

7.5.2　谐波响应分析步骤

和其他动力分析类似,进行谐波响应分析也可以分为 4 步。

1. 建模

这一步的操作主要在预处理器(PREP7)中进行,包括定义单元类型、单元实常数、材料参数及几何模型。该过程和其他分析类似,此处不再详述。注意:只能用线性单元,且只要输入密度即可。

2. 选择分析类型及选项

这一步主要是选择分析类型及谐波响应分析的一些选项设置。

选择谐波响应分析类型,可选择"Main Menu"→"Solution"→"Analysis Type"→"New A-nalysis"命令,在弹出的"New Analysis"对话框中选择"Harmonic"单选按钮。

进行分析选项设置,可选择"Main Menu"→"Solution"→"AnalysisType"→"Analysis Options"命令,弹出如图 7-98 所示的"Harmonic Analysis"对话框。

"Solution method":用于从三种求解方法中选择一种适合的方法。

"DOF printout format":用于确定在输出文件 Jobname. OUT 中谐波响应分析的位移解如何列出。

"Use lumped mass approx?":用于指定采用默认的质量矩阵形成方式还是使用集中质量矩阵逼近。一般推荐在大多数应用中采用默认形成方式。

3. 施加体载荷并求解

谐波响应分析假定所施加的所有体载荷随时间按简谐规律变化,因此指定一个完成的体载荷需要输入如图 7-99 所示的三条信息:幅值(Amplitude)、相位角(Phase angle)和强制频率范围(forcing frequency range)。含义如下:

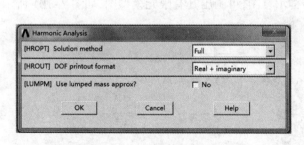

图 7-98　分析选项对话框

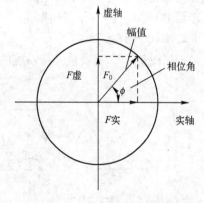

图 7-99　体载荷信息示意图

幅值(Amplitude):体载荷的最大值。

相位角(Phase angle):体载荷滞后或领先于参考时间的量度。在复平面上,相位角是以实轴为起始的角度。相位角不能直接输入,而是应该使用加载命令的 VALUE 和 VALUE2 来指定有相位角体载荷的实部和虚部。

强制频率范围(forcing frequency range):简谐体载荷的频率范围。

求解可选择"Main Menu"→"Solution"→"Solve"→"Current LS"命令。

4. 查看结果

谐波响应分析的结果将存储在 Jobname. RST 文件中。所有数据在解答所对应的强制频率处按简谐规律变化。如果在结构中定义了阻尼,响应将与体载荷异步,所有结果将是复数形式,并以实部和虚部存储。如果施加的是异步体载荷,同样也会产生复数结果。

通常查看结果的顺序是首先使用 POST26 找到零阶强制频率,然后用 POST1 在这些临界强制频率处处理整个模型。

7.5.3 谐波响应分析实例

1. 问题描述

如图 7-100 所示的振动系统,在质量块 m_1 上作用一谐振力 $F_1\sin\omega t$,试确定每一个质量块的振幅 X_1 和相位角 φ_1。

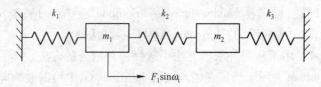

图 7-100　振动系统结构示意图

材料参数如下:

质量:$m_1 = m_2 = 0.5$ lb $*$ sec^2/in。

倔强系数:$k_1 = k_2 = k_3 = 200$lb/in。

施加体载荷:$F_1 = 200$lb。

弹簧长度可以任意选择,并且只是用来确定弹簧的方向。沿着弹簧的方向,在质量块上选择两个主自由度。频率的范围为 $0 \sim 7.5$Hz,其解间隔值为 $7.5/30 = 0.25$Hz。用时间历程后处理器 POST26 观察幅值频率响应关系。

2. GUI 操作步骤

根据图 7-100 双质量弹簧系统的结构示意图,可画出其有限元模型图,如图 7-101 所示。

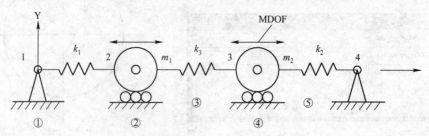

图 7-101　振动系统有限元模型

本例将略去建模步骤操作,读者可直接打开本书课件中的模型数据库进行操作,或直接按课件中的命令流方式生成模型。具体操作如下:

(1) 复制课件目录\ch07\harmonic response\中的文件到工作目录,启动 ANSYS,单击工具栏上的 按钮,选择数据库文件"harmonic. db",单击"OK"按钮,恢复数据库。结果如图 7-102所示。

图 7-102　振动系统模型

（2）选择"Main Menu"→"Solution"→"Analysis Type"→"New Analysis"命令，弹出如图 7-103 所示的对话框。选择"Harmonic"选项，单击"OK"按钮。

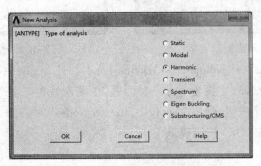

图 7-103　选择谐波响应分析

（3）选择"Main Menu"→"Solution"→"Analysis Type"→"Analysis Option"命令，弹出如图 7-104 所示的对话框。在"Solution method"下拉列表框中选择"Full"选项，在"DOF printout formal"下拉列表框中选择"Amplitude + phase"选项，然后单击"OK"按钮。

（4）弹出如图 7-105 所示的"Full Harmonic Analysis"对话框，保持默认值，单击"OK"按钮即可。

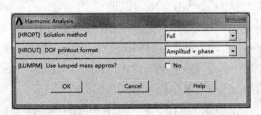

图 7-104　谐波响应分析选项设置

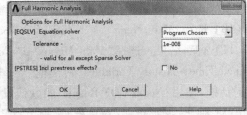

图 7-105　完全法选项设置

（5）选择"Main Menu"→"Solution"→"Load Step Opts"→"Output Ctrls"→"Solu Printout"命令，弹出如图 7-106 所示的对话框。在"Print frequency"选项组中选择"Last substep"选项，然后单击"OK"按钮确认。

（6）选择"Main Menu"→"Solution"→"Load Step Opts"→"Time/Frequenc"→"Freq and Substps"命令，弹出如图 7-107 所示的"Harmonic Frequency and Substep Options"对话框。在"Harmonic freqrange"文本框中输入"0"和"7.5"，在"Number of substeps"文本框中输入"30"，在"Stepped or ramped b. c."选项组中选择"Stepped"选项，然后单击"OK"按钮。

（7）选择"Main Menu"→"Solution"→"Define Loads"→"Apply"→"Structural"→"Displacement"→"On Nodes"命令，弹出"图形选取"对话框，单击"Pick All"按钮，弹出"Apply U, Rot on Nodes"对话框，选中"UY"选项，然后单击"OK"按钮。

321

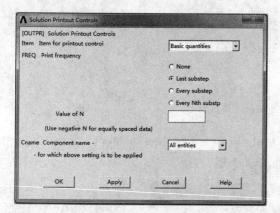

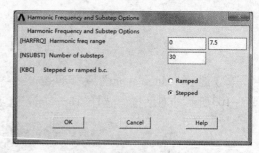

图 7-106 输出控制 　　　　　　　　　　　图 7-107 设定频率和子步数

（8）选择 Main Menu"→"Solution"→"Define Loads"→"Apply"→"Structural"→"Displacement"→"On Nodes"命令,弹出"图形选取"对话框,在图形视窗选择节点 1 和 4 两个端点,如图 7-108 所示,单击"OK"按钮,弹出"Apply U,Rot on Nodes"对话框,选中"UX"选项,并取消选择"UY"选项,然后单击"OK"按钮确认。

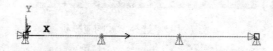

图 7-108 选择节点 1 和 4 两个端点

（9）选择"Main Menu"→"Solution"→"Define Loads"→"Apply"→"Structural"→"Force/Moment"→"On Nodes"命令,弹出"图形选取"对话框,在图形视窗中选择节点 2,单击"OK"按钮,弹出"Apply F/M on Nodes"对话框,在"Direction of force / moment"下拉菜单击选中"FX"选项,在"Real part of force/moment"文本框中输入"200",单击"OK"按钮。

（10）选择"Main Menu"→"Solution"→"Solve"→"Current LS"命令,进行求解计算。

（11）查看结果。选择"Main Menu"→"TimeHist Postpro"→"Define Variables"命令,弹出"Defined Time - History Variables"对话框。单击"Add…"按钮,弹出"AddTime - History Variable"对话框,使用"Nodal DOF Result"的默认设置并单击"OK"按钮。

（12）弹出"图形选取"对话框,选择节点 2,单击"OK"按钮,弹出如图 7-109 所示的"Define Nodal Data"对话框。在"User - specified label"文本框中输入"2UX",在"Item,Comp Data item"列表框中选中"Translation UX"选项,然后单击"OK"按钮。

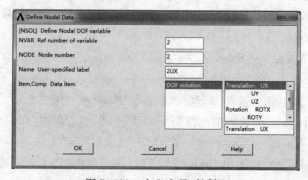

图 7-109 定义变量对话框

322

（13）按同样的方法定义变量 3UX 读取节点 3 的 UX 向位移结果。

（14）选择"Utility Menu"→"Plotctrls"→"Style"→"Graphs"→"Modify Grid"命令,弹出如图 7-110 所示的对话框。勾选"Display grid –"右边的复选框为"On",然后单击"OK"按钮。

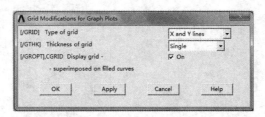

图 7-110　显示网格

（15）选择"Main Menu"→"TimeHist Postpro"→"Graph Variables"命令,弹出"GraphTime – History Variables"对话框。在"1st variable to graph"文本框中输入"2",在"2nd variable to graph"文本框中输入"3",单击"OK"按钮,可显示位移时间历程曲线,如图 7-111 所示。

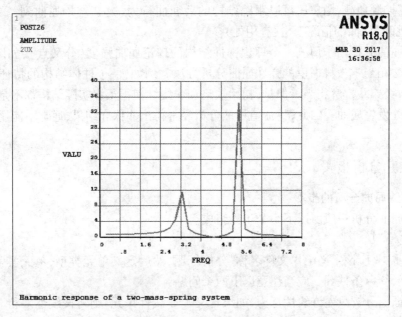

图 7-111　时间历程曲线

7.6　屈　曲　分　析

屈曲分析是一种用于确定结构开始变得不稳定时的临界载荷和屈曲模态形状(结构发生屈曲响应时的特征形状)的技术,非线性屈曲分析是一种典型而且重要的几何非线性分析。本节将对屈曲分析的概念和过程进行简单介绍。

7.6.1　屈曲分析简介

ANSYS 在 ANSYS/Multiphysics、ANSYS/Mechanical、ANSYS/Structural 以及 ANSYS /Professional 中提供了两种结构屈曲载荷和屈曲模态的分析方法:非线性屈曲分析和特征值(线

性)屈曲分析。采用这两种方法通常可得到不同的分析结果,下面先讨论二者的区别。

非线性屈曲分析比线性屈曲分析更精确,故建议用于对实际结构的设计或计算。该方法用一种逐渐增加载荷的非线性静力分析技术来求得使结构开始变得不稳定时的临界载荷。如图 7-112(a)所示。

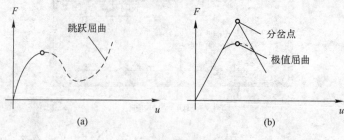

图 7-112 屈曲分析

应用非线性技术,模型中就可以包括诸如初始缺陷、塑性、间隙、大变形响应等特征。此外,使用偏离控制加载,用户还可以跟踪结构的后屈曲行为(这在结构屈曲到一个稳定外形,如浅拱的"跳跃"屈曲的情况下,很有用处)。

特征值屈曲分析用于预测一个理想弹性结构的理论屈曲强度(分叉点),如图 7-112(b)所示。该方法相当于教科书里的弹性屈曲分析方法。例如,一个柱体结构的特征值屈曲分析的结果,将与经典欧拉解相当。但是,初始缺陷和非线性使得很多实际结构都不是在其理论弹性屈曲强度处发生屈曲。因此,特征值屈曲分析经常得出非保守结果,通常不能用于实际的工程分析。

7.6.2 屈曲分析步骤

1. 特征值屈曲分析的步骤

特征值屈曲分析一般由以下 5 个步骤组成。

1)建立模型

在这一步中,应该定义工作文件名称、分析标题,然后定义单元类型、单元实常数、材料常数、几何模型、约束条件等。应当注意以下两个问题:

(1)特征值分析只允许线性行为,如果定义了非线性单元,则将按线性对待。例如,如果使用接触单元,则它们的刚度是基于静态预应力运行之后的状态进行的,并且不能改变。

(2)材料的弹性模量必须定义。材料的性质可以是线性,各向同性或各向异性,恒值或者与温度相关的。

2)获得静力解

该步骤与一般的静力分析过程一致,但需要注意以下几点。

(1)必须激活预应力选项(执行"PSTRES,ON"命令),特征值分析需要通过首次运算得到的静力解来计算应力刚度矩阵。

(2)分析中通常只需要施加单位载荷,这样计算出的特征值就是屈曲临界载荷。如果不施加单位载荷,而是给定一个更大的值,那么临界载荷为施加载荷与特征值的乘积。

(3)当载荷中有不变载荷时(如结构的重量),需要不断调整施加的载荷反复计算,直到计算得出的特征值为 1.0 或接近 1.0 为止。

(4)在凝聚法特征值屈曲分析中,所有的约束都应该为零。

3）获得特征值屈曲解

此步骤需要静力分析的输出结果和几何数据。具体步骤如下：

（1）进入求解器。

（2）定义分析类型为"Eigen Buckling"（即特征值屈曲）。

（3）选择特征值的提取方法。ANSYS 软件提供了两种方法，即 Subspace 法（子空间迭代法）和 Block Lanczos 法（分块兰索斯法）。前者精度较高，而后者速度较快。

（4）指定提取的特征值数量，通常选 1，即提取第一阶特征值。

（5）定义载荷步选项。在特征值屈曲分析中，有效的载荷步选项是扩展过程选项和输出控制。

（6）求解。

（7）退出求解器。

4）拓展结果

如果要观察屈曲的变形结果，则必须对结果进行拓展。扩展过程可以单独进行，也可以作为特征值求解过程的一部分，前提是要在特征值求解前完成拓展设置。

（1）重新进入求解器。

（2）激活扩展过程及选项。默认的要扩展的模态数为前面指定的特征值提取数量。

（3）定义输出选项。输出中可以包括拓展的模态形状，如果需要，也可以包含每一阶模态的相关应力分布。

（4）开始扩展求解。

（5）退出求解器。

5）查看结果

（1）显示所有的屈曲载荷系数，得到临界载荷。

（2）读入想观察的模态结果数据，显示模态形状。在结果数据中，每个模态都是作为独立的子步（SET NUMBER）来保存的。

（3）显示临界载荷作用下的应力分布。

2. 非线性屈曲分析的步骤

非线性屈曲分析是在选定大变形效应的情况下（考虑几何非线性）所做的一种静力分析，该分析过程一直进行到结构最大载荷或极限载荷为止，当选用弧长法时，还可以跟踪结构的后屈曲行为。非线性屈曲分析可以同时考虑材料的塑性行为（即材料非线性）等因素。

1）施加载荷数量

非线性屈曲分析的基本方法是逐步地施加一个恒定的载荷数量，一直到求解开始发散为止。当到达期望的临界屈曲载荷值时，应该确保使用足够精细的载荷增量。如果载荷增量太大，将不能得到精确的屈曲载荷预测值。选定二分法和自动时间步长选项可以避免这个问题的发生。

2）自动时间步长

当选定自动时间步长选项时，ANSYS 程序将自动地找出屈曲载荷，在逐渐增加载荷的静力分析中，当此选项选定时，如果在给定的载荷下求解不能收敛，则程序将会把时间（载荷）步长缩减 1/2，然后在较小的载荷条件下重新求解。在屈曲分析中，每一次收敛失败会出现一条信息，表明预测值等于或者超过了屈曲载荷。如果程序在下一步计算中能够得到收敛解，则通常可以忽略这些信息。

3）重要事项

在分析中应该意识到,非收敛解不一定就意味着结构已经达到了它的最大载荷。这可能是由于数值上的不稳定造成的,可以通过细化模型来纠正。可以先用弧长法进行预分析,以预测屈曲载荷的近似值;也可以使用弧长法本身求得一个精确的屈曲载荷,但是这需要不断地修正弧长半径(一般由程序自动完成)。

此外,也应该注意以下几个问题。

（1）如果结构上的载荷完全是在平面内的,即只有薄膜应力或轴向应力,则不会产生导致屈曲的面外变形,所进行的分析也就不能求得屈曲行为。要克服这个问题,可以在结构上施加一个很小的面外扰动,例如施加适当的瞬时力或者强制位移,以激发屈曲响应。

（2）在大变形分析中,给定的力和位移载荷将保持其初始方向,当时表面载荷将随着结构几何形状的改变而改变。因此,在分析之前,应确保施加正确的载荷类型。

（3）在实际的工程中,应该将稳态分析进行到结构的临界载荷点,以计算出结构产生非线性屈曲的安全系数。仅仅说明结构在一个给定的载荷水平下是稳定的,在大多数实际工程中并不够,通常希望能够提供一个确定的安全系数,而这一点必须通过屈曲分析得到结构实际的极限载荷来实现。

（4）可以通过激活弧长法的方式将分析拓展到后屈曲范围。对于大多数实体单元来说,在非线性屈曲分析中,可以不必使用应力硬化选项。此外,在"非连续"单元或毗邻非连续单元的单元中,不可以使用应力硬化功能。在对于那些支持调和切线刚度矩阵的单元(BEAM4、SHELL63 和 SHELL181)中,激活调和切线刚度可以增强非线性屈曲分析的收敛性和改善求解的精度。单元的选项(KEYOPT)必须在求解的第一载荷步之前定义,一旦求解开始,就不能改变。

4）施加初始扰动

预先进行一个特征值分析有助于非线性屈曲分析,因为特征值屈曲载荷是预期的线性载荷的上限,另外,特征矢量屈曲形状可以作为施加初始缺陷或扰动载荷的根据。

5）弧长法的应用

在屈曲分析中使用弧长法时,应该注意以下几个问题。

（1）当采用弧长法时,特征值屈曲载荷是一个较好的估计值。可以先进行特征值屈曲分析,得到特征值屈曲载荷,然后将它施加到结构上(单载荷步),使用弧长法进行非线性屈曲分析计算。也可以采用两个载荷步,在第一个载荷步中,选定自动时间步长使用一般的非线性屈曲过程,直到接近临界载荷;在第二载荷步中,使用弧长法使分析通过临界载荷。

（2）当使用弧长法时,不要指定 Time 值。如果使用弧长法分析失败,则可以使用NSUBST 命令的 NSBSTP 项来减少初始半径以加强收敛。使用 ARCLEN 命令的 MINARC 项降低弧长半径的下限也可以克服收敛困难。

（3）可以使用在时间历程后处理中得到的载荷一变形曲线来指导分析。当调整分析时,确定结构在何处变得不稳定是十分有用的。另外,可以使用较低的平衡迭代数(10 ~ 15)。为了引起非线性的屈曲模式,有些弧长法求解的问题需要初始几何缺陷,对于这种情况,应用特征值屈曲分析得到模态,然后按照选定的比例系数施加对应于此模态的几何缺陷。

7.6.3 屈曲分析实例

1. 问题描述

如图 7-113(a)所示为一横截面为正方形的细长杆,杆长 l,两端铰支,受到轴向载荷作用。

此杆截面高度为 h，面积为 A。求细长杆变形后的形状。

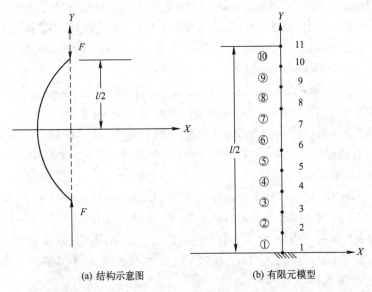

(a) 结构示意图　　　　　　(b) 有限元模型

图 7-113　两端带垂直运动的简支梁结构示意图

长杆几何参数：

$$l = 200\text{in}, \quad h = 0.5\text{in}, \quad A = 0.25\text{in}^2$$

长杆材料参数：

$$E = 30 \times 10^6 \text{psi}, \quad F = 1\text{lb}$$

式中：E 为弹性模量；F 为载荷。

由于梁结构的对称性，只给杆的上端建模，则上半部分的边界条件变为一端自由一端固支，如图 7-129(b)所示。为了描述屈曲模态，在 X 方向取 10 个主自由度。杆的惯性矩为 $I = Ah^2/12 = 0.0052083\text{in}^4$。

2. GUI 操作步骤

1) 设定分析标题

选择"Utility Menu"→"File"→"Change Title"命令，在"Enter new title"文本框中输入"Buckling of a Bar with Hinged Ends"，并单击"OK"按钮。

2) 定义单元类型

(1) 选择"Main Menu"→"Preprocessor"→"Element Type"→"Add/Edit/Delete"命令，弹出"Element Types"对话框。

(2) 单击"Element Types"对话框中的"Add"按钮，弹出"Library of Element Types"对话框。

(3) 选择左侧文本框中的"Structural Beam"选项，然后选择右侧文本框中的"2 Node 188"选项，单击"OK"按钮，回到"Element Types"对话框。

(4) 单击"Element Types"对话框上面的"Options"按钮，弹出"BEAM 188 element type options"对话框。

(5) 在"Element behavior"的下拉列表框中选择"Cubic Form."选项，并单击"OK"按钮，再次回到"Element Types"对话框，单击"Close"按钮结束即可。至此，单元类型定义完毕。

3）定义实常数和材料特性

（1）选择 Main Menu"→"Preprocessor"→"Sections"→"Beam"→"Common Sections"命令，弹出"Beam Tool"对话框，在对话框中输入"B=0.5,H=0.5"，单击"OK"按钮关闭对话框。

（2）选择"Main Menu"→"Preprocessor"→"Material Props"→"Material Models"命令，弹出"Define Material Model Behavior"对话框。

（3）选择对话框右侧的"Structural"→"Linear"→"Elastic"→"Isotropic"命令，并双击"Isotropic"选项，弹出"Linear Isotropic Properties for Material Number 1"对话框。

（4）在"EX"文本框中输入弹性模量"30E6"，然后单击"OK"按钮。回到"Define Material Model Behavior"对话框后，直接关闭对话框。至此，材料参数设置完毕。

4）定义节点和单元

（1）选择"Main Menu"→"Preprocessor"→"Modeling"→"Create"→"Nodes"→"In Active CS"命令，弹出"Create Nodes in Active Coordinate System"对话框。

（2）在"Node number"中输入"1"，单击"Apply"按钮，节点位置默认为"0,0,0"。

（3）在"Node number"中输入"11"，在"X,Y,Z"中依次输入"0,100,0"，单击"OK"按钮。图形窗口出现2个节点。

> **注意**：默认时，显示坐标符号。这样可能会挡住节点1的显示，可以用"Utility Menu"→"PltoCtrls"→"Window Controls"→"Window Options"命令，并选择"Not Shown"选项隐藏坐标符号。

（4）选择"Main Menu"→"Preprocessor"→"Modeling"→"Create"→"Nodes"→"Fill between Nds"命令，弹出"Fill between Nds"拾取菜单。

（5）拾取节点1和11，单击"OK"按钮，出现"Create Nodes Between 2 Nodes"对话框，单击"OK"按钮接受默认设置（即在节点1和11之间填充9个节点）。

（6）选择"Main Menu"→"Preprocessor"→"Modeling"→"Create"→"Elements"→"Auto Numbered"→"Thru Nodes"命令，弹出"Elements from Nodes"拾取菜单。拾取节点1和2，单击"OK"按钮。

（7）选择"Main Menu"→"Preprocessor"→"Modeling"→"Copy"→"Elements"→"Auto Numbered"命令，弹出"Copy Elems Auto-Num"拾取菜单，单击"Pick All"，弹出"Copy Elements（Automatically-Numbered）"对话框，输入复制总数"10"，节点增量"1"，单击"OK"按钮。如图7-114所示为图形窗口中出现的其余单元。

5）施加边界条件和载荷

（1）选择"Main Menu"→"Solution"→"Unabridged Menu"→"AnalysisType"→"New Analysis"命令，弹出"New Analysis"对话框，单击"OK"按钮接受默认的"静力分析"选项。

（2）选择"Main Menu"→"Solution"→"Analysis Type"→"Analysis Options"命令，弹出"Static or Steady-State Analysis"对话框。

（3）在"Stress stiffness or prestress"文本框中选择"Prestress ON"，单击"OK"按钮。选择"Main Menu"→"Solution"→"Define Loads"→"Apply"→"Structural"→"Displacement"→"On Nodes"命令，出现"Apply U,ROT on Nodes"拾取菜单。

（4）在图形窗口中，拾取节点1，然后单击"OK"按钮。出现"Apply U,ROT on Nodes"拾取菜单，如图7-115所示。在"DOFs to be constrained"右下拉框中选择"UY"和"ROTZ"，然后单

328

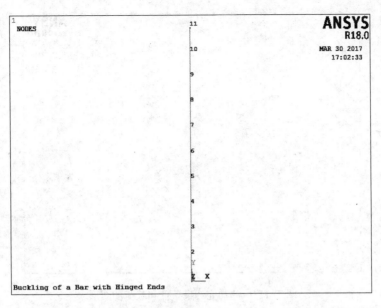

图 7-114 定义好的节点和单元

击"OK"按钮。

（5）选择"Main Menu"→"Solution"→"Define Loads"→"Apply"→"Structural"→"Dis-placements"→"On Nodes"命令,弹出"Apply U,ROT on Nodes"拾取框。

（6）在图形窗口中,拾取节点 11,然后单击"OK"按钮,出现"Apply U,ROT on Nodes"拾取菜单,选择"UX",然后单击"OK"按钮。

（7）选择"Main Menu"→"Solution"→"Define Loads"→"Apply"→"Structural"→"Force/Moment"→"On Nodes"命令,弹出"Apply F/M on Nodes"拾取菜单。

（8）拾取节点 11,单击"OK"按钮,弹出如图 7-116 所示的"Apply F/M on Nodes"对话框:在"Direction of force/mom"框中选择"FY",在"Force/moment value"中输入力/弯矩值" -1 ",然后单击"OK"按钮,在图形窗口中出现力的符号。

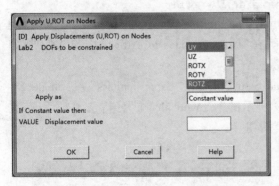

图 7-115 约束自由度

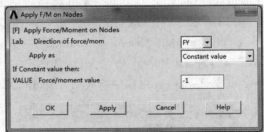

图 7-116 设置力对话框

（9）选择"Main Menu"→"Solution"→"Define Loads"→"Apply"→"Structural"→"Dis-placement"→"Symmetry B. C. "→"On Nodes"命令,弹出"Apply SYMM on Nodes"对话框。在"Norml symm surface is normal to"框中选择"z - axis",然后单击"OK"按钮。施加好约束条件及载荷的图形如图 7-117 所示。

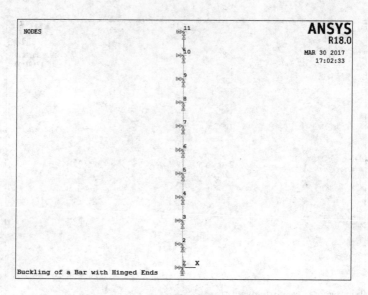

图 7-117　施加完约束条件和载荷的图形

6）求解静力分析

（1）选择菜单"Main Menu"→"Solution"→"Solve"→"Current LS"命令,认真检查状态窗口的信息,然后关闭。

（2）在"Solve Current Load Step"对话框中,单击"OK"按钮开始求解。

（3）求解完成后,单击"Close"关闭窗口。

7）求解屈曲分析

（1）选择"Main Menu"→"Solution"→"Analysis Type"→"New Analysis"命令即可。

> **注意:**关闭警告窗口,如出现警告窗口"Changing the analysis type is only valid within the first load step",则单击"OK"按钮将导致退出并重新进入 SOLUTION。这将使载荷步计数到 1。

（2）选择"Eigen Buckling"选项,打开它,然后单击"OK"按钮。

（3）选择"Main Menu"→"Solution"→"Analysis Type"→"Analysis Options"命令,出现"Eigenvalue Buckling Options"分析选项对话框,在"No. of modes to extract"中输入"1",如图 7-118 所示,单击"OK"按钮。

（4）选择"Main Menu"→"Solution"→"Load Step Opts"→"ExpansionPass"→"Single Expand"→"Expand Modes"命令,出现如图 7-119 所示的"Expand Modes"分析选项对话框,在"No. of modes to expand"中输入"1",单击"OK"按钮。

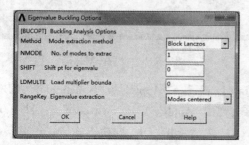

图 7-118　特证值屈曲分析选项

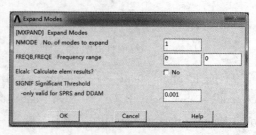

图 7-119　扩展模态数选项

（5）选择"Main Menu"→"Solution"→"Solve"→"Current LS"命令，认真检查状态窗口的信息，然后关闭该窗口。

（6）在"Solve Current Load Step"对话框中，单击"OK"按钮开始求解。

（7）求解完成后，单击"Close"按钮关闭窗口。

8）查看结果

（1）选择"Main Menu"→"General Postproc"→"Read Results"→"First Set"命令。

（2）选择"Main Menu"→"General Postproc"→"Plot Results"→"Deformed Shape"命令，出现"Plot Deformed Shape"对话框，选择"Def + undeformed"，然后单击"OK"按钮。如图7-120所示为图形窗口中出现变形前后的图形。从输出窗口中，可查到屈曲载荷系数为38.5525。

说明：该屈曲分析实例源文件及命令流见课件目录\ch07\buckling\。

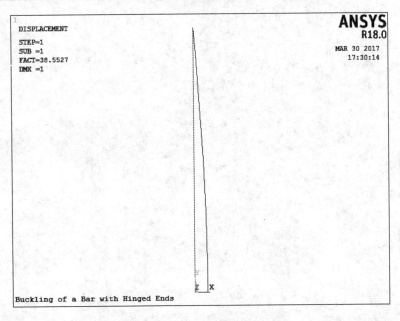

图7-120　变形结果图

7.6.4　其他例子

ANSYS的其他一些出版物，特别是《ANSYS Verification Manual》，还论述了一些屈曲分析实例。

《ANSYS Verification Manual》包括了一些用于说明ANSYS系列产品功能的测试实例。这些测试实例说明如何求解真实问题。这个手册并不提供分析的详细步骤，但ANSYS用户只要具备最低限度的有限元分析经验，就可以完成这些计算。该手册包括如下的结构屈曲分析实例：

VM17——铰接拱的跳跃屈曲

VM127——端部铰接杆的屈曲（线单元）

VM128——端部铰接杆的屈曲（面单元）

7.7   本章小结

　　有限元分析中最典型的分析类型就是结构分析。本章介绍了常见的几种结构分析,包括结构静力分析、结构非线性分析、模态分析、瞬态动力学分析、谐波响应分析以及屈曲分析,同时通过典型实例简单介绍了这几种结构分析的求解过程。该部分内容具有较强的针对性,适合不同的专业研究领域,需要读者通过实际操作逐渐熟悉和掌握。

第 8 章　ANSYS 常用命令流

本章概要

- 过程和数据库命令
- 参数化设计命令
- 前处理器固体模型生成命令
- 前处理器网格剖分命令
- 求解命令
- 一般后处理器命令
- 结构分析命令
- 其他命令

8.1　过程和数据库命令

（1）ALLSEL,LABT,ENTITY：选中所有项目。

LABT：ALL 表示选中所有项目及其低级项目。

BELOW 表示选中指定项目的直接下属及更低级项目。

ENTITY：ALL 表示所有项目（默认）；VOLU 表示体（高级）；AREA 表示面；LINE 表示线；KP 表示关键点；ELEM 表示单元。

NODE 表示节点（低级）。

（2）/clear!：清除目前所以的 database 资料,该命令在起始层才有效。

（3）csys,kcn：声明坐标系统,系统默认为卡式坐标（csys,0）。

kcn：0 表示笛卡儿坐标；1 表示柱坐标；2 表示球坐标；4 表示工作平面；5 表示柱坐标系（以 Y 轴为轴心）；n 表示已定义的局部坐标系。

Menu Paths：Utility Menu→WorkPlane→Change Active CS to→（CSYS Type）

Menu Paths：Utility Menu→WorkPlane→Change Active CS to→Working Plane

Menu Paths：Utility Menu→WorkPlane→Offset WP to→Global Origin

（4）＊cycle：当执行 DO 循环时,ANSYS 程序如果需要绕过所有在＊cycle 和＊ENDDO 之间的命令,只需在下一次循环前执行它。

（5）/Filname,fname,key 指定新的工作文件名。

fname：文件名及路径,默认为先前设置的工作路径。

key：0 表示使用已有的 log 和 error 文件；1 表示使用新的 log 和 error,但不删除旧的。

（6）/Input,fname,Ext,－－,LIne,log：读入数据文件。

fname：文件名及目录路径,默认为先前设置的工作目录。

Ext：文件扩展名,后面的几个参数一般可以不考虑。

注:用此命令时,文件名及目录路径都必须为英文,不能含有中文字符。

(7) save,fname,ext,dir,slab:存盘。

fname:文件名(最多 32 个字符),默认为工作名。

ext:扩展名(最多 32 个字符)默认为 db。

dir:目录名(最多 64 个字符)默认为当前。

slab:all 表示保存所有信息;model 表示保存模型信息;solv 表示保存模型信息和求解信息。

(8) /Exit,slab,fname,ext, -- :退出程序。slab:model 表示仅保存模型数据文件(默认);solu 表示保存模型及求解数据;all 表示保存所有的数据文件;nosave 表示不保存任何数据文件。

(9) *CFCLOS:关闭一个"命令"文件。格式:*CFCLOS。

(10) *CFOPEN,fname,ext:打开一个"命令"文件。

ext:如果 Fname 为空,则其扩展名为"CMD"。

(11) *CFWRITE,Command:把 ANSYS 命令写到由 *CFOPEN 打开的文件中。其中,Command 是将要写的命令或字符串。

(12) *CREATE,fname,ext:打开或生成一个宏文件。

fname:若在宏里,使用命令" *USE"的 Name 选项读入文件时,不要使用路径名。

ext:若在宏里,使用命令" *USE"的 Name 选项读入文件时,不要使用文件文件扩展名。

8.2　参数化设计命令

(1) *AFUN,Lab:在参数表达式中,为角度函数指定单位。

Lab:指定将要使用的角度单位,有 3 个选项:AD 表示在角度函数的输入与输出中使用弧度单位(默认);DEG 表示在角度函数的输入与输出中使用度单位;STAT 表示显示该命令当前的设置(即是度还是弧度)。

(2) *do,par,ival,fval,inc 定义一个 do 循环的开始。

par:循环控制变量。

ival,fval,inc:分别为起始值、终值、步长(正,负)。

(3) *DOWHILE,parm:重复执行循环直到外部控制参数发生改变为止。只要 parm 为真,循环就会不停地执行下去;如果 parm 为假,则循环中止。

(4) *enddo:定义一个 do 循环的结束。

(5) *GET 命令,使用格式为

*GET,Par,Entity,ENTNUM,Item1,IT1NUM,Item2,IT2NUM

其中,Par 是存储提取项的参数名;Entity 是被提取项目的关键字,有效的关键字是 NODE,ELEM,KP,LINE,AREA,VOLU,PDS 等;ENTNUM 是实体的编号(若为 0 指全部实体);Item1 是指某个指定实体的项目名,例如,如果 Entity 是 ELEM,那么 Item1 要么是 NUM(选择集中的最大或最小的单元编号),要么是 COUNT(选择集中的单元数目)。

可以把 *GET 命令看成是对一种树型结构从上至下的路径搜索,即从一般到特殊的确定。

(6) *if,val1,oper,val2,base:条件语句。

val1,val2:待比较的值(也可是字符,用引号括起来)。

oper:逻辑操作(当实数比较时,误差为 1e－10),eq,ne,lt,gt,le,ge,ablt,abgt。

base:当 oper 结果为逻辑真时的行为。

(7) ＊REPEAT 最简单的循环命令,即按指定的循环次数执行上一条命令,而命令中的参数可以按固定的增量递增。＊REPEAT 的用法为

NTOT,VINC1,VINC2,VINC3,VINC4,VINC5,VINC6,VINC7,VINC8,VINC9,VINC10,VINC11

NTOT 表示当前命令被执行的次数(包括最初的一次);VINC1 ~ VINC11 每执行一次第二个节点号加 1。

> **注意:** 大多数以斜线(/)或星号(＊)开头的命令,以及扩展名不是.mac 的宏,都不可以重复调用。但是,以斜线(/)开头的图形命令可以重复调用。同时,要避免对交互式命令使用＊REPEAT 命令,如那些需要拾取或需要用户响应的命令。

(8) set,lstep,sbstep,fact,king,time,angle,nset:设定从结果文件读入的数据。

lstep:荷载步数。

sbstep:子步数,默认为最后一步。

time:时间点(如果弧长法则不用)。

nset:数据组数。

(9) ＊VWRITE,Par1,Par2,Par3,Par4,Par5,Par6,Par7,Par8,Par9,Par10:通过该命令把数组中的数据写到格式化(表格式)的数据文件中。该命令最多可带有 10 个数组矢量作为参数,并把这些矢量中包含的数据写入当前打开的文件(＊CFOPEN 命令)中。

(10) BOPTN,Lab,Value:设置布尔操作选项。

Lab:DEFA 表示恢复各选项的默认值;STAT 表示列表输出当前的设置状态;KEEP 表示删除或保留输入实体选项;NWARN 表示警告信息选项;VERSION 表示布尔操作兼容性选项。

Value:根据 Lab 的不同有不同的值。

8.3 前处理器固体模型生成命令

(1) A,P1,P2,P3,P4,P5,P6,P7,P8,P9:用已知的一组关键点(P1 ~ P9)来定义面(Area),最少使用三个点才能围成面。点要依次序输入,输入的顺序会决定面的法线方向。如果超过 4 个点,则这些点必须在同一个平面上。

Menu Paths:Main Menu→Preprocessor→Create→Arbitrary→Through KPs

(2) Adele,na1,na2,ninc,kswp!:kswp ＝0 时只删除掉面积本身;kswp ＝1 时低单元点一并删除。

(3) Adrag,nl1,nl2,nl3,nl4,nl5,nl6,nlp1,nlp2,nlp3,nlp4,nlp5,nlp6!:面积的建立,沿某组线段路径拉伸而成。

(4) AL,L1,L2,L3,L4,L5,L6,L7,L8,L9,L10:由已知的一组直线(L1,…,L10)围绕成面(Area),至少需要 3 条线才能形成面,线段的号码没有严格的顺序限制,只要它们能完成封闭的面积即可。同时若使用超过 4 条线去定义面,则所有的线必须在同一平面上,以右手定则来决定面积的方向。如果 L1 为负号,则反向。

Menu Paths:Main Menu→Preprocessor→Create→Arbitrary→By Lines

（5）AROTAT,NL1,NL2,NL3,NL4,NL5,NL6,PAX1,PAX2,ARC,NSEG：建立一组圆柱型面（Area）。产生方式为绕着某轴（PAX1,PAX2 为轴上的任意两点，并定义轴的方向），旋转一组已知线段（NL1～NL6），以已知线段为起点，旋转角度为 ARC,NSEG 为在旋转角度方向可分的数目。

Menu Paths：Main Menu→Preprocessor→Operator→Extrude/Sweep→About Axis

（6）Arsym,ncomp,na1,na2,ninc,kinc,noelem,imove!：复制一组面积 na1,na2,ninc 对称于轴 ncomp;kinc 为每次复制时面积号码的增加量。

（7）ASBA,NA1,NA2,SEPO,KEEP1,KEEP2：从一个面中减去另一个面的剩余部分生成面。

NA1：被减面的编号，不能再次应用于 NA2,NA1 可以为 ALL,P 或元件名。

NA2：减去面的编号，如果 NA2 为 ALL,是除了 NA1 所指定的面以外所有选取的面。

SEPO：确定 NA1 和 NA2 相交面的处理方式。

KEEP1：确定 NA1 是否保留或删除控制项，为空时表示使用命令"BOPTN"中变量 KEEP 的设置;为 DELTET 时表示删除 NA1 所表示的面;为 KEEP 时表示保留 NA1 所表示的面。

KEEP2：确定 NA2 是否保留或者删除控制项，参考 KEEP1（参考命令汇总里的"VSBV"）。

（8）ASBV,NA,NV,SEPO,KEEPA,KEEPV：面由体分割并生成新面。其中，NA,NV 分别为指定的面编号和体编号。其余的变量参考前面翻译的命令"ASBA"。

（9）Blc4,xcorner,ycorner,width,height,depth!：建立一个长方体区块。

（10）Blc5,xcenter,ycenter,width,height,depth!：建立一个长方体区块。区块体积中心点的 x、y 坐标。

（11）Circle,pcent,rad,paxis,pzero,arc,nseg：产生圆弧线。该圆弧线为圆的一部分，依参数状况而定，与目前所在的坐标系统无关,点的号码和圆弧的线段号码会自动产生。

pcent：圆弧中心坐标点的号码。

paxis：定义圆心轴正方向上任意点的号码。

pzero：定义圆弧线起点轴上的任意点的号码,此点不一定在圆上。

RAD 为圆的半径,若此值不输,则半径的定义为 pcent 到 pzero 的距离。

arc：弧长（以角度表示）,若输入为正值,则由开始轴产生一段弧长,若没输和,产生一个整圆。

nseg：圆弧欲划分的段数,此处段数为线条的数目,非有限元网格化时的数目,默认为 4。

Menu Paths：Main Menu→Preprocessor→Create→Arcs→By End Cent & Radius

Menu Paths：Main Menu→Preprocessor→Create→Arcs→Full Circle。

（12）CON4,XCENTER,YCENTER,RAD1,RAD2,DEPTH：在工作平面上生成一个圆椎体或圆台。

XCENTER,YCENTER：分别为圆椎体或圆台中心轴在工作平面上 X 和 Y 的坐标值。

RAD1,RAD2：分别为圆椎体或圆台两底面半径。

DEPTH：离工作平面的垂直距离即椎体的高度,平行于 Z 轴,DEPTH 不能为 0。

说明：在工作平面上生成一个实心圆椎体或圆台。圆椎体的体积必须大于 0,一个底面或两个底面都为圆形,并且由两个面组成。

（13）Cone,rtop,rbot,z1,z2,theta1,theta2：建立一个圆锥体积。

rtop,z1:圆锥上平面的半径与长度。

rbot,z2:圆锥下平面的半径与长度。

theat1,theta2:圆锥的起始、终结角度。

（14）Cyl4,xcenter,ycenter,rad1,theta1,rad2,theta2,depth:建立一个圆柱体积。以圆柱体积中心点的 x、y 坐标为基准。

rad1,rad2:圆柱的内外半径。

theat1,theta2:圆柱的起始、终结角度。

（15）Cyl5,xedge1,yedge1,xedge2,yedge2,depth:建立一个圆柱体积。其中,xedge1,yedge1,xedge2,yedge2 分别为圆柱上面或下面任一直径的 x、y 起点坐标与终点坐标。

（16）CYLIND,RAD1,RAD2,Z1,Z2,THETA1,THETA2:建立一个圆柱体,圆柱的方向为 Z 方向,并由 Z1,Z2 确定范围。

RAD1,RAD2:圆柱的内外半径。

THETA1,THETA2:圆柱的始、终结角度。

Menu paths:Main Menu→Preprocessor→Create→Cylinder→By Dimensions

（17）/grid,key。

key:0 或 off 表示无网络;1 或 on 表示 xy 网络;2 或 x 表示只有 x 线;3 或 y 表示只有 y 线。

（18）/GRTYP,KAXIS 定义 Y 轴的数目。

KAXIS:1 表示单一轴,最多可以显示 10 条曲线;2 表示为每一条曲线定义一条 Y 轴,最多可以有三条曲线;3 表示同 2,但是最多有 6 条曲线,而且是三维的,可以采用等轴观看,默认是 VIEW,1,1,2,3。

（19）K,NPT,X,Y,Z:建立关键点。建立点（Keypoint）坐标位置（X,Y,Z）及点的号码 NPT 时,号码的安排不影响实体模型的建立,点的建立也不一要连号,但为了数据管理方便,定义点之前先规划好点的号码,有利于实体模型的建立。在圆柱坐标系下,X,Y,Z 对应 R,θ,Z,球面坐标下对应 R,θ,Φ。

Menu Paths:Main Menu > Preprocessor > Create > Key Point > In Active Cs
Menu Paths:Main Menu > Preprocessor > Create > Key Point > On Working Plane

（20）KBETW,KP1,KP2,KPNEW,Type,VALUE:在已经存在的关键点之间生成一个关键点。

KP1:第一个关键点编号。

KP2:第二个关键点编号。

KPNEW:为生成的关键点指定一个编号,默认值将由系统自动指定。

VALUE:新关键点的位置,将由变量 Type 来确定,默认为 0.5。

Type:生成关键点的方式选择,有 2 个选项。RATIO 为关键点之间距离的比值（KP1 – KPNEW）/（KP1 – KP2）。DISP 为输入关键点 KP1 和 KPNEW 之间的绝对距离值,仅限于直角坐标。

（21）KCENTER,Type,VAL1,VAL2,VAL3,VAL4,KPNEW:在由三个位置定义的圆弧中心处生成关键点。

Type:用来定义圆弧的实体类型,且其后的 VAL1,VAL2,VAL3,VAL4 的值取决于 Type 的选择类型。

① 若 Type = P,则为图形拾取方式,有以下选项:

KP:圆弧将由指定关键点的方式生成。

LINE:由所选择线上的位置来确定圆弧。

VAL1,VAL2,VAL3,VAL4:指定圆弧的三个位置,其选择方式与 Type 有关。

② 若 Type = KP,则 VAL1,VAL2,VAL3,VAL4 定义如下:

VAL1,VAL2,VAL3:分别为第一个、第二个、第三个关键点编号。

VAL4:圆弧半径。

③ 若 Type = LINE,则 VAL1,VAL2,VAL3,VAL4 定义如下:

VAL1:第一条线的编号。

VAL2:确定第一个位置的线比率,其值为 0 ~ 1,默认为 0。

VAL3:确定第二个位置的线比率,其值为 0 ~ 1,默认为 0.5。

VAL4:确定第三个位置的线比率,其值为 0 ~ 1,默认为 1.0。

KPNEW:为新关键点指定编号,默认值为可利用的最小编号。

(22) kdele,np1,np2,ninc!:将一组点删除。

(23) KDIST,KP1,KP2:计算并输出两关键点之间的距离。

KP1:第一个关键点的编号,KP1 也可以为 P。

KP2:第二个关键点的编号。

说明:列出关键点 KP1 和 KP2 之间的距离,也列出当前坐标系中从 KP1 到 KP2 的偏移量,偏移量的确定是通过 KP2 的 X,Y 和 Z 坐标值分别减去 KP1 的 X,Y,Z 坐标值,不适用于环形坐标系。

(24) kesize,npt,size,fact1,fact2!:定义通过点(npt,npt = all 为通过目前所有点的线段)的所有线段进行单元网格划分时单元的大小(size),不含 lesize 所定义的线段。单元的大小仅能用单元的长度(size)输入。该命令必须成对使用,因为线段含两点。

(25) keyopt,itype,knum,value。

itype:已定义的单元类型号。

knum:单元的关键字号。

value:数值。

(26) KFILL,NP1,NP2,NFILL,NSTRT,NINC,SPACE:点的填充命令,是在现有的坐标系下,自动在 NP1,NP2 两点间填充许多点,两点间填充点的个数(NFILL)及分布状态视其参数(NSTRT,NINC,SPACE)而定,系统设定为均分填充。如语句 FILL,1,5,则在 1 和 5 之间平均填充 3 个点。

Menu Paths:Main Menu > Preprocessor > Create > Key Point > Fill

(27) kgen,itime,Np1,Np2,Ninc,Dx,Dy,Dz,kinc,noelem,imove。

itime:复制份数。Np1,Np2,Ninc:所选关键点。Dx,Dy,Dz:偏移坐标。kinc:每份之间的节点号增量。

noelem:0 表示如果附有节点及单元,则一起复制;1 不复制节点和单元。

imove:0 表示生成复制,1 表示移动原关键点至新位置,并保持号码,此时(itime,kinc,noelem)被忽略。

注意:MAT,REAL,TYPE 将一起复制,不是当前的 MAT,REAL,TYPE。

(28) kl,nl1,ratio,nk1!:在已知线(nl1)上建立一个点(nk1),该点的位置由占全线段比例

338

（radio）而定,比例为 p1 至 nk1 长度与 p1 至 p2 的长度。

（29）kmodif,npt,x,y,z!:修改现有点(npt)到新坐标(x,y,z)位置。

（30）KMOVE,NPT,KC1,X1,Y1,Z1,KC2,X2,Y2,Z2:计算并移动一个关键点到一个相交位置。

NPT:选择移动关键点的编号,可以为 P 或元件名。

KC1:第一坐标系编号,默认为 0。

X1,Y1,Z1:输入一个或两个值指定关键点在当前坐标系中的位置,输入"U"表示将要计算坐标值,输入"E"表示使用已存在的坐标值。

KC2:第二坐标系编号。

X2,Y2,Z2:输入一个或两个值指定关键点在当前坐标系中的位置,输入"U"表示将要计算坐标值,输入"E"表示使用已存在的坐标值。

（31）KNODE,NPT,NODE:定义点(NPT)于已知节点(NODE)上。

Menu Paths:Main Menu > Preprocessor > Create > Keypoint > On Node

（32）KPSCALE,NP1,NP2,NINC,RX,RY,RZ,KINC,NOELEM,IMOVE:对关键点进行缩放操作。

NP1,NP2,NINC:将要进行缩放的关键点编号范围,按 NINC 增量从 NP1 到 NP2,NK1 可以为 P,ALL 或元件名。

RX,RY,RZ:在激活坐标系下施加于关键点 X,Y 和 Z 方向的坐标值的比例因子。

KINC:生成关键点编号增量,若为 0 则由系统自动编号。

NOELEM:是否生成节点和单元的控制项。0 表示若存在节点和点单元,则按比例生成相关的节点和点单元;1 表示不生成节点和点单元。

IMOVE:关键点是否被移动或重新生成。0 表示原来的关键点不动,重新生成新的关键点;1 表示不生成新的关键点,原来的关键点移动到新的位置,这时 KINC 和 NOELEM 无效。

（33）ksel,type,item,comp,vmin,vmax,vinc,kabs!:选择关键点。其中,type 为选择方式。

（34）ksymm,ncomp,np1,np2,ninc,kinc,noelem,imove!:复制一组(np1,np2,ninc)点对称于某轴(ncomp)。其中,knic 为每次复制时点号码增加量。

（35）KTRAN,KCNTO,NP1,NP2,NINC,KINC,NOELEM,IMOVE:对一个或多个关键点的坐标系进行转换。

KCNTO:被转换关键点所处的参考坐标系的编号,转换在激活坐标系中产生。

NP1,NP2,NINC:将要进行缩放的关键点编号范围,按 NINC 增量从 NP1 到 NP2,NK1 可以为 P,ALL 或元件名。

KINC:生成关键点编号增量,若为 0 则由系统自动编号。

NOELEM:是否生成节点和单元的控制项。0 表示若存在节点和点单元,则按比例生成相关的节点和点单元;1 表示不生成节点和点单元。

IMOVE:关键点是否被移动或重新生成。0 表示原来的关键点不动,重新生成新的关键点;1 表示不生成新的关键点,原来的关键点移动到新的位置,这时 KINC 和 NOELEM 无效。

（36）L,P1,P2,NDIV,SPACE,XV1,YV1,ZV1,XV2,YV2,ZV2:在两个关键点之间定义一条线。在当前激活坐标系下,在两个指定关键点之间生成直线或曲线。

P1,P2:线的起点和终点。

NDIV:这条线的单元划分数。一般不用,指定单元划分数推荐用 LESIZE。这里需要说明一下:如果模型相对规则,为了得到高质量的网格,不妨在划线的时候指定单元划分数,既方便又能按照自己的意愿来分网。

SPACE:间隔比。通常不用,指定间隔比推荐使用命令 LESIZE。

> **说明:**线的形状由激活坐标系决定,直角坐标系中将产生一条直线,柱坐标系中,随关键的坐标不同可能产生直线,圆弧线或螺旋线。

Menu Paths:Main Menu > Preprocessor > Create > Lines > In Active Coord

(37) L2ANG,NL1,NL2,ANG1,ANG2,PHIT1,PHIT2:生成与已有两条线成一定角度的线。此新线段与已存在的直线 nl1 夹角为 ang1,与直线 nl2 的夹角为 ang2。

Phit1,Phit2:新产生两点的号码。

NL1:现有线的编号,若为负,则假定 P1 是生成线上的第二个端点;NL1 也可以是 P。

NL2:与新生成的线相接的第二条线的编号,若为负,则 P3 是线上的第二个关键点。

ANG1,ANG2:生成的线分别与第一条,第二条线相交点的角度(通常为 0°或 180°)。

PHIT1,PHIT2:分别在第一条,第二条线上生成的关键点号,默认值有系统指定。

Main Menu > Preprocessor > Modeling > Create > Lines > Lines > Angle to 2 Lines

Main Menu > Preprocessor > Modeling > Create > Lines > Lines > Norm to 2 Lines

(38) L2TAN,NL1,NL2:生成一条与两条线相切的线。其中,NL1,NL2 分别指定第一条、第二条线的编号,若为负,线将反向,其中 NL1 也可以为 P。

> **说明:**生成一条分别与线 NL1(P1 – P2)的 P2 点和 NL2(P3 – P4)的 P3 点相切的线(P2 – P3)。

(39) Lang,nl1,p3,ang,phit,locat!:产生一新的线段,此新的线段与已存在的线段 nl1 的夹角为 ang。phit 为新产生点的号码。

(40) LARC,P1,P2,PC,RAD:定义两点(P1,P2)间的圆弧线(Line of Arc),其半径为 RAD,若 RAD 的值没有输入,则圆弧的半径直接从 P1,PC 到 P2 自动计算。不管现在坐标为何,线的形状一定是圆的一部分。PC 为圆弧曲率中心部分任何一点,不一定是圆心。

Menu Paths:Main Menu > Preprocessor > Create > Arcs > By End KPs & Rad

Menu Paths:Main Menu > Preprocessor > Create > Arcs > Through 3 Kps

(41) LAREA,P1,P2,NAREA:在面上两个关键点之间生成最短的线。

P1,P2:生成线的第一个、第二个关键点,其中 P1 也可以为 P。

NAREA:包含 P1,P2 的面或与生成线相平行的面。

> **说明:**在面内两个关键点 P1,P2 之间生成一条最短的线,生成的线也位于面内,P1,P2 也可以与面等距离(而且在面的同一边),这种情况下生成一条与面平行的线。

(42) LATT,MAT,REAL,TYPE, – – ,KB,KE,SECNUM:为准备划分的线定义一系列特性。

MAT:材料号。

REAL:实常数号。

TYPE:线单元类型号。

KB、KE:待划分线的定向关键点起始、终止号。

SECNUM：截面类型号。

（43）Lcomb，nl1，nl2，keep：将两条线合并为一条线。

lcomb，nl1，nl2，keep：连接相邻的线为一条线。

nl1，nk2：指定第一条线，第二条线的编号，nv1 可以为 p，all 或元件名。

keep：指定的线是否删除控制项。0 表示删除 nl1 和 nl2 线以及他们的公共关键点；1 表示保留 nl1 和 nl2 线以及他们的公共关键点。

（44）Ldele，nl1，nl2，ninc，kswp：kswp ＝ 0 时只删除掉线段本身，kswp ＝ 1 时一并删除低单元点。

（45）Ldiv，nl1，ratio，pdiv，ndiv，keep：将线分割为数条线。

nl1：线段的号码。

ndiv：线段欲分的段数（系统默认为两段），大于 2 时为均分。

ratio：两段的比例（等于 2 时才作用）。

keep：0 表示原线段删除；1 表示保留。

Menu Paths：Main Menu ＞ Preprocessor ＞ Operate ＞ Divede ＞（type options）

（46）LDRAG，NK1，NK2，NK3，NK4，NK5，NK6，NL1，NL2，NL3，NL4，NL5，NL6：关键点沿已有的路径线扫掠生成线。

NK1，NK2，NK3，NK4，NK5，NK6：将要旋转的关键点编号，NK1 可以为 P，ALL 或元件名。

NL1，NL2，NL3，NL4，NL5，NL6：路径线的编号，参考命令汇总里的"VDRAG"。

说明：关键点沿某特征路径线拖拉生成线以及与它们相关的关键点，关键点和线由系统自动编号。

（47）LESIZE，NL1，size，angsiz，ndiv，space，kforc，layer1，layer2，kyndiv：为线指定网格尺寸。

NL1：线号，如果为 all，则指定所有选中线的网格。

size：单元边长，（程序据 size 计算分割份数，自动取整到下一个整数）。

angsiz：弧线时每单元跨过的度数。

ndiv：分割份数。

space："＋"表示最后尺寸比最先尺寸；"－"表示中间尺寸比两端尺寸。

free：由其他项控制尺寸。

kforc：0 表示仅设置未定义的线；1 表示设置所有选定线；2 表示仅改设置份数少的；3 表示仅改设置份数多的。

kyndiv：0，No，off 表示不可改变指定尺寸；1，yes，on 表示可改变。

（48）LEXTND，NL1，NK1，DIST，KEEP：沿已有线的方向并从线的一个端点处延伸线的长度。

NL1：将要延伸的线的编号，若 NL1 ＝ P，则激活图像拾取。

NK1：指定延伸线 NL1 上一端点的关键点编号。

DIST：线将要延伸的距离。

KEEP：指定延伸线是否保留的控制项。

（49）lfillt，NL1，NL2，RAD，PCENT：对两相交的线进行倒圆角。此命令是在两条相交的线段（NL1，NL2）间产生一条半径等于 RAD 的圆角线段，同是自动产生三个点，其中两个点在 NL1，NL2 上，是新曲线与 NL1，NL2 相切的点，第三个点是新曲线的圆心点（PCENT，若 PENT

=0 则不产生该点),新曲线产生后原来的两条线段会改变,新形成的线段和点的号码会自动编排上去。

NL1:第一条线号。

NL2:第二条线号。

RAD:圆角半径。

PCENT:是否生成关键点,一般为默认,如 lfillt,1,2,0.5。

Menu Paths:Main Menu > Preprocessor > Create > Line Fillet

(50) Lgen,itime,nl1,nl2,ninc,dx,dy,dz,kinc,noelem,imove!:线段复制命令。其中,itime包含本身所复制的次数,nl1,nl2,ninc 为现有的坐标系统下复制到其他位置(dx,dy,dz),kinc为每次复制时线段号码的增加量。

(51) LMESH,NL1,NL2,NINC:对线划分网格的命令。

例如,Lmesh,1,3,1! 对线 1,2,3 划分网格。

NL1,NL2:划分网格的线的起止号。

NINC:线号的增量。

(52) LOCAL,KCN,KCS,XC,YC,ZC,THXY,THYZ,THZX,PAR1,PAR2:定义局部坐标。

KCN:坐标系统代号,大于 10 的任何一个号码都可以。

KCS:局部坐标系统的属性。0 表示卡式坐标;1 表示圆柱坐标;2 表示球面坐标;3 表示自定义坐标;4 表示工作平面坐标;5 表示全局初始坐标。

XC,YC,ZC:局域坐标与整体坐标系统原点的关系。

THXY,THYZ,THZX:局域坐标与整体坐标系统 X、Y、Z 轴的关系。

Menu Paths:Unility Menu > WorkPlane > Local Coordinate Systems > Creat Local CS > At Specified Loc

(53) LOVLAP,NL1,NL2,NL3,NL4,NL5,NL6,NL7,NL8,NL9:线搭接。

NL1,NL2,NL3,NL4,NL5,NL6,NL7,NL8,NL9:搭接线的编号,其中 NV1 为 P,ALL 或元件名。

> 说明:线搭接,生成包围所有输入线几何体的新线。输入线的相交区域和不相交区域成了新线。只有相交区域是线时该命令才有效。指定源实体的单元属性和边界条件不会转化到新生成的实体上。

(54) LREVERSE,LNUM,NOEFLIP:对指定线的正法线方向进行反转。

LNUM:将要旋转正法线方向的线编号,也可以用 ALL,P 或元件名。

NOEFLIP:确定是否改变线上单元的正法线方向控制项。0 表示改变线上单元的正法线方向(默认);1 表示不改变已存在单元的正法线方向。

> 说明:不能用"LREVERSE"命令改变具有体或面载荷的任何单元的法线方向。建议在确定单元正法线方向正确后再施加载荷。实常数如非均匀壳厚度和带有斜度梁常数等在方向反转后无效。

(55) LROTAT,NK1,NK2,NK3,NK4,NK5,NK6,PAX1,PAX2,ARC,NSEG:关键点绕轴线旋转生成圆弧线。

NK1,NK2,NK3,NK4,NK5,NK6:将要旋转的关键点编号,NK1 可以为 P,ALL 或元件名。其余变量的意义可以参考命令汇总里的"VROTAT"。

(56) LSBL,NL1,NL2,SEPO,KEEP1,KEEP2:从一条线中减去另一条线的剩余部分生成新线。

NL1:被减线的编号,不能再次应用于 NL2,NL1 可以为 ALL,P 或元件名。

NL2:减去线的编号,如果 NL2 为 ALL,是除了 NL1 所指定的线以外所有选取的线。

SEPO:确定 NL1 和 NL2 相交线的处理方式。

KEEP1:确定 NL1 是否保留或删除控制项。为空时,使用命令"BOPTN"中变量 KEEP 的设置;为 DELTET 时,删除 NL1 所表示的线;为 KEEP 时,保留 NL1 所表示的线。

KEEP2:确定 NL2 是否保留或者删除控制项,参考 KEEP1。

(57) Lsel,type,item,comp,vmin,vmax,vinc,kswp 选择线。

type:s 从全部线中选一组线;

　　　r 从当前选中线中选一组线;

　　　a 再选一组线附加给当前选中组

　　　u(unselect)在当前选中的线出去某些后作为当前选集

　　　inve:反向选择

item:line 线号;

　　　loc 坐标;

　　　length 线长。

comp:x,y,z。

kswp:0 只选线;

　　　1 选择线及相关关键点、节点和单元。

(58) PCIRC,RAD1,RAD2,THETA1,THETA2:以工作平面的坐标为基准,建立平面圆面。

RAD1,RAD2:内外圆半径。

THETA1,THETA2:圆面的角度范围,系统默认为 $360°$,并以 $90°$ 自行分段。

Menu paths:Main Menu > Preprocessor > Create > By Dimensions

(59) RECTNG,X1,X2,Y1,Y2:建立一长方形面,以两个对顶的点的坐标为参数即可。

X1,X2:X 方向的最小及最大值。

Y1,Y2:Y 方向的最小及最大值。

Menu paths:Main Menu > Preprocessor > Create > Rectangle > By Dimensions

(60) RPR4,NSIDES,XCENTER,YCENTER,RADIUS,THETA,DEPTH:在工作平面上生成一个规则多边形面或棱柱体。

NSIDES:多边形面的边数或棱柱体的面数,必须大于或等于 3。

XCENTER,YCENTER:多边形面或棱柱体中心在工作平面上 X 和 Y 方向的坐标值。

RADIUS:从多边形面或棱柱体中心到其顶点的距离(主半径)。

THETA:从工作平面 X 轴到多边形面或棱柱体顶点生成第一个关键点的角度,单位为度。常用于确定多边形面或棱柱体的方向,默认值为 0。

DEPTH:离工作平面的垂直距离即棱柱高度,平行于 Z 轴。如果 $DEPTH = 0$(默认值),则在工作平面内生成一个多边形。

(61) Rprism,z1,z2,nsides,lside,majrad,minrad:建立一个正多边形体积。

z1,z2:z 方向长度的范围。nsides:边数。

lside:边长。

majard:外接圆半径。

minrad:内切圆。

（62）SPH4,XCENTER,YCENTER,RAD1,RAD2:在工作平面上生成球体。

XCENTER,YCENTER:球体中心在工作平面上 X 和 Y 的坐标值。

RAD1,RAD2:球体的内外圆半径（输入顺序任意）。RAD1 或 RAD2 任一值为 0 或为空时,生成一个实心球体。

> **说明:** 在工作平面任意位置生成一个实心球体或空心球体,球体的体积必须大于0。360°的球体有两个区域,每个区域包括一个半球。

（63）SPH5,XEDGE1,YEDGE1,XEDGE2,YEDGE2:通过直径端点生成球体。

XEDGE1,YEDGE1:球体直径一端在工作平面上 X 和 Y 方向的坐标值。

XEDGE2,YEDGE2:球体直径另一端在工作平面上 X 和 Y 方向的坐标值。

> **说明:** 通过指定直径端点在工作平面上生成一个实心球体。球体的体积必须大于0。

（64）SPHERE,RAD1,RAD2,THETA1,THETA2:以工作平面原点为圆心产生一个球体。

RAD1,RAD2:球体的内外圆半径。

THETA1,THETA2:球体的起始角、终结角（输入顺序任意）,可产生部分球体。

> **说明:** 以工作平面原点为圆心在工作平面上生成一个实心球体,空心球体或部分球体,球体的体积必须大于0。

（65）spline,p1,p2,p3,p4,p5,p6,xv1,yv1,zv1,xv6,yv6,zv6:通过 6 点曲线,每点之间形成一新线段,并可以定义两端点的斜率。

（66）SSLN,FACT,SIZE:选择并显示出几何模型中的短线段。

FACT:确定短线段的系数,该系数乘以模型中的平均线段长度被用来做为选择线段的极限长度。

SIZE:选择线段的极限长度,小于或等于 SIZE 长度的线段将被选中,仅适用于 FACT 项为空的情况。

> **说明:** "SSLN"命令调用预定义的 ANSYS 宏来选择模型中短线段。模型中小于或等于指定极限长度的线段将被选中并显示线的编号。利用这个宏命令可以检测模型中很小的线段,这些线段在划分网格中,可能会引起某些问题。

（67）V,P1,P2,P3,P4,P5,P6,P7,P8:由已知的一组点（P1～P8）定义体（Volume）,同时也产生相对应的面积及线。点的输入必须依连续的顺序,以八点而言,连接的原则为相对应面相同方向,对于四点角锥、六点角柱的建立都适用。

Menu paths:Main Menu > Preprocessor > Create > Arbitrary > Through KPs

（68）VA,A1,A2,A3,A4,A5,A6,A7,A8,A9,A10:定义由已知的一组面（VA1～VA10）包围成的一个体,至少需要 4 上面才能围成一个体积,些命令适用于当体积要多于 8 个点才能产生时。平面号码可以是任何次序输入,只要该组面积能围成封闭的体积即可。

Menu Paths:Main Menu > Preprocessor > Create > Arbitrary > By Arears

Menu Paths：Main Menu > Preprocessor > Create > Volume by Areas

Menu Paths：Main Menu > Preprocessor > Geom Repair > Create Vlume

（69）VADD,NV1,NV2,NV3,NV4,NV5,NV6,NV7,NV8,NV9：多个体相加生成一个单一体。

NV1,NV2,NV3,NV4,NV5,NV6,NV7,NV8,NV9：将要相加的体的编号,其中 NV1 可以为 P,ALL 或元件名。

> 说明：将多个分开的体通过加操作生成一个新的单一体、默认情况下,源实体以及与它们相关的面、线和关键点都将会删除。指定源实体的单元属性和边界条件不会转换到新生成的实体上。

（70）VDELE,NV1,NV2,NINC,KSWP：删除未分网格的体。

nv1：初始体号。

nv2：最终的体号。

ninc：体号之间的间隔。

kswp：值为 0 时：只删除体；值为 1 时,删除体及组成关键点,线面。

如果 nv1 = all,则 nv2,ninc 不起作用。

（71）VDRAG,NA1,NA2,NA3,NA4,NA5,NA6,NLP1,NLP2,NLP3,NLP4,NLP5,NLP6：体（Volume）的建立,由一组面积（NA1 ~ NA6）,沿某组线段（NL1 ~ NL6）为路径拉伸而成。

Menu Paths：Main Menu > Operate > Extrude/Sweep > Along Lines

（72）VEXT,NA1,NA2,NINC,DX,DY,DZ,RX,RY,RZ：通过给定偏移量由面生成体。

NA1,NA2,NINC：设置将要被拖拉的面的范围,即按 NINC 增量从 NA1 到 NA2,NA2 默认为 NA1,NINC 的默认值为 1。其中,NA1 也可以为 ALL,P 或元件名。

DX,DY,DZ：在激活的坐标系中,关键点坐标在 X,Y 和 Z 方向的增量。

RX,RY,RZ：在激活的坐标系中,作用于关键点坐标在 X,Y 和 Z 方向的缩放因子。

（73）vgen,itime,nv1,nv2,ninc,dx,dy,dz,kinc,noelem,imove：移动或复制体。

itime：份数。

nv1,nv2,ninc：复制对象编号。

dx,dy,dz：位移增量。

kinc：对应关键点号增量。

noelem：值为 0 时,同时复制节点及单元；值为 1 时,不复制节点及单元。

imove：值为 0 时,复制体；值为 1 时,移动体。

（74）VGLUE,NV1,NV2,NV3,NV4,NV5,NV6,NV7,NV8,NV9：体黏结。

NV1,NV2,NV3,NV4,NV5,NV6,NV7,NV8,NV9：将要黏结的体的编号,其中 NV1 为 P,ALL 或元件名。

> 说明：使用"VGLUE"命令通过黏结指定体生成新的体,只有指定体的相交边界是面时,这项操作才有效。指定源实体的单元属性和边界条件不会转化到新生成的实体上。

（75）VINP,NV1,NV2,NV3,NV4,NV5,NV6,NV7,NV8,NV9：体两两相交生成相交体或面。

NV1,NV2,NV3,NV4,NV5,NV6,NV7,NV8,NV9：两两相交体的编号。其中 NV1 可以为 P,ALL 或元件名。

(76) VINV,NV1,NV2,NV3,NV4,NV5,NV6,NV7,NV8,NV9:由相交体元的公共部分生成另外一个体。

NV1,NV2,NV3,NV4,NV5,NV6,NV7,NV8,NV9:相交体元的编号,其中 NV1 可以为 P, ALL 或元件名。

(77) VOFFST,NAREA,DIST,KINC:由给定面沿其法向偏移生成一个体。

NAREA:指定面后,如果 NAREA = P 激活图形拾取(GUI)。

DIST:沿法线方向的距离,生成体的关键点位于其上。按右手法则由关键点的顺序确定正法线方向。

KINC:关键点编号的增量. 若为 0,则由系统自动确定其编号。

(78) VROTAT,NA1,NA2,NA3,NA4,NA5,NA6,PAX1,PAX2,ARC,NSEG:建立柱形体,即将一组面(NA1 ~ NA6)绕轴 PAX1,PAX2 旋转而成,以已知面为起点,以 ARC 为旋转的角度,以 NSEG 为整个旋转角度中欲分的数目。

Menu Paths:Main Menu > Operate > Extrude/Sweep > About Axis

(79) vsba,nv,na,sep0,keep1,keep2:用面分体。

(80) VSBV,NV1,NV2,SEPO,KEEP1,KEEP2— Subtracts volumes from volumes:2 个 solid 相减,最终目的是求 nv1 – nv2 =? 通过后面的参数设置,可以得到很多种情况:

sepo 项是 2 个体的边界情况,当默认的时候,表示 2 个体相减后,其边界是公用的,当为 sepo 的时候,表示相减后,2 个体有各自的独立边界。

keep1 与 keep2 是询问相减后,保留哪个体,当第一个为 keep 时,保留 nv1,都默认的时候,操作结果最终只有一个体,例如,vsbv,1,2,sepo,,keep,表示执行 1 – 2 的操作,结果是保留体2,体 1 被删除,还有一个 1 – 2 的结果体,现在一共是 2 个体(即 1 – 2 与 2),且都各自有自己的边界。如 vsbv,1,2,,keep,,则为 1 – 2 后,剩下体 1 和体 1 – 2,且 2 个体在边界处公用。同理,将 v 换成 a 及 l 是对面和线进行减操作。

(81) VSBW,NV,SEPO,KEEP:用工作平面分割体。

NV:体的编号。

SEPO,KEEP:如前面的翻译。

(82) VSEL,Type,Item,Comp,VMIN,VMAX,VINC,KSWP:选中指定编号实体。

Type:选择的方式,有选择(s),补选(a),不选(u),全选(all)、反选(inv)等,其余方式不常用。

Item,comp：选取的原则以及下面的子项，如 volu 为根据实体编号选择，loc 为根据坐标选取，它的 comp 就可以是实体的某方向坐标。

例如：

vsel,s,volu,,14

vsel,a,volu,,17,23,2

上面的命令选中了实体编号为 14,17,19,21,23 的五个实体。

（83）Vsymm,ncomp,nv1,nv2,ninc,kinc,noelem,imove!：对称于轴（ncomp）复制一组体。

（84）*VPLOT,ParX,ParY,Y2,Y3,Y4,Y5,Y6,Y7,Y8：数组参数的列向量图形显示。

ParX：其列向量的值将显示为横坐标，数组参数名显示为横坐标的标签名，如果为空则使用其行号，程序并不对 ParX 进行排序。

ParY：其列向量的值将会与 ParX 的值相对应的显示为纵坐标，数组参数名显示为纵坐标的标签名。

Y2,Y3,Y4,Y5,Y6,Y7,Y8：ParY 数组参数的其他列标号，它的值也将与 ParX 的值相对应的图形中显示。

（85）Afillt,na1,na2,rad：建立圆角面积，在两相交平面间产生曲面，其中,rad 为半径。

（86）Agen,itime,na1,na2,ninc,dx,dy,dz,kinc,noelem,imove：面积复制命令。itime：包含本身所复制的次数。

na1,na2,ninc：从现有的坐标系统下复制到其他位置（dx,dy,dz）。

kinc 为每次复制时面积号码的增加量。

（87）AINV,NA,NV：面与体相交生成一个相交面。NA,NV 分别为指定面、指定体的编号。其中 NA 可以为 P。

> **说明**：面与体相交生成新面。如果相交的区域是线，则生成新线。指定源实体的单元属性和边界条件不会转换到新生成的实体上。

（88）ANORM,ANUM,NOEFLIP：修改面的正法线方向。

ANUM：面的编号，改变面的正法线方向与面的法线方向相同。

NOEFLIP：确定是否要改变重定向面上单元的正法线方向，这样可以使它们与面的正法线方向一致，若为 0，则改变单元的正法线方向，若为 1，则不改变已存在单元的正法线方向；

> **说明**：重新改变面的方向使得他们与指定的正法线方向相同。不能用"ANORM"命令改变具体或面载荷的任何单元的正法线方向。

（89）Aoffst,narea,dist,kinc：复制一块面积，产生方式为平移（offset）一块面积，以平面法线方向，平移距离为 dist,kinc 为面积号码增加量。

（90）APTN,NA1,NA2,NA3,NA4,NA5,NA6,NA7,NA8,NA9：面分割。NA1,NA2,NA3,NA4,NA5,NA6,NA7,NA8,NA9 为分割面的编号，其中 NV1 为 P,ALL 或元件名。

> **说明**：分割相交面。该命令与"ASBA""AOVLAP"功能相似。如果两个或两个以上的面相交区域是一个面（即共面），那么新面由输入面相交部分的边界和不相交部分的边界组成，即命令"AOVLAP"。如果两个或两个以上的面相交是一条线（即不共面），那么这些面沿相交线分割或被分开，即命令"ASBA"，在"APTN"操作中两种类型都可能会出现，不相交的面保持不变，指定源实体的单元属性和边界条件不会转化到新生成的实体上。

（91）AREVERSE,ANUM,NOEFLIP:对指定面的正法线方向进行反转。

ANUM:将要旋转正法线方向的面编号,也可以用 ALL,P 或元件名。

NOEFLIP:确定是否改变面上单元的正法线方向控制项。若为 0,则改变面上单元的正法线方向(默认);若为 1,则不改变已存在单元的正法线方向。

> **说明:** 不能用"AREVERSE"命令改变具有体或面载荷的任何单元的法线方向,建议在确定单元正法线方向正确后再施加载荷。实常数如非均匀壳厚度和带有斜度梁常数等在方向反转后无效。

（92）Askin,nl1,nl2,nl3,nl4,nl5,nl6:沿已知线建立一个平滑薄层曲面。

（93）ASUB,NA1,P1,P2,P3,P4:通过已存在的面的形状生成一个面。

NA1:指定已存在的面号,NA1 也可以为 P。

P1,P2,P3,P4:依次为定义面的第 1,2,3 和 4 个角点的关键点号。

> **说明:** 新面将覆盖旧面,当被分割的面是由复杂形状组成而不能在单一坐标系内生成的情况下可以使用该命令。关键点和相关的线都必须位于已存在的面内,在给定的面内生成不可见的线,忽略激活坐标系。

（94）cm,cname,entity 定义组元,将几何元素分组形成组元。

cname:由字母数字组成的组元名。

entity:组元的类型(volu,area,line,kp,elem,node)。

（95）cmgrp,aname,cname1,…,cname8:将组元分组形成组元集合。

aname:组元集名称。

cname1…cname8:已定义的组元或组元集名称。

（96）Bspline,p1,p2,p3,p4,p5,p6,xv1,yv1,zv1,xv6,yv6,zv6:通过 6 点曲线,并定义两端点的斜率。

（97）Lstr,p1,p2:用两个点来定义一条直线。

（98）Ltan,nl1,P3,xv3,yv3,zv3:产生三次曲线,该曲线方向为 P2 至 P3,与已知曲线相切于 P2。

（99）TORUS,RAD1,RAD2,RAD3,THETA1,THETA2:产生一个环体。

RAD1,RAD2,RAD3:生成环体的 3 个半径值,可以按任意顺序输入。最小值为环内径,中间值为环外径,最大值为主半径。

THETA1,THETA2:类似命令"CYLIND"。

> **说明:** 以工作平面原点为圆心生成一个环体,一个 360°的实心环体有 4 个面,每个面沿主环圆周旋转 180°。

（100）/axlab,axis,lab:定义轴线的标志。

axis:"x"或"y"。

lab:标志,可长达 30 个字符。

（101）BLOCK,X1,X2,Y1,Y2,Z1,Z2:建立一个长方体,以对顶角的坐标为参数。

X1,X2:X 向最小及最大坐标值。

Y1,Y2:Y 向最小及最大坐标值。

Z1,Z2:X 向最小及最大坐标值。

Menu paths:Main Menu→Preprocessor→Create→Block→By Dimensions

（102）＊DEL，Val1，Val2：删除一个或多个参数。

Val1：有 2 个选项。ALL 表示删除所有用户定义的参数，或者是所有用户定义和系统定义的参数；空表示仅删除变量"Val2"指定的参数。

Val2：有下列选项。

Loc：若 Val1 ＝ 空，则变量 Val2 可以指定参数在数组参数对话框中的位置他是按字母排列的结果；若 VAl1 ＝ ALL 时，则这个选项无效。

_PRM：若 Val1 ＝ ALL，则表明要删除所有包含以下划线开头的参数（除了"_STATUS"和"_RETURN"）；若 Val1 为空，则表明仅删除以下划线开头的参数。

PRM_：若 Val1 ＝ 空，则仅删除以下划线结尾的参数；若 Val1 ＝ ALL，则该选项无效。

空：若 Val1 ＝ ALL，则所有用户定义的参数都要删除。

（103）HPTCREATE，TYPE，ENTITY，NHP，LABEL，VAL1，VAL2，VAL3：生成一个硬点。

TYPE：实体的类型。TYPE ＝ LINE，硬点在线上生成；TYPE ＝ AREA，硬点在面内生成，不能在边界上。

ENTITY：线或面号。

NHP：给生成的硬点指定一个编号，默认值为可利用的最小编号。

LABEL：若 LABEL ＝ COORD，则 VAL1，VAL2，VAL3 分别是整体 X，Y，和 Z 坐标；若 LABEL ＝ RATIO，则 VAL1 是线的比率，其值的范围是 0 ～ 1，VAL2，VAL3 忽略。

（104）HPTDELETE，NP1，NP2，NINC：删除所选择的硬点。

NP1，NP2，NINC：为确定将要删除的硬点的范围，按增量 NINC 从 NP1 到 NP2。其中 NP1 也以为 ALL，P 或元件名。

说明：删除指定的硬点以及所有附在其上的属性。如果任何实体附在指定硬点上，该命令将会把实体与硬点分开，这时会出现一个警告信息。

（105）/WINDOW，WN，XMIN，XMAX，YMIN，YMAX，NCOPY：比较两个窗口的不同点，从一个窗口复制到另外一个窗口，但是必须先试用命令/NOERASE，然后再复制，使用/ERASE，重新恢复，NCOPY，指被复制的窗口。

（106）wpoffs，xoff，yoff，zoff 移动工作平面。xoff – x 方向移动的距离。yoff – y 方向移动的距离。zoff – z 方向移动的距离。

注意：xoff，yoff，zoff 是相对当前点的移动量，而不是整体坐标。

（107）wprota，thxy，thyz，thzx 旋转工作平面。thxy – 绕 z 轴旋转。thyz – 绕 x 轴旋转。thzx – 绕 y 轴旋转。

是相对当前的工作平面选择一个角度，默认设置是角度为单位。

（108）WPSTYL，SNAP，GRSPAC，GRMIN，GRMAX，WPTOL，WPCTYP，GRTYPE，WPVIS，SNAPANG：控制工作平面显示。

snap：默认为 0. 05

grspac：默认为 0. 1

GRMIN，GRMAX：默认为 – 1，1

WPTOL：实体的精度值，默认为 0. 003

WPCTYP：坐标系类型，0，直角坐标系，1，柱面坐标系，2，球坐标系

GRTYPE:栅格类型,0,栅格和坐标都有,1 仅有栅格,2 坐标(默认)

WPVIS:是否显示栅格,0,不显示 GRTYPE(默认)1,显示 GRTYPE

SNAPANG:角度的增量,只当 wpcytp 取 1 或 2 的时候使用,默认值是 5 度

(109) /XFRM,LAB,X1,Y1,Z1,X2,Y2,Z2 定义旋转中心。LAB = NODE,KP,LINE,ARE-A,VOLU,ELEM,XYZ,OFF 如果为实体,对应的 X1,Y1 为实体的编号,如果为 XYZ,对应的是两个点的坐标。可以只定义一个,然后该点即为旋转中心点。

/XRANGE,XMIN,XMAX 定义 X 轴显示的范围,一般要估计大小后确定。用/XRANGE,DEFAULT 返回程序默认值,默认值为/GROPT 中定义的值,程序自动标注对于对数标注通常显示的不准确。

(110) xvar,n 将 x 轴表示变量"n"。

n:"0"或"1"将 x 轴作为时间轴

(111) XVAROPT,LAB 定义在 X 变量显示的参数,默认为 SET NUMBER。

(112) /YRANGE,YMIN,YMAX,NUM 定义 Y 轴的范围。NUM 为 Y 轴的数目。YMAX Y 轴的最大值。YMIN

Y 轴的最小值。NUM Y 轴的数目与命令/GRTYP 设置有关,当/GRTYP,,2,数目为 1 - 3,/GRTYP,2,数目为 1 - 6。

用/YRANGE,DEFAULT 返回默认的程序自动选取标尺,整体的选项参照/GROPT 命令。

8.4 前处理器网格剖分命令

(1) Amesh,nA1,nA2,ninc:划分面单元网格。其中 nA1,nA2,ninc 为待划分的面号,nA1 如果是 All,则对所有选中面划分。

(2) antype,status,ldstep,substep,action:声明分析类型,即欲进行哪种分析,系统默认为静力学分析。

antype:static or 1 为静力分析;buckle or 2 为屈曲分析;modal or 3 为模态分析;trans or 4 为瞬态分析。

status:new 为重新分析(默认),以后各项将忽略;rest 为再分析,仅对 static,full transion 有效。

ldstep:指定从哪个荷载步开始继续分析,默认为最大的 runn 数(指分析点的最后一步)。

substep:指定从哪个子步开始继续分析。默认为本目录中,runn 文件中最高的子步数。若为 ction,continue,则继续分析指定的 ldstep,substep。

说明:继续以前的分析(因某种原因中断)有两种类型。

singleframe restart:从停止点继续。需要文件 jobname. db 必须在初始求解后马上存盘。

results file:不必要,但如果有,后继分析的结果也将很好地附加到它后面。

注意:如果初始分析生成了 . rdb,. ldhi,或 rnnn 文件,则必须删除再做后继分析。

(3) ELIST:元素列示命令,是将现有的元素资料以卡式坐标系统列于窗口中,使用者可检查其所建元素属性是否正确。

(4) EGEN,ITIME,NINC,IEL1,IEL2,IEINC,MINC,TINC,RINC,CINC,SINC,DX,DY,DZ:单元复制命令,是将一组单元在现有坐标下复制到其他位置,但条件是必须先建立节点,节点

之间的号码要有所关联。

ITIME:复制次数,包括自己本身。

NINC:每次复制元素时,相对应节点号码的增加量。

IEL1,IEL2,IEINC:选取复制的元素,即哪些元素要复制。

MINC:每次复制元素时,相对应材料号码的增加量。

TINC:每次复制元素时,类型号的增加量。

RINC:每次复制元素时,实常数表号的增加量。

CINC:每次复制元素时,单元坐标号的增加量。

SINC:每次复制元素时,截面 ID 号的增加量。

DX,DY,DZ:每次复制时在现有坐标系统下,节点几何位置的改变量。

Menu paths:Utility Menu→List→Element→(Attributes Type)

(5)emodif,IEL,STLOC,I1,I2,I3,I4,I5,I6,I7,I8:改变选中的单元类型为所需的类型。

(6)ENSYM,IINC,--,NINC,IEL1,IEL2,IEINC:通过对称镜像生成单元。

IINC,NINC:分别为单元编号增量和节点编号增量。

IEL1,IEL2,IEINC:按增量 IEINC(默认值为 1)从 IEL1 到 IEL2(默认值为 IEL1)将要镜像单元编号的范围,IEL1 可以为 P,ALL 或元件名。

说明:除了可以显式地指定单元编号以外,它与命令"ESYM"相同可以重新定义任何具有编号的现存单元。

(7)eplot,all:可以看到所有单元元素显示,该命令是将现有元素在卡式坐标系统下显示在图形窗口中,以供使用者参考及查看模块。

Menu paths:Utility Menu→plot→Elements

Menu paths:Utility Menu→PlotCtrls→Numbering。

(8)esel,type,item,comp,VMIN,VMAX,VINC,KABS:选择单元。

type:其中,s 表示选择新的单元;r 表示在所选中的单元中再次选单元;a 表示再选别的单元;u 表示在所选的单元中除掉某些单元;all 表示选中所有单元;none 表示不选;inve 表示反选刚才没有被选中的所有单元;stat 表示显示当前单元的情况。

item,comp:一般系统默认。

VMIN:选中单元的最小号。

VMAX:选中单元的最大号。

VINC:元号间的间隔。

KABS:有两种取法,其中 0 表示核对号的选取;1 表示取绝对值。

(9)/ESHAPE,SCALE:按看似固体化分的形式显示线、面单元。SCALE 取 0 表示简单显示线、面单元;取 1 表示使用实常数显示单元形状。

(10)ESIZE,size,ndiv:指定线的默认划分份数(已直接定义的线,关键点网格划分设置不受影响)。

(11)esurf,xnode,tlab,shape:在已存在的选中单元的自由表面覆盖产生单元。其中 xnode 仅为产生 surf151 或 surf152 单元时使用;tlab 仅用来生成接触元或目标元;Shape 表示空与所覆盖单元形状相同。

(12) ET,ITYPE,Ename,KOPT1,KOPT2,KOPT3,KOPT4,KOPT5,KOPT6,INOPR:单元类型(Element Type)为机械结构系统包含的单元类型种类,例如桌子可由桌面平面单元和桌脚梁单元构成,故有两个单元类型。

ET:由 ANSYS 单元库中选择某个单元并定义该结构分析所使用的单元类型号码。

ITYPE:单元类型的号码。

Ename:ANSYS 单元库的名称,即使用者所选择的单元。

KOPT1 ~ KOPT6:单元特性编码。

Menu Paths:Main Menu→Preprocessor→ Element Type→Add/Edit/Delete

(13) ETABLE,LAB,ITEM,COMP:定义单元表,添加、删除单元表某列。

LAB:用户指定的列名(REFL,STAT,ERAS 为预定名称)。

ITEM:数据标志(查各单元可输出项目)。

COMP:数据分量标志。

(14) mp,lab,mat,co,c1,…,c4:定义材料号及特性。

lab:待定义的特性项目,其中 ex 为弹性模量;nuxy 为小泊松比;alpx 为热膨胀系数;reft 为参考温度;reft 为参考温度;prxy 为主泊松比;gxy 为剪切模量;mu 为摩擦系数;dens 为质量密度。例如杨氏系数(Lab = EX,EY,EZ),密度(Lab = DENS),泊松比(Lab = NUXY,NUXYZ,NUZX),剪切模数(Lab = GXY,GYZ,GXZ),热膨胀系数(Lab = ALPX,ALPY,ALPZ)等。

mat:材料编号(默认为当前材料号)。co:材料特性值,或材料的特性,是温度曲线中的常数项。c1 ~ c4:材料的特性—温度曲线中 1 次项,2 次项,3 次项,4 次项的系数。

Menu paths:Main Menu > Preprocessor > Matial Props > Isotropic

(15) MPDATA,Lab,MAT,STLOC,C1,C2,C3,C4,C5,C6:指定与温度相对应的材料性能数据。

Lab:有效材料性能标签。EX 为弹性模量(也可是 EY,EZ);ALPX 为线膨胀系数(也可是 ALPY,ALPZ);REFT 为参考温度;NUXY 为次泊松比(也可是 NUYZ,NUXZ);GXY 为切变模量(也可是 GYZ,GXZ);DAMP 为用于阻尼的 K 矩阵乘子,即阻尼系数;MU 为摩擦因数;DENS 为质量密度;C 为比热容;ENTH 为焓;VISC 为黏度;SONC 为声速;EMIS 为发射率;QRATE 为热生成率;HF 为对流或散热系数;LSST 为介质衰耗系数;KXX 为热导率(KYY,KZZ);RSVX 为电阻系数(RSVY,RSVZ);PERX 为介质常数(PERY,PERZ);MURX 为磁渗透系数(MURY,MURZ);MGXX 为磁力系数(MGYY,MGZZ)。

MPDATA:也可用于 FLOTRAN CFD 分析中,对流体可输入"FLUID141"和"FLUID142"单元。与温度相关的材料性能选项:DENS 为流体密度;C 为流体的指定温度;KXXX 为流体的热导率;VISC 为流体的黏度。

MAT:材料参考编号,可为 0 或空,默认为 1。

STLOC:生成数据表的起始位置。

C1 ~ C6:从 STLOC 位置开始指定 6 个位置的材料性能数据值。

(16) /MPLIB,R – W_opt,PATH:设置材料库读写的默认路径。

R – W_opt:确定路径的操作方式,READ 为读路径;WRITE 为写路径;STAT 为显示当前路径状态；

PATH：材料库文件所在的工作目录路径。

（17）MAT，mat：指定单元的材料属性指针。其中，mat 表示指定该值为后边定义单元的材料属性值。

（18）mshkey，key：指定自由或映射网格方式。

key：取 0 表示自由网格划分；取 1 表示映射网格划分；取 2 表示如果可能则使用映射，否则使用自由网格划分。

（19）N，NODE，X，Y，Z，THXY，THYZ，THZX：定义节点。在圆柱坐标系统下 X，Y，Z 对应 r，θ，z；在球面系统下，X，Y，Z 对应 r，θ，φ。

NODE：欲建立节点的号码。

X，Y，Z：节点在目前坐标系统下的坐标位置。

Menu Paths：Main Menu > Preprocessor > Create > Node > In Active CS

Menu Paths Main Menu > Preprocessor > Create > Node > On Working Plane

（20）NDELE，NODE1，NODE2，NINC：删除在序号在 NODE1 号 NODE2 间隔为 NINC 的所有节点。但若节点已连成单元，要删除节点必先删除单元。例如，NDELE，1，100，1 表示删除从 1 到 100 的所有点；NDELE，1，100，99 表示删除 1 和 100 两个点。

Menu Paths：Main Menu > Preprocessor > Delete > Nodes

（21）MSHCOPY，KEYLA，LAPTRN，LACOPY，KCN，DX，DY，DZ，TOL，LOW，HIGH：复制有限元模型中的线单元或面单元到另一条线上或面上，使得这些线或面具有相同的单元类型。

KEYLA：如果其值为 LINE，0 或 1，复制线单元网格（默认）；若其值为 AREA 或 2，复制面单元网格。

LAPTRN：将要复制且已划分网格的线或面号，或者是一个元件名，如果 LAPTRN = P，则激活图形拾取。

LACOPY：将要获得复制网格且没有划分网格的线或面号，或者是一个元件名，若 LACOPY = P，则激活图形拾取。

KCN：坐标系的编号，即 LAPTRN + DX DY DZ = LACOPY。

DX，DY，DZ：在激活坐标系中节点位置坐标增量（对于圆柱坐标为 DR，Dθ，DZ ，对于球坐标为 DR，Dθ，DΦ ）。

TOL：公差，默认值为 1. e − 4。

LOW，HIGH：分别为已定义低节点元件名和高节点元件名。

说明：在旋转对称，使用耦合或点对点的间隔单元的接触分析中可使用该命令。

（22）NGEN，ITIME，INC，NODE1，NODE2，NINC，DX，DY，DZ，SPACE：一个节点复制命令，它是将一组节点在现有坐标系下复制到其他位置。

ITIME：复制的次数，包含自己本身。

INC：每次复制节点时节点号码的增加量。

NODE1，NODE2，NINC：选取要复制的节点，即要对哪些节点进行复制。

DX，DY，DZ：每次复制时在现有坐标系下，几何位置的改变量。

SPACE：间距比，是最后一个尺寸和第一个尺寸的比值。

Menu Paths：Main Menu > Preprocessor > (− Modeling −) Copy > (− Nodes −) Copy

（23）NLIST,NODE1,NODE2,NINC,Lcoord,SORT1,SORT2,SORT3：列出节点信息。该命令将现有卡式坐标系统下节点的资料列示于窗口中（会打开一个新的窗口），使用者可检查建立的坐标点是否正确，并可将资料保存为一个文件。如欲在其他坐标系统下显示节点资料，则可以先行改变显示系统，如圆柱坐标系统，执行命令 DSYS,1。

Menu Paths：Utility Menu > List > Nodes

（24）NPLOT,KNUM：节点显示。该命令是将现有卡式坐标系统下节点显示在图形窗口中，以供使用者参考及查看模块的建立。建构模块的显示为软件的重要功能之一，以检查建立的对象是否正确。有限元模型的建立程中，经常会检查各个对象的正确性及相关位置，包含对象视角、对象号码等，所以图形显示为有限元模型建立过程中不可缺少的步骤。KNUM 为 0 不显示号码；为 1 显示号码同时显示节点号。

Menu Paths：Utility Menu > plot > nodes

Menu Paths：Utility Menu > plot > Numbering…（选中 NODE 选项）

（25）NSCALE,INC,NODE1,NODE2,NINC,RX,RY,RZ：对节点进行一定比例的缩放。

INC：每缩放一次，节点编号的增量。如果 INC 为 0，节点将重新定义在被缩放的位置。

NODE1,NODE2,NINC：按增量 NINC（默认为 1）从 NODE1 到 NODE2（默认为 NODE1）指定要进行缩放节点的范围。其中 NODE1 也可以为 P,ALL 或元件名。

RX,RY,RZ：缩放因子，它是相对于激活坐标系的原点。如果 |ratio| >1.0，将被放大；如果 |ratio| <1.0，将被缩小；|ratio| 默认为 1.0。

（26）NSEL,Type,Item,Comp,VMIN,VMAX,VINC,KABS：选取某些对象为 Active 对象。完成有限元模型节点、元素建立后，选择对象非常重要，正常情况下在 ANSYS 中所建立的任何对象（节点、元素），皆为有效（Active）对象，只有是 Active 对象才能对其进行操作。

Type：若为 S，则选择一组节点为 Active 节点；若为 R，则在现有的 Active 节点中，重新选取 Active 节点；若为 A，则再选择某些节点，加入 Active 节点中；若为 U，则在现有 Active 节点中，排除某些节点；若为 ALL，则选择所有节点为 Active 节点。

Item：若为 NODE，则 用节点号码选取；若为 LOC，则用节点坐标选取。

Comp：若为无，则 Item = NODE；若为 X(Y,Z)，则表示以节点 X(Y,Z) 为准，Item = LOC。

VIMIN,VMAX,VINC：选取范围。若 Item = NODE，其范围为节点号码；若 Item = LOC，其范围为 Comp 坐标的范围。

KABS：若为 0，则使用正负号；若为 1，则仅用绝对值。

（27）nsla,type,nkey：选择与选中面相关的节点。

type 选择方式如下：s 表示选一套新节点；r 表示从已选节点中再选；a 表示附加一部分节点到已选节点；u 表示从已选节点中去除一部分。

nkey 选择方式如下：0 表示仅选面内的节点；1 表示选所有和面相联系的节点（如面内线，关键点处的节点）。

（28）NSLL,type,nkey：选择与所选线相联系的节点。

（29）nsol,nvar,node,item,comp,name：在时间历程后处理器中定义节点变量的序号。

nvar：变量号（从 2 到 nv（根据 numvar 定义））。

node：该单元的节点号，决定存储该单元的量，如果为空，则给出平均值。

item comp：u x,y,z 或 rot x,y,z。

name:8 字符的变量名,默认为 ITEM 加 COMP。

（30）REAL,nset:指定单元实常数指针。nset 表示指定该值为后边定义单元的实常数值（默认值为 1）。REAL,NSET 声明使用哪一组定义了的实常数,与 R 命令相对应。

（31）R,NSET,R1,R2,R3,R4,R5,R6:定义"实常数",即某一单元的补充几何特征,如梁单元的面积,壳单元的厚度。所带的的参数必须与单元表的顺序一致。

Menu paths:Main Menu > Preprocessor > Real Constants

（32）TYPE,itype:指定元素类型指针。其中,itype 表示指定该单元的类型数（默认值为 1）;TYPE,ITYPE 声明使用哪一组定义了的元素类型,与 ET 命令相对应。

Menu paths:Main Menu > Preprocessor > Create > Elements > Elem Attributes

Menu paths:Main Menu > Preprocessor > Define > Default Attribs

（33）fdele,node,lab,nend,ninc:将已定义于节点上的集中力删除。其中,node,nend,ninc 为欲删除外力节点的范围;Lab 为欲删除外力的方向。

（34）FILL,NODE1,NODE2,NFILL,NSTRT,NINC,ITIME,INC,SPACE:节点的填充命令是自动将两节点在现有的坐标系统下填充许多点,两节点间填充的节点个数及分布状态视其参数而定,系统的设定为均分填满。NODE1,NODE2 为欲填充点的起始节点号码及终结节点号码,例如两节点号码为 1（NODE1）和 5（NODE2）,则平均填充三个节点（2,3,4）介于节点 1 和 5 之间。

Menu Paths:Main Menu→Preprocessor→Create→Node→Fill between Nds

（35）mshape,key,dimension:指定单元形状。

key 取值如下:若为 0,则为四边形（2D）,六面体（3D）;若为 1,则三角形（2D）,四面体（3D）。

dimension 取值如下:若为 2D,表示二维;若为 3D,表示三维。

（36）∗ASK,Par,Query,DVAL:提示用户输入参数值。

Par:数字字母名称,用于存储用户输入数据的标量参数的名称。

Query:文本串,向用户提示输入的信息,最多包含 54 个字符,不要使用具有特殊意义的字符,如"$"或"!"。

DVAL:用户用空响应时赋给该参数的默认值,该值可以是一个 1~8 个字符的字符串（括在单引号中）,也可以是一个数值,如果没有赋默认值,用户用空格响应时,该参数被删除。

（37）/INQUIRE,StrArray,FUNC:返回系统信息给一个参数。

StrArray:将接受返回值的字符数组参数名。

FUNC:指定系统信息返回的类型。

（38）PARRES,Lab,Fname,Ext:从文件里面读参数,与 PARSAV 对应。

Lab 取值如下:NEW 表示用这些参数代替当前的参数;CHANGE 表示用这些参数扩展当前的参数,代替任意已经存在的。

Fname:文件名和路径。

Ext:扩展名。

（39）PARSAV,ALL,PAR,TXT:储存 ANSYS 的参数。

ALL:所有参数。

PAR:文件名。

TXT:扩展名。

（40）smart,off:关闭智能网格。

（41）smrtsize,sizval,fac,expnd,trans,angl,angh,gratio,smhlc,smanc,mxitr,sprx:自由网格时,网格大小的高级控制(不含 lesize,kesize,esize 所定义)。一般由 desize 控制元素大小,desize 及 smrtsize 是相互独立的命令,仅能存在一个,执行 smrtsize 命令后 desize 自动无效。

8.5 求 解 命 令

（1）D,node,lab,value,value2,nend,ninc,lab2,lab3,…,lab6:定义节点自由度(Degree of Freedom)的限制。

node：预加位移约束的节点号,如果为 all,则所有选中节点全加约束,此时忽略 nend 和 ninc。

lab:相对元素的每一个节点受自由度约束的形式。具体形式如下:

结构力学:DX,DY,DZ(直线位移);ROTX,ROTY,ROTZ(旋转位移)。

热学:TEMP(温度)。

流体力学:PRES(压力);VX,VY,VZ(速度)。

磁学:MAG(磁位能);AX,AY,AZ(向量磁位能)。

电学:VOLT(电压)。

value,value2:自由度的数值(默认为0)。

nend,ninc:节点范围,编号间隔为 ninc。

lab2～lab6:将 lab2～lab6 以同样数值施加给所选节点。

Menu Paths:Main Menu→Solution→Apply→(displacement type)→On Nodes

（2）DA,AREA,Lab,Value1,Value2:在面上定义约束条件。

AREA:受约束的面号。

Lab:与 D 命令相同,但增加了对称(Lab=SYMM)与反对称(Lab=ASYM)。

Value1,Value2:约束的值。

Menu paths:Main Menu→Solution→Apply→On Arears

Menu paths:Main Menu→Solution→Apply→Boundary→On Arears

Menu paths:Main Menu→Solution→Apply→Displacement→On Arears

（3）ddele,node,lab,nend,ninc:将定义的约束条件删除。

node,nend,ninc:欲删除约束条件节点的范围。

lab:欲删除约束条件的方向。

（4）DL,LINE,AREA,Lab,value1,value2:在线上定义约束条件(Displacement)。

LINE,AREA:受约束线段及线段所属面积的号码。

lab:与 D 命令相同,但增加了对称(Lab=SYMM)与反对称(Lab=ASYM)。

Value:约束的值。

Menu paths:Main Menu→Solution→Apply→On Lines

Menu paths:Main Menu→Solution→Apply→Boundary→On Lines

Menu paths:Main Menu→Solution→Apply→Displacement→On Lines

（5）EQSLV,Lab,TOLER,MULT:指定一个方程求解器。

Lab：方程求解器类型可选项。FRONT 表示直接波前法求解器；SPARSE 表示稀疏矩阵直接法，适用于实对称和非对称的矩阵；JCG 表示雅可比共轭梯度迭代方程求解器，适用于多物理场；JCCG 表示多物理场模型中其他迭代很难收敛时(几乎是无穷矩阵)；PCG 表示预条件共轭梯度迭代方程求解器；PCGOUT 表示与内存无关的预条件共轭梯度迭代方程求解器；AMG 表示代数多重网格迭代方程求解器；DDS 表示区域分解求解器，适用于 STATIC 和 TRANS 分析。

TOLER：默认精度即可。

MULT：在收敛极端中，用来控制所完成最大迭代次数的乘数，取值范围为 1 到 3，其中 1 是表示关闭求解控制，一般取 2。

(6) f，node，lab，value，value2，nend，ninc：在指定节点加集中荷载。

node：节点号。

lab：外力的形式。若为 FX，FY，FZ，MX，MY，MZ，则为力、力矩；若为 HEAT，则为热学的热流量；若为 AMP，CHRG，则为电学的电流、载荷；若为 FLUX，则为磁学的磁通量。

value1：力的第一个大小。

value2：力的第二个大小(如果有复数荷载)。

nend，ninc：在从 node 到 nend 的节点(增量为 ninc)上施加同样的力。

注意：节点力在节点坐标系中定义，其正负与节点坐标轴正向一致。

Menu Paths：Main Menu→Solution→Apply→(Load Type) →On Node

(7) KD，KPOI，Lab，VALUE，VALUE2，KEXPND，Lab2，Lab3，Lab4，Lab5，Lab6：该命令与 D 命令相对应，定义约束。

KPOI：受限点的号码。

VALUE：受约束点的值。

Lab2 ~ Lab6：与 D 相同，可借着 KEXPND 去扩展定义在不同点间节点所受约束。

(8) lssolve，lsmin，lsmax，lsinc：读入并求解多个荷载步。

(9) lssolve，slmin，lsmx，lsinc：读取前所定义的多重负载，并求其解答。其中 slmin，lsmx，lsinc 为读取该阶段负载的范围。

(10) lswrite，lsnum：将荷载与荷载选项写入荷载文件中。

lsnum：荷载步文件名的后缀，即荷载步数。当取 stat 时，表示当前步数；当取 init 时，重设为"1"；默认为当前步数加"1"。

(11) NROPT，option，-- ，adptky：指定牛顿拉夫逊法求解。

OPTION：选项如下：AUTO 表示程序选择；FULL 表示完全牛顿拉夫逊法；MODI 表示修正的牛顿拉夫逊法；INIT 表示使用初始刚阵；UNSYM 表示完全牛顿拉夫逊法，且允许非对称刚阵；ADPTKY：ON 表示使用自适应下降因子；OFF 表示不使用自适应下降因子。

(12) sfa，area，lkey，lab，value，value2：在指定面上加荷载。

area：n 表示面号；all 表示所有选中号。

lkey：如果是体的面，则忽略此项。

lab：pres。

value：压力值。

Menu paths：Main Menu > Solution > Apply > Excitation > On Arears

Menu paths: Main Menu > Solution > Apply > Others > O On Arears

（13）SFBEAM，ELEM，LKEY，LAB，VALI，VALJ，VAL2I，VAL2J，IOFFST，JOFFST：对梁单元施加线荷载。

ELEM：单元号，可以为 ALL，即选中单元。

LKEY：面载类型号，对于 BEAM188，则取 1 为竖向；取 2 为横向；取 3 为切向。

VALI，VALJ：I，J 节点处压力值。

VAL2I，VAL2J：暂时无用。

IOFFST，JOFFST：线载距离 I，J 节点距离。

Menu Paths: Main Menu > Solution > Apply > Plessure > On Beams

（14）sfdele，nlist，lab：将定义的面负载删除。

nlist：面负载所含节点。

Lab：pres。

（15）solve：求解。在解题过程中，质量矩阵、刚度矩阵、负载等资料都会保存在相关文件中。

（16）fsum，lab，item：对单元之节点力和力矩求和。

lab 取法如下：若为空，则在整体迪卡儿坐标系下求和；若为 rsys，则在当前激活的 rsys 坐标系下求和。

item 取法如下：若为空，则对所有选中单元（不包括接触元）求和；若为 cont，则仅对接触节点求和。

（17）＊MFOURI，Oper，COEFF，MODE，ISYM，THETA，CURVE：计算一个傅里叶的系数或者求出其值。

Oper：傅里叶运算的类型。FIT 表示根据 MODE，ISYM，THETA，CURVE 求出傅里叶的系数 COEFF；EVAL 表示根据 COEFF，MODE，ISYM，THETA 计算傅里叶曲线的 CURVE。

COEFF：包含傅里叶系数的数组参数名；

MODE：包含着预期傅里叶项模态数的数组参数名；

ISYM：包含着相应傅里叶级数项对称字的数组参数名；

THETA，CURVE：分别包含着 θ 和 CURVE 描述的数组参数名。

8.6　一般后处理器命令

（1）nsubst，nsbstp，nsbmx，nsbmn，carry：指定此荷载步的子步数。

nsbstp：此荷载步的子步数，如果自动时间步长，使用 autots，则此数定义第一子步的长度；如果 solcontrol 打开，且 3D 面—面接触单元使用，则默认为 1～20 步；如果 solcontrol 打开，并无 3D 接触单元，则默认为 1 子步；如果 solcontrol 关闭，则默认为以前指定值（如以前未指定，则默认为 1）。

nsbmx，nsbmn：最多，最少子步数（如果自动时间步长打开）。

（2）outrp，item，freq，cname：控制分析后的结果是否显示于输出窗口中。

Item：欲选择结果的内容（若为 all，则选所有结果；若为 nsol，则选节点自由度结果；若为 basic，则选系统默认）。

freq：负载的次数，freq = all 为最后负载。

（3）outres,item,freq,cname:规定写入数据库的求解信息。

item 选项如下:all 表示所有求解项;basic 表示只写 nsol,rsol,nload,strs;nsol 表示节点自由度;rsol 表示节点作用荷载;nload 表示节点荷载和输入的应变荷载;strs 表示节点应力;

freq 选项如下:若为 n,则每 n 步(包括最后一步)写入一次;若为 none,则在此荷载步中不写次项;若为 all,则每一步都写;若为 last,则只写最后一步(静力或瞬态时为默认)。

（4）pldisp,kund:显示变形的结构。

kund:若为 0,则仅显示变形后的结构;若为 1,则显示变形前和变形后的结构;若为 2,则显示变形结构和未变形结构的边缘。

Main Menu > General Postprocessor > Plot Results > Deformed Shape

（5）PRNSOL,item,comp:打印选中节点结果。

item:项目。

comp:分量。

有下面几种常见形式:

item comp discription

u x,y,z,sum 位移;

rot x,y,z,sum 转角;

s x,y,z,xy,yz,xz 应力分量;

1,2,3 主应力;

int,eqv 应力;

intensity 等效应力;

epeo x,y,z,xy,yz,xz 总位移分量;

1,2,3 主应变;

int,eqv 应变;

intensity 等效应变;

epel x,y,z,xy,yz,xz 弹性应变分量;

1,2,3 弹性主应变;

int,eqv 弹性;

intensity 弹性等效应变。

eppl x,y,z,xy,yz,xz 塑性应变分量。

（6）PLLS,LABI,LABJ,FACT,KUND:沿线单元长度方向绘制单元表数据。

LABI:节点 I 的单元表列名。

LABJ:节点 J 的单元表列名。

FACT:显示比例,默认为 1。

KUND:0 表示不显示未变形的结构;1 表示变形和未变形重叠;2 表示变形轮廓和未变形边缘。

（7）PRETAB,LAB1,LAB2,…,LAB9:沿线单元长度方向绘制单元表数据。

LABn:若为空,则取所有 ETABLE 命令指定的列名;若为列名,则取任何 ETABLE 命令指定的列名。

（8）*MSG,Lab,VAL1,VAL2,VAL3,VAL4,VAL5,VAL6,VAL7,VAL8:通过 ANSYS 信号子程序写输出信息。该命令的 VAL1 到 VAL8 参数均为字符参数。数据描述符用于在格式中

指明字符数据(必须接在.＊MSG命令后面)。

(9) /Pbc,item,－－,key,min,max,abs:在显示屏上显示符号及数值。

item:u 表示所加的位移约束;rot 表示所加的转角约束;temp 表示所加的温度荷载;F 表示所加的集中力荷载;cp 表示耦合节点显示;ce 表示所加的约束方程;acel 表示所加的重力加速度;all 表示显示所有的符号及数值。

key:为 0 时,不显示符号;为 1 时,显示符号;为 2 时,显示符号及数值。

(10) add,ir,ia,ib,ic,name,－－,－－,facta,factb,factc:将 ia,ib,ic 变量相加赋给 ir 变量。

ir,ia,ib,ic:变量号。

name:变量的名称。

(11) ABS(X)求绝对值,ACOS(X)反余弦,ASIN(X)反正弦,ATAN(X)反正切,ATAN2(X,Y)反余切,ArcTangent of(Y/X),可以考虑变量 X,Y 的符号。COS(X)求余弦,COSH(X)双曲余弦,EXP(X)指数函数,GDIS(X,Y)求以 X 为均值,Y 为标准差的高斯分布,在使用蒙特卡罗法研究随机荷载和随机材料参数时,可以用该函数处理计算结果。LOG(X)自然对数,LOG10(X)常用对数(以 10 为基)。MOD(X,Y)求 X/Y 的余数,如果 Y = 0,函数值为 0。NINT(X)求最近的整数。RAND(X,Y)取随机数,其中 X 是下限,Y 是上限。SIGN(X,Y)取 X 的绝对值并赋予 Y 的符号,Y >= 0,函数值为 | X |,Y < 0,函数值为 - | X |。SIN(X) 正弦,SINH(X)双曲正弦,SQRT(X)平方根,TAN(X)正切,TANH(X)双曲正切:数学函数

(12) autots,key:是否使用自动时间步长。Key 取值如下:

Key 为 on:当 solcontrol 为 on 时默认为 on。

Key 为 off:当 solcontrol 为 off 时默认为 off。

Key 为 1:由程序选择(当 solcontrol 为 on 且不发生 autots 命令时在 .log 文件中记录"1")。

注意:当使用自动时间步长时,也会使用步长预测器和二分步长。

(13) Flst:GUI 操作的拾取命令。总是与 FITEM 命令一起用,例如

FLST,2,4,4,ORDE,2

第一个 2 表示拾取项作为后面命令的第一个条件,第一个 4 表示拾取 4 项,第三个 4 表示拾取直线号,最后一个 2 表示有 2 项 FITEM。

FITEM,2,1 选取编号为 1 的线。

FITEM,2,－4

负号表示与上面同类,即拾取 1,2,3,4 四条线。

LCCAT,P51X

拾取的线作为 LCCAT 的第一个条件。

(14) dscale,wn,dmult:显示变形比例。

wn:窗口号(或 all),默认为 1。

dmult:取 0 或 auto (自动将最大变形图画为构件长的 5%)。

(15) plesol,item,comp:图表元素的解答。以轮廓线方式表达,故会有不连续的状态,通常二维及三维元素才适用。

item comp 取法如下:

s x,y,z,xy,yz,xz 应力;

s 1,2,3 主应力;

s eqv,int 等效应力;

f x,y,z 结构力;

m x,y,z 结构力矩。

(16) pletab,itlab,avglab:图标已定义的元素结果表格资料,图形的水平轴为元素号码,垂直轴为 itlab 值。itlab 为前面所定义的表格字段名称;若 avglab = noav,则不平均共同节点的值,若 avglab = avg,则平均共同节点的值。

(17) plnsol,item,comp,kund,fact:画节点结果为连续的轮廓线。

item:项目。

comp:分量。

kund:0 表示不显示未变形的结构;1 表示变形和未变形重叠;2 表示变形轮廓和未变形边缘。

fact:对于接触的二维显示的比例系数,默认为 1。

item comp discription 取法如下:

u x,y,z,sum 位移;

rot x,y,z,sum 转角;

s x,y,z,xy,yz,xz 应力分量;

1,2,3 主应力;

int,eqv 应力;

intensity 等效应力;

epeo x,y,z,xy,yz,xz 总位移分量;

1,2,3 主应变;

int,eqv 应变;

intensity 等效应变;

epel x,y,z,xy,yz,xz 弹性应变分量;

1,2,3 弹性主应变;

int,eqv 弹性;

intensity 弹性等效应变;

eppl x,y,z,xy,yz,xz 塑性应变分量。

(18) /plopts,vers,0:不在屏幕上显示 ansys 标记。

(19) plvar,nvar,nvar2,…,nvar10:画出要显示的变量(作为纵坐标)。

(20) /pnum,label,key:在有限元模块图形中显示号码。

label:欲显示对象的名称,例如,node 为节点,elem 为元素,kp 为点,line 为线,area 为面积,volu 为体积。

key:为 0 时不显示号码(系统默认),为 1 时显示号码。

(21) PRSSOL,ITEM,COMP:打印 BEAM188、BEAM189 截面结果。

说明:只有刚计算完还未退出 ANSYS 时可用,重新进入 ANSYS 时不可用。

item comp 截面数据及分量标志如下:

S COMP X,XZ,YZ 应力分量;

PRIN S1,S2,S3 主应力;

SINT 应力强度;

SEQV 等效应力;

EPTO COMP 总应变;

PRIN 总主应变,应变强度,等效应变;

EPPL COMP 塑性应变分量;

PRIN 主塑性应变,塑性应变强度,等效塑性应变。

（22）prvar,nvar1,…,nvar6:列出要显示的变量。

（23）/SHOW,FNAME,EXT,VECT,NCPL:确定图形显示的设备及其他参数。

FNAME 取法如下:

X11:屏幕。

文件名:各图形将生成一系列图形文件。

JPEG:各图形将生成一系列 JPEG 图形文件。

（24）time 指定荷载步结束时间。

注意:第一步结束时间不可为"0"。

8.7　结构分析命令

（1）NEQIT:非线性分析中指定平衡迭代的最大次数。其中 NEQIT 为在每个子步中允许平衡迭代的最大次数。

（2）NLGEOM,KEY:在静态分析或完全瞬态分析中包含大变形效应。

KEY:为 OFF 时,不包括几何非线性(默认);为 ON 时,包括几何非线性。

（3）SECDATA,VAL1,VAL2,…,VAL10:描述梁截面。对于 SUBTYPE 等于 MESH,所需数据由 SECWRITE 产生,SECREAD 读入。

（4）SECNUM,SECID:设定随后梁单元划分将要使用的截面编号。

（5）SECOFFSET,location,OFFSET1,OFFSET2,CG－Y,CG－Z,SH－Y,SH－Z:定义梁的节点与截面的位置关系。

location:梁桥中节点的位置。ORIGIN 表示梁的节点置于截面的坐标原点;CENT 表示梁的节点置于截面的形心;SHRC 表示梁的节点置于截面的剪切中心;USER 表示梁的节点与截面的位置关系由用户通过 OFFSET1,OFFSET2 指定,OFFSET1,OFFSET2 只有在 location 为 US-ER 时起作用,其值分别为相对截面的坐标原点的 Y,Z 轴的偏移量。

（6）SECPLOT,SECID,MESHKEY:画梁截面的几何形状及网格划分。

SECID:由 SECTYPE 命令分配的截面编号。

MESHKEY:为 0 时,不显示网格划分;为 1 时,显示网格划分。

（7）SECREAD,Fname,ext,－－,Option:将用户自定义的截面读入 Ansys 中。

Fname:定义的截面名称,以及文件存放的路径。

ext:截面文件的扩展名,默认为 .sect。

Option:截面文件的来源。LIBRARY 表示来自截面库中;MESH 表示用户创建的截面文件。

（8）SECTYPE,ID,TYPE,SUBTYPE,NAME,REFINEKEY:定义一个截面号,并初步定义截

面类型。

ID：截面号。

TYPE：取 BEAM 表示定义此截面用于梁。

SUBTYPE：RECT 表示矩形；CSOLID 表示圆形实心截面；CTUBE 表示圆管；I 表示工字形；HREC 表示矩形空管；ASEC 表示任意截面；MESH 表示用户定义的划分网格。

NAME：8 字符的截面名称（字母和数字组成）。

REFINEKEY：网格细化程度，取值 0 ~ 5（对于薄壁构件用此控制，对于实心截面用 SEC-DATA 控制）。

（9）SECWRITE,Fname,Ext, -- ,ELEM_TYPE：创建用户自定义截面，截面信息以 ASCII 形式存放。

Fname：定义的截面名称。若为 XT，则为截面文件的扩展名，默认为 . sect。

ELEM_TYPE：单元类型。

（10）pred,sskey, -- ,lskey,…：在非线性分析中是否打开预测器。

sskey：为 off 时，不作预测（当有旋转自由度时或使用 solid65 时默认为 off）；为 on 时，第一个子步后作预测（除非有旋转自由度时或使用 solid65 时默认为 on）；为 -- 时，未使用变量区。

lskey：为 off 时，跨越荷载步时不作预测（默认）；为 on 时，跨越荷载步时作预测（此时 sskey 必须同时 on）。

注意：此命令的默认值假定 solcontrol 为 on。

（11）solcontrol ,key1,key2,key3,vtol：指定是否使用一些非线性求解默认值。

key1：on 表示激活一些优化默认值；NEQIT 表示最大迭代次数根据模型设定在 15 ~ 26 之间；ARCLEN 表示如用弧长法则用较 ansys5. 3 更先进的方法；PRED 表示除非有 rotx,y,z 或 solid65，否则打开；LNSRCH 表示当有接触时自动打开；CUTCONTROL Plslimit = 15%，npoint = 13 SSTIF 当 NLGEOM,on 时则打开；NROPT,adaptkey 关闭（除非摩擦接触存在；单元 12,26,48,49,52 存在；当塑性存在且有单元 20,23,24,60 存在）；AUTOS 表示由程序选择；off 表示不使用这些默认值。

key2：为 on 时，则为检查接触状态（此时 key1 为 on），此时时间步会以单元的接触状态为基础。当 keyopt(2) = on 时，保证时间步足够小。

key3：应力荷载刚化控制，尽量使用默认值。key3 为空表示默认，对某些单元包括应力荷载刚化，对某些不包括；nopl 表示对任何单元不包括应力刚化；incp 表示对某些单元包括应力荷载刚化。

（12）Tb,lab,mat,ntemp,npts,tbopt,eosopt：定义非线性材料特性表。

lab 表示材料特性表种类。Bkin 表示双线性随动强化；Biso 表示双线性等向强化；Mkin 表示多线性随动强化（最多 5 个点）；Miso 表示多线性等向强化（最多 100 个点）；Dp 表示 dp 模型。

mat：材料号。

ntemp：数据的温度数。对于 bkin 模型，ntemp 默认为 6；对于 miso 模型，ntemp 默认为 1，最多 20；对于 biso 模型，ntemp 默认为 6，最多为 6；对于 dp 模型，ntemp,npts,tbopt 全用不上。

npts：对某一给定温度数据的点数。

（13）TRNOPT,Method,MAXMODE,Dmpkey,MINNODE：指定瞬态分析选项。表示瞬态分析的求解方法，用来计算响应的最大模态数，默认方式为上一次计算的最大模态数。若缩减选项,则计算最小模态数,默认值为 1。

8.8 其 他 命 令

(1) ＊ABBR,Abbr,String:用来定义一个缩略语。

Abbr:字符串"String"的缩略语,长度不超过 8 个字符。

String:将由"Abbr"表示的字符串,长度不超过 60 个字符。

(2) ABBRES,Lab,Fname,Ext:用于从一个编码文件中读出缩略语。

Lab:指定读操作的标题。NEW 表示用这些读出的缩略语重新取代当前的缩略语(默认);CHANGE 表示将读出的缩略语添加到当前缩略语阵列,并替代现存同名的缩略语。

Ext:如果"Fname"是空的,则默认的扩展命是"ABBR"。

(3) ABBSAV,Lab,Fname,Ext:用于将当前的缩略语写入一个文本文件里。

Lab:指定写操作的标题,若为 ALL,表示将所有的缩略语都写入文件(默认)。

(4) cp,nset,lab,node1,node2,…,node17:耦合集。

nset:耦合组编号。

lab:ux,uy,uz,rotx,roty,rotz。

node1 ~ node17:待耦合的节点号。如果某一节点号为负,则此节点从该耦合组中删去。如果 node1 = all,则所有选中节点加入该耦合组。

注意:不同自由度类型将生成不同编号;不可将同一自由度用于多套耦合组。

(5) CPINTF,LAB,TOLER:将相邻节点的指定自由度定义为耦合自由度。

LAB:UX,UY,UZ,ROTX,ROTY,ROTZ,ALL。

TOLER:公差,默认为 0.0001。

说明:先选中欲耦合节点,再执行此命令。

(6) desize,minl,minh,…:控制默认的单元尺寸。

Minl:n 表示每根线上低阶单元数(默认为 3);defa 表示默认值;stat 表示列出当前设置;off 表示关闭默认单元尺寸。minh:每根线上(高阶)单元数(默认为 2)。

(7) ＊dim,par,type,imax,jmax,kmax,var1,vae2,var3:定义数组。

par:数组名。

type:array 表示数组,如 fortran,下标最小号为 1,可以多达三维(默认);char 表示字符串组(每个元素最多 8 个字符)。

imax,jmax,kmax:各维的最大下标号。

var1,var2,var3 各维变量名,默认为 row,column,plane(当 type 为 table 时)。

(8) /DIST,WN,DVAL,KFACT:设定从观察人到焦点的距离。

DVAL:距离值。

KFACT:0 代表用 DVAl 的实际值;1 代表 DVAL 为相对值,如 0.5 代表距离减少 1/2,也就是图像放大一倍。

(9) E,I,J,K,L,M,N,O,P:定义元素的连接方式。通常二维平面元素节点顺序采用顺时针逆时针均可以,但结构中的所有元素并不一定全采用顺时针或逆时针顺序。三维八点六面体元素,节点顺序采用相对应的顺时针或逆时针皆可。I ~ P 为定义元素节点的顺序号码。

Menu paths：Main Menu→Preprocessor→Create→Elements→Thru Nodes

（10）antype，static：定义分析类型为静力分析。

（11）FK，KPOI，Lab，VALUE1，VALUE2：在点上定义集中外力。该命令与 F 命令相对应，KPOI 为受上力点的号码，VALUE 为外力的值。

Menu paths：Main Menu→Solution→Apply→Excitation→On Keypoint

Menu paths：Main Menu→Solution→Apply→Others→On Keypoint

（12）＊GO，Base：在输入文件里，程序执行指定行。

Base：将要进行的动作。包括：

lable：是一个用户定义的标题，必须以":"开头，后面的字符最多不超过 8 个。命令读入器会跳到与":lable"相匹配的那行。

STOP：它会引起 ANSYS 程序从当前位置退出。

（13）GSGDATA，LFIBER，XREF，YREF，ROTX0，ROTY0：对于平面应变单元项的纤维方向指定参考点和几何体。

LFIBER：相对于参考点的纤维长度，默认为 1。

XREF，YREF：参考点的 X，Y 坐标，默认为 0。

ROTX0，ROTY0：端面分别绕 X 轴，Y 轴的旋转角（弧度），默认为 0。

说明：端点由开始点和几何体输入自动确定，所有输入是在直角坐标系中。

（14）GSUM：计算并显示实体模型的几何项目（中心位置、惯性矩、长度面积、体积等）。注意必须是被选择的点、线、面、体等，几何位置是整体坐标系中的位置，对于体和面，如果没有用 AATT 和 VATT 命令赋予材料号，则按单位密度来计算的，对于点和线，不管使用了什么命令（LATT，KATT，MAT），都按单位密度计算。发出 GSUM 命令，然后用 ＊GET 和 ＊VGET 命令来获得需要的数据，如果模型改变需要重新发出 GSUM 命令，该命令整合了 KSUM，ASUM 以及 VSUM 命令的功能。

（15）KBC，KEY：制定载荷为阶跃载荷还是递增载荷。若 EKY =0，则为递增方式；若 KEY =1，则为阶跃方式。

（16）KWPAVE，P1，P2，P3，P4，P5，P6，P7，P8，P9：把工作平面的中心移动到以上几点的平均点，最多 9，如果只选一点，那么就是把工作平面的中心移动到此点。

（17）＊MFUN，ParR，Func，Par1 对一个数组参数矩阵进行复制或转置。

ParR：结果数组参数名，这个参数必须是一个具有维数大小的数组。

Func：复制或转置函数，若 Func = COPY，则 Par1 被复制到 ParR 里；若 Func = TRAN，则 Par1 被转置到 ParR 里，其中矩阵 Par1 中的行号（m）和列号（n）被转置为矩阵中的列号和行号。

Par1：输入将要复制或转置的数组参数矩阵

（18）ncnv，kstop，dlim，itlim，etlim，cplim：终止分析选项。

kstop：0 表示如果求解不收敛，也不终止分析；1 表示如果求解不收敛，终止分析和程序（默认）；2 表示如果求解不收敛，终止分析，但不终止程序。

dlim：最大位移限制，默认为 1.0e6。

itlim：累积迭代次数限制，默认为无穷多。

etlim：程序执行时间（秒）限制，默认为无穷。

cplim：CPU 时间（秒）限制，默认为无穷。

（19）Nummrg，label，toler，Gtoler，action，switch：合并相同位置的项目。

label：要合并的项目，其中，node 为节点；Elem 为单元；kp 为关键点（也合并线、面及点）；mat 为材料；type 为单元类型；Real 为实常数；cp 为耦合项；CE 为约束项；CE 为约束方程；All 为所有项。

Toler：公差，其中，Gtoler 表示实体公差；Action 为 sele 表示仅选择不合并空项目；switch 表示较低号还是较高号被保留（low，high）。

> **注意**：可以先选择一部分项目，再执行合并。如果多次发生合并命令，一定要先合并节点，再合并关键点。合并节点后，实体荷载不能转化到单元，此时可合并关键点解决问题。

（20）numstr，label，value：设置项目 node、elem、kp、line、area、volu 编号的开始。

（21）/PMACRO：指定宏的内容被写入到 ANSYS 的会话 LOG 文件中。

（22）/PSEARCH，Pname：为用户自定义的宏文件指定一个搜索目录。

Pname：将要搜索的中间目录路径名，长度不超过 64 个字符，最后必须是一个分界符。默认时就是用户的根目录。

（23）PSTRES，key：指定是否要包含预应力效应。其中 key 为预应力效应选项，若为 OFF，则不计算包含预应力效应（默认设置）；若为 ON，则包含与应力效应。对于包含静态和瞬态分析的稳定性分析，模态分析谐分析、瞬态分析或子结构分析来说，要计算预应力效应。如果在 SOLUTION 中使用，则这个命令仅适宜在第一个载荷步中使用。

（24）Rpoly，nsides，lside，majrad，minrad：建立一个以工作面中心点为基准的正多边形面积。边数为 nsides，大小可由边长 lside 或外接圆半径 majard 或内切圆 minrad 确定。

（25）sf，nlist，lab，value，value2：定义节点间分布力。

nlist：分布力作用的边或面上的所有节点。通常用 nsel 命令选有效节点，然后设定 nlist = all；lab = pres（结构力学的压力）。

value：作用分布力的值。

（26）SFE，ELEM，LKEY，Lab，KVAL，VAL1，VAL2，VAL3，VAl4：定义作用于元素的分布力。

ELEM：元素号码。

LKEY：建立元素后，依节点顺序，该分布力定义施加边或面的号码。

Lab：力的形式。其中，PRES 表示结构压力；CONV 表示热学的对流；HFLUX 表示热学的热流率。

VAL1 ~ VAL4：相对应作用于元素边及面上节点的值。

例如：分布力位于编号为 1 的 3d 元素、第六个面，作用于此面的四个边上的力分别为 10，20，30，40。即 SEF，1，6，PRES，，10，20，30，40。

Menu Paths：Main Menu > Solution > Apply > （load type）> （type option）

（27）SFL，LINE，Lab，VALI，VALJ，VAL2I，VAL2J：该命令与 SFE 相对应，在面积线上定义分布力作用的方式和大小，应用于二维的实体模型表面力。

LINE：线段的号码。

Lab：定义与 SFE 相同。

VALI ~ VALJ：当初建立线段时点顺序的分布力值。

366

（28）TBDATA,stloc,c1,c2,c3,c4,c5,c6：给当前数据表定义数据（配合 tbtemp，及 tb 使用）。

stloc：所要输入数据在数据表中的初始位置，默认为上一次的位置加 1，每重新发生一次 tb 或 tbtemp 命令上一次位置重设为 1（发生 tb 后第一次用空闲此项，则 c1 赋给第一个常数）。

（29）tbpt,oper,x,y：在应力 – 应变曲线上定义一个点。若 oper 为 defi，则定义一个点；若 oper 为 dele，则删除一个点。x,y 表示坐标。

（30）TBTEMP,temp,kmod：为材料表定义温度值。

temp：温度值。

kmod：默认为定义一个新温度值。如果是某一整数，则重新定义材料表中的温度值。

注意：此命令一发生，则后面的 TBDATA 和 TBPT 均指此温度，应该按升序。若 kmod 为 crit，且 temp 为空，则其后的 tbdata 数据为 solid46,shell99,solid191 中所述破坏准则。如果 kmod 为 strain，且 temp 为空，则其后 tbdata 数据为 mkin 中特性。

（31）/TEE,Lable,Fname,Ext：在命令被执行的同时，写一些列的命令到一个指定的文件中。

Lable：指导 ANSYS 软件对命令"/TEE"的处理方式。其中，NEW 表示将命令行的文本写入到文件 Fname 中，如果该文件 Fname 已经存在，则将覆盖其内容；APPEND 表示将命令行的文本添加到文件 Fname 中；END 表示结束命领行文本写入或添加。

Ext：如果希望像执行 ANSYS 命令一样执行这个文件，则其扩展命为". mac"。

（32）/Title,tile：指定一个标题。

（33）*TOPER,ParR,Par1,Oper,Par2,FACT1,FACT2,CON1：对表格参数进行操作。

ParR：结果表格参数。

Par1：第一个表格参数的名称。

Oper：将要完成的操作，如 ADD 表示

$$ParR(i,j,k) = FACT1 * Par1(i,j,k) + FACT2 * Par2(i,j,k) + CON1$$

Par2：第 2 个表格参数的名称。

FACT1：与第 1 个表格参数相乘的因子，默认为 1.0。

FACT2：与第 2 个表格参数相乘的因子，默认为 1.0。

CON1：偏移的常数增量，默认为 0。

（34）Tshap,shape 定义接触目标面为二维、三维的简单图形。

shape：line 表示直线；Arc 表示顺时针弧；Tria 表示 3 点三角形；Quad 表示 4 点四边形。

（35）/UCMD,Cmd,SRNUM：给一个用户定义的命令名赋值。

Cmd：用户定义的命令名，只有前面的 4 个字符有意义。

SRNUM：对该命令来说，是编制好的用户子程序编号（1 ~ 10）。

（36）*ULIB,Fname,Ext：确定一个宏库文件。

（37）/UNITS,LABEL：声明单位系统，表示分析时所用的单位。

LABEL：系统单位。其中，SI 为公制，即米、千克、秒；CSG 为公制，即厘米、克、秒；BFT 为英制，即英尺；BIN 为英制，即英寸。

（38）UPGEOM,FACTOR,LSTEP,SBSTEP,Fname,Ext：将分析所得的位移加到有限元模型

的节点上并更新有限元模型的几何形状。

FACTOR:节点位移因子,默认为 1.0,即将真实位移加到有限元几何体上。

LSTEP:结果数据的载荷步编号,默认值为最后一个载荷步。

SBSTEP:结果数据的子步编号,默认值为最后子步。

说明:该命令将以前分析所得的位移加到有限元模型的几何体上,并生成一个已变形的几何形状。

(39) ＊USE,Name,ARG1,ARG2,ARG3,ARG4,ARG5,ARG6,ARG7,ARG8,ARG9,AR10,AR11,AR12,AR13,AR14,AG15,AR16,AR17,AR18:执行一个宏文件。

Name:用字母开头且长度不超过 32 个字符的名称,它可以是一个宏文件名,或者是一个宏库文件里的宏块名。

ARG1 ~ AR18:将值传递给宏文件或宏块中 ARG1 ~ AR18 参数被引用的地方。

(40) ＊VABS,KABSR,KABS1,KABS2,KABS3:给函数或数组参数施加绝对值。

KABSR:结果参数的绝对值。若为 0,则不取绝对值;若为 1,则取绝对值。

KABS1,KABS2,KABS3:分别对 1、2、3 个参数取绝对值的控制键,若为 0,则不取绝对值;若为 1,则取绝对值。绝对值施加到操作进行之前的每个输入参数上和操作完成之后的结果上。

(41) ＊VCOL,NCOL1,NCOL2:在矩阵运算中指定列标号。

NCOL1,NCOL2:在命令“＊MXX”运算中,分别对 Par1、Par2 所使用的列标号。默认值就是填充数组结果的值。

注意:在数组参数矩阵运算中,指定列标号,子矩阵的大小将由从运算命令中定义的左上角数组元素的开始处到右下角的元素来确定,右下角元素的列标号将由本命令来指定,右下角元素的行标号将由“＊VLEN”命令来指定。

(42) ＊VCUM,KEY:将数组参数的结果加到已存在的结果上。

KEY:0 表示覆盖结果(默认);1 表示对结果进行累加。

说明:将来自“VXX”和“MXX”运算的结果覆盖或加到已存在的结果上,累加的操作形式为

$$ParR = ParR + ParR(Previous)$$

(43) ＊VFACT,FACTR,FACT1,FACT2,FACT3:施加一个缩放系数到数组参数上。

FACTR:施加到结果参数(ParR)上的缩放系数,默认值为 1.0。

FACT1,FACT2,FACT3:分别对第 1 个参数(Par1)、第 2 个参数(Par2)和第 3 个参数(Par3)施加缩放系数,默认为 1.0。

说明:对在当前使用运算“VXX”和“MXX”中的参数施加一个缩放系数,典型的缩放系数为

$$ParR = FACTR ＊ (FACT1 ＊ Par1)$$

(44) ＊VITRP,ParR,ParT,ParI,ParJ,ParK:通过对一个表格进行插值形成一个数组函数。

ParR:结果数组参数名。在运算前要先定义该数组并指定其大小。

ParT:表格数组参数名,参数必须存在并定义为表格类型。

368

ParI,ParJ,ParK:分别为在 ParT 中插值的 I(行)、J(列)或 K(页)索引值的数组参数向量,ParT 相对应的维数分别为一维、二维或三维。

(45) ＊VLEN,NROW,NINC:在数组运算中用来指定行号。

NROW:在"VXX"和"MXX"操作中用来指定的行数,默认值是需要填充结果数组的行数。

NINC:每隔 NINC 行完成一次操作,默认为 1。

变量 NROW 的默认值是从结果数组的最大行数减去指定元素的行数再加 1。幅值 NINC 允许操作在一定间隔的行上完成,对操作的总数没有影响,忽略的操作将保留着以前的结果。

(46)／WAIT,DTIME:在读下一个命令时引起的一个延时。

DTIME:延时时间,单位为秒,最大的延时时间为 59s。

(47)／ZOOM,WN,LAB,X1,Y1,X2,Y2:放大屏幕区域。

WN:窗口号。

LAB:OFF 表示重新返回最合适的状态;BACK 表示返回最后的状态;SCRN 表示屏幕 X1 Y1 为中心点 X2 Y2 为角点;RECT 表示矩形 X1 Y1,X2 Y2 对应的角点。

参 考 文 献

[1] 刘浩,等. ANSYS 15.0 有限元分析从入门到精通[M]. 北京:机械工业出版社,2014.

[2] 胡国良,任继文,龙铭. ANSYS13.0 有限元分析实用基础教程[M]. 北京:国防工业出版社,2012.

[3] 张秀辉,胡仁喜,康士廷. ANSYS14.0 有限元分析从入门到精通[M]. 北京:机械工业出版社,2012.

[4] 宋志安,于涛,李红艳,等. 机械结构有限元分析[M]. 北京:国防工业出版社,2015.

[5] 孙纪宁. ANSYS CFX 对流传热数值模拟基础应用教程[M]. 北京:国防工业出版社,2012.

[6] 张超. ANSYS 软件在 LNG 储罐有限元分析中的应用[M]. 北京:国防工业出版社,2014.

[7] 张朝晖. ANSYS 12.0 结构分析工程应用实例解析[M].3 版. 北京:机械工业出版社,2010.

[8] 王金龙,王清明,王伟章. ANSYS 12.0 有限元分析与范例解析[M]. 北京:机械工业出版社,2010.

[9] 邓凡平. ANSYS 10.0 有限元分析自学手册[M]. 北京:人民邮电出版社,2007.

[10] 张洪信,管殿柱.有限元基础理论与 ANSYS 11.0 应用[M]. 北京:机械工业出版社,2009.